高 等 学 校 环 境 类 教 材

环境工程原理

郭少青　王建成　主　编
卫贤贤　杨改强　副主编
冯国红　董　洁　参　编

清华大学出版社
北京

内容简介

《环境工程原理》是环境科学与工程类专业的核心课程教材,以污染物的净化与控制为目标,系统构建环境科学与工程学科的知识体系和技术框架。全书共6章,分别为绪论、传递过程基础、非均相物系分离、均相物系分离、化学转化和生物转化。内容以动量传递、热量传递、质量传递原理为基础,逐步扩展到更复杂的分离工程和反应工程原理,全面涵盖了环境工程领域污染物净化与控制的共性原理。同时,本教材引入污染治理工程及其设备的实际案例,将理论知识与工程实践紧密结合,旨在培养读者分析和解决实际环境工程问题的能力。本教材的特色是以国内外环境工程基础理论和最新实践成果为依托,以知识体系构建为主线,以案例驱动为途径,以数字化教学为支撑,以培养具有国际化视野的本土化环境专业人才为目标。本教材不仅可作为高等院校环境工程、环境科学等专业的核心教材,满足从本科至研究生多层次教学需求,还可为相关领域的学术研究、工程实践及工艺研发提供参考和指导。

版权所有,侵权必究。举报: 010-62782989, beiqinquan@tup.tsinghua.edu.cn。

图书在版编目(CIP)数据

环境工程原理 / 郭少青,王建成主编. -- 北京:清华大学出版社,2025.3. (高等学校环境类教材). -- ISBN 978-7-302-67647-8

Ⅰ. X5

中国国家版本馆CIP数据核字第2024P8C981号

责任编辑:王向珍
封面设计:陈国熙
责任校对:赵丽敏
责任印制:杨 艳

出版发行:清华大学出版社
网　　址:https://www.tup.com.cn,https://www.wqxuetang.com
地　　址:北京清华大学学研大厦A座　　邮　编:100084
社 总 机:010-83470000　　邮　购:010-62786544
投稿与读者服务:010-62776969,c-service@tup.tsinghua.edu.cn
质量反馈:010-62772015,zhiliang@tup.tsinghua.edu.cn
印 装 者:大厂回族自治县彩虹印刷有限公司
经　　销:全国新华书店
开　　本:185mm×260mm　　印　张:15.75　　字　数:379千字
版　　次:2025年3月第1版　　印　次:2025年3月第1次印刷
定　　价:49.80元

产品编号:105644-01

前 言

近年来，在生态文明建设的伟大征程中，特别是在"双碳"政策背景下，我国经济社会发展已经进入低碳化的高质量发展阶段。环境工程作为推动绿色发展、应对气候变化的关键学科，在这一进程中发挥着不可替代的作用。《环境工程原理》作为环境工程及相关专业的核心教材，不仅是学生系统掌握专业知识的基石，更是培养高素质环境工程人才的关键。

本教材在充分汲取环境工程近年来理论、技术和方法的基础上，以"三传"（动量传递、热量传递、质量传递）原理为理论根基，有机整合分离工程与化学、生物转化原理，系统构建包括水处理工程、大气污染控制工程、固体废物处理及生态修复工程在内的污染防治技术共性理论体系。教材在编写过程中充分考虑环境工程跨学科特点与创新人才培养需求，以污染治理工程和相关设备为切入点，结合大量实际工程案例，搭建理论认知与工程实践之间的桥梁，着力培养读者解决复杂污染治理问题的系统性思维能力和实践创新能力。

全书共分为6章，由太原科技大学和太原理工大学的资深教师共同编写完成，其中第1章由郭少青编写，第2章由冯国红编写，第3章由董洁编写，第4章由杨改强编写，第5章由卫贤贤编写，第6章由王建成编写。郭少青和王建成负责全书的统编、审核与定稿工作。在编写过程中，梁可盈、王俊、冀寒融、张远生、高帆、王瑞强、乔丹、赵彬蔚、苏预心等对图表、公式以及书稿格式进行了细致的编制与整理，为本教材的高质量呈现做出了巨大贡献。清华大学出版社的编辑为本教材的出版提供了诸多宝贵建议与大力支持，在此致以衷心的感谢。同时，本教材在编写过程中参考了大量文献和相关资料，特向相关作者一并致以诚挚的谢意。

环境工程是一门不断发展和完善的学科。尽管编者在编写过程中力求严谨，但由于编写水平和经验有限，书中难免存在疏漏与不足之处，敬请读者提出宝贵意见和建议，以期共同推动教材质量的不断提升。

愿本教材能够成为您学习环境工程原理的良师益友，陪伴您在环境工程领域不断探索、创新和前行，为生态文明建设贡献智慧和力量。

编　者
2024年9月

目 录

第1章 绪论 ·· 1
  1.1 环境工程学的发展 ·· 1
  1.2 环境污染防控技术体系 ·· 2
    1.2.1 水污染控制技术 ·· 2
    1.2.2 大气污染控制技术 ··· 3
    1.2.3 固体废物处理技术 ··· 4
    1.2.4 污染土壤净化技术 ··· 4
    1.2.5 物理性污染控制技术 ·· 5
  1.3 生态工程技术 ·· 6
    1.3.1 湿地生态系统修复技术 ··· 6
    1.3.2 土壤生态系统修复技术 ··· 6
  1.4 清洁生产技术 ·· 7
  1.5 环境规划管理 ·· 7
  1.6 环境系统工程 ·· 8
  1.7 环境工程原理的主要内容 ··· 8
  习题 ··· 9

第2章 传递过程基础 ·· 10
  2.1 流体流动 ··· 11
    2.1.1 管流系统衡算基本原理 ·· 11
    2.1.2 管路系统计算 ··· 18
  2.2 热量传递 ··· 22
    2.2.1 传热基本方式 ··· 22
    2.2.2 热传导 ··· 23
    2.2.3 对流传热 ··· 31
    2.2.4 换热器及间壁传热过程计算 ·· 37
    2.2.5 辐射传热 ··· 47
  2.3 质量传递 ··· 54
    2.3.1 概述 ·· 54
    2.3.2 传质基本方式 ··· 55
    2.3.3 对流传质 ··· 58

2.3.4 两相间的传质 ………………………………………………………… 60
　习题 ……………………………………………………………………………………… 64

第3章 非均相物系分离 …………………………………………………………………… 70

3.1 概述 …………………………………………………………………………………… 70
　　3.1.1 混合物系的分类 ……………………………………………………………… 70
　　3.1.2 非均相物系分离在生产中的应用 …………………………………………… 71
　　3.1.3 非均相物系的分离方法 ……………………………………………………… 71

3.2 沉降分离 ……………………………………………………………………………… 72
　　3.2.1 重力沉降 ……………………………………………………………………… 72
　　3.2.2 离心沉降 ……………………………………………………………………… 83

3.3 过滤分离 ……………………………………………………………………………… 92
　　3.3.1 过滤操作的基本概念 ………………………………………………………… 92
　　3.3.2 表面过滤的基本理论 ………………………………………………………… 95
　　3.3.3 深层过滤的基本理论 ………………………………………………………… 106

3.4 静电分离 ……………………………………………………………………………… 113
　　3.4.1 气体的电除尘原理 …………………………………………………………… 113
　　3.4.2 电除尘设备 …………………………………………………………………… 113

3.5 湿洗分离 ……………………………………………………………………………… 114
　　3.5.1 湿洗分离原理 ………………………………………………………………… 114
　　3.5.2 湿洗分离设备 ………………………………………………………………… 115

　习题 ……………………………………………………………………………………… 116

第4章 均相物系分离 ……………………………………………………………………… 120

4.1 吸收 …………………………………………………………………………………… 120
　　4.1.1 吸收基本概述 ………………………………………………………………… 120
　　4.1.2 吸收传质机理 ………………………………………………………………… 122
　　4.1.3 吸收计算 ……………………………………………………………………… 125
　　4.1.4 解吸 …………………………………………………………………………… 134
　　4.1.5 吸收设备 ……………………………………………………………………… 136
　　4.1.6 吸收气体污染物的工艺配置 ………………………………………………… 138

4.2 吸附 …………………………………………………………………………………… 140
　　4.2.1 吸附基本概述 ………………………………………………………………… 140
　　4.2.2 吸附剂 ………………………………………………………………………… 141
　　4.2.3 吸附操作设计 ………………………………………………………………… 143

4.3 萃取 …………………………………………………………………………………… 146
　　4.3.1 萃取基本概述 ………………………………………………………………… 146
　　4.3.2 萃取基本原理 ………………………………………………………………… 147
　　4.3.3 萃取过程的影响因素与理论级数的估算 …………………………………… 148

4.3.4　萃取设备 149
　　　4.3.5　萃取法在废水处理中的应用 151
　4.4　结晶 152
　　　4.4.1　结晶基本概述 152
　　　4.4.2　结晶基本原理 153
　　　4.4.3　结晶过程 154
　　　4.4.4　结晶溶剂的选择 154
　　　4.4.5　结晶法的分类 154
　　　4.4.6　结晶法处理废水的应用举例 155
　4.5　离子交换 156
　　　4.5.1　离子交换基本概述 156
　　　4.5.2　离子交换基本原理 156
　　　4.5.3　离子交换树脂的选用 157
　　　4.5.4　离子交换的工艺和设备 160
　　　4.5.5　离子交换法在给水处理中的应用 162
　　　4.5.6　离子交换法在废水处理中的应用 164
　4.6　膜分离 166
　　　4.6.1　膜和膜分离的分类 166
　　　4.6.2　反渗透 171
　　　4.6.3　超滤 179
　　　4.6.4　电渗析 184
　　　4.6.5　微滤 190
　习题 193

第5章　化学转化 195
　5.1　概述 195
　　　5.1.1　反应器的操作方式 195
　　　5.1.2　基本概念 196
　　　5.1.3　反应器 197
　　　5.1.4　化学反应分类 199
　　　5.1.5　化学反应动力学 200
　5.2　均相反应器 202
　5.3　非均相反应器 208
　习题 220

第6章　生物转化 222
　6.1　微生物反应 222
　　　6.1.1　微生物反应及其在环境领域的应用 222
　　　6.1.2　微生物反应的计量关系 223

6.2 微生物反应动力学 …………………………………………………………………… 224
　　6.2.1 微生物生长速率 …………………………………………………………… 225
　　6.2.2 基质消耗速率 ……………………………………………………………… 225
　　6.2.3 微生物生长速率与基质消耗速率的关系 ………………………………… 227
　　6.2.4 代谢产物的生成速率 ……………………………………………………… 227
6.3 环境工程微生物反应器 ………………………………………………………………… 227
　　6.3.1 悬浮微生物反应器 ………………………………………………………… 228
　　6.3.2 附着微生物反应器 ………………………………………………………… 228
习题 ……………………………………………………………………………………………… 230

参考文献 ……………………………………………………………………………………… 231

附表 …………………………………………………………………………………………… 232
　附表1　摩擦系数图 ………………………………………………………………………… 232
　附表2　某些气体和蒸气的导热系数 ……………………………………………………… 233
　附表3　某些液体的导热系数 ……………………………………………………………… 234
　附表4　某些固体的导热系数 ……………………………………………………………… 235
　附表5　壁面污垢热阻 ……………………………………………………………………… 236
　附表6　不同材料的辐射黑度 ……………………………………………………………… 237
　附表7　列管换热器的传热系数 …………………………………………………………… 239
　附表8　间壁传热过程对数平均温差修正系数 $\varphi_{\Delta T}$ …………………………………… 240
　附表9　扩散系数 …………………………………………………………………………… 241

第 1 章

绪 论

第 1 章
思维导图

1.1 环境工程学的发展

环境工程学作为一门跨学科的科学,起源于对人类健康和自然环境保护的需求,其发展历程可以追溯到 19 世纪中叶工业革命时期。随着工业化进程的加快,环境污染问题日益突出,促使人们开始重视环境治理与保护。

20 世纪初,随着城市化进程的加速,污水处理和垃圾处理技术逐渐发展起来,标志着环境工程学的初步形成。此时的环境工程主要集中在水和废弃物的管理,旨在控制城市环境污染,提高公共卫生水平。随着科学技术的不断进步,环境工程学逐步从传统的废水和废气处理扩展到大气污染防治、固体废弃物管理、土壤修复以及噪声控制等多个领域。

20 世纪 60 年代,环境问题日益严峻,环境工程学进入了一个新的发展阶段。1962 年,蕾切尔·卡森的《寂静的春天》一书的出版引发了全球范围内对环境问题的关注,促使各国政府加强环境立法和政策的制定。这一时期,环境工程学开始引入系统工程和环境管理的理念,强调从源头预防污染、全生命周期管理和可持续发展。

进入 21 世纪,环境工程学迎来了信息技术、生物技术、新材料等高新技术的融合与创新。现代环境工程学不仅注重环境污染的末端治理,更关注生态系统的整体保护与修复。基于大数据和人工智能技术的环境监测与预警系统使得环境治理更加科学和高效,绿色化工和清洁生产技术的推广应用进一步减少了工业生产对环境的影响。此外,气候变化与能源危机的全球性挑战促使环境工程学不断探索低碳技术与可再生能源的开发利用,为实现全球可持续发展的目标贡献力量。

环境工程原理作为环境工程学的基础学科,为解决各类复杂的环境问题提供了理论指导和技术支撑。通过对环境工程原理的深入理解与应用,有效地应对环境污染与生态破坏,推动人类社会的可持续发展。

环境工程原理旨在系统、深入地阐述生态环境治理工程的基础知识与应用,内容包括环境污染防控、资源循环利用、污染环境净化、生态系统修复与构建以及环境系统工程中的基本工程学原理、基本过程和现象,涵盖污染治理设备、工艺和工程的基本原理。其主要目的是提供提高生态环境治理工程效率的理论支持,为污染物去除、资源和能源转化及利用效率的提升提供方法和手段。环境工程原理为环境工程专业的核心课程,同时也是环境科学、环境生态工程、环保设备工程、资源环境科学等相关专业的重要基础课程。通过本课程的学习,学生将具备扎实的理论基础,能够在实际工程中进行技术选择、设备设计与优化、工艺设计与运行等操作。

1.2 环境污染防控技术体系

环境污染防控技术从污染物的迁移转化角度可以分为"隔离技术""分离技术"和"转化技术"三大类。隔离技术是将污染物与污染介质隔离,从而切断污染物向周围环境扩散的途径,防止污染进一步扩大;分离技术是利用污染物与污染介质或其他污染物在物理性质或化学性质上的差异使其与介质分离,从而达到污染物去除或回收利用的目的;转化技术是通过化学反应或生物反应,使污染物转化成无害物质或易于分离的物质,从而使污染介质得到净化与处理。

环境工程中,一般将污染问题分为水污染、大气污染、固体废物污染、土壤污染、噪声污染、电磁污染和放射性污染等。因此,环境污染防控技术包括水污染控制技术、大气污染控制技术、固体废物处理技术、污染土壤净化技术和物理性污染控制技术等。

1.2.1 水污染控制技术

水污染控制技术是指一系列用于减少或消除水体中污染物的技术和方法。这些技术旨在改善水质,保护水生生态系统,并满足人类生活和生产对水资源的需求。水污染控制技术主要包括物理处理技术、化学处理技术和生物处理技术。物理处理技术是利用物理作用分离水中污染物的技术,在处理过程中不改变污染物的化学性质。化学处理技术是利用化学反应的作用处理水中污染物的技术,在处理过程中通过改变污染物在水中的存在形式,使之从水中去除或者是使污染物彻底氧化分解、转化为无害物质,从而达到水质净化和污水处理的目的。生物处理技术是利用生物,特别是微生物的作用使水中的污染物分解、转化成无害或有价值物质的技术。各种水处理技术的原理与主要去除对象如表1-1、表1-2和表1-3所示。

表1-1 废水的物理处理技术

处理方法	主要原理	主要对象
沉淀	重力沉降作用	相对密度大于1的颗粒
离心	离心沉降作用	相对密度大于1的颗粒
气浮	浮力作用	相对密度小于1的颗粒
过滤	物理阻截作用	悬浮物、粗大颗粒
汽提法	污染物在不同相间的分配	有机污染物
吹脱法	污染物在不同相间的分配	有机污染物
萃取法	污染物在不同相间的分配	有机污染物
吸附法	界面吸附	可吸附性污染物
反渗透	渗透压	无机盐等
膜分离	物理截留作用等	较大分子污染物
电渗析法	离子迁移	无机盐
蒸发浓缩	水与污染物的蒸发性差异	非挥发性污染物

表1-2 水的化学处理技术

处理方法	主要原理	主要对象
中和法	酸碱反应	酸性、碱性污染物
化学沉淀法	沉淀反应	无机污染物
氧化法	氧化反应	还原性污染物、有害微生物(消毒)
还原法	还原反应	氧化性污染物
电解法	电解反应	氧化、还原性污染物
超临界分解法	热分解、氧化还原反应、自由基反应等	几乎所有的有机污染物
离子交换法	离子交换	离子性污染物
混凝法	电中和、吸附架桥作用	胶体性污染物、大分子污染物

表1-3 水的生物处理技术

处理方法		主要原理	主要对象
好氧处理法	活性污泥法	生物吸附、生物降解	可生物降解性有机污染物、还原性无机污染物(NH_4^+等)
	生物膜法		
	流化床法		
生态技术	氧化塘	生物吸附、生物降解	有机污染物、氮、磷、重金属
	土地渗滤	生物降解、土壤吸附	
	湿地系统	生物降解、土壤吸附、植物吸收	
厌氧处理法	厌氧消化池	生物吸附、生物降解	可生物降解性有机污染物、氧化态无机污染物(NO_3^-、SO_4^{2-})
	厌氧接触法		
	厌氧生物滤池		
	高效厌氧反应器(UASB等)		
厌氧-好氧联合工艺		生物吸附、生物降解、硝化-反硝化、生物摄取与排出	有机污染物、氮、磷

1.2.2 大气污染控制技术

大气污染控制技术可分为分离法和转化法两大类。分离法是利用污染物与空气或废气物理性质的差异使污染物从空气或废气中分离的一类方法。转化法是利用化学或生物反应,使污染物转化成无害物质或易于分离的物质,从而使空气或废气得到净化与处理的一类方法。常见的大气污染控制技术如表1-4所示。

表1-4 常见的大气污染控制技术

处理技术	主要原理	主要对象
机械除尘	重力沉降作用、离心沉降作用	颗粒/气溶胶状态污染物
过滤除尘	物理阻截作用	颗粒/气溶胶状态污染物
静电除尘	静电沉降作用	颗粒/气溶胶状态污染物
湿式除尘	惯性碰撞作用、洗涤作用	颗粒/气溶胶状态污染物
物理吸收法	物理吸收	气态污染物
化学吸收法	化学吸收	气态污染物
吸附法	界面吸附作用	气态污染物

续表

处理技术	主要原理	主要对象
催化氧化法	氧化还原反应	气态污染物
生物法	生物降解作用	可生物降解性有机污染物、还原性无机污染物
燃烧法	燃烧反应	有机污染物
等离子体氧化法	氧化还原作用	气态还原性污染物
紫外光照射(催化)法	氧化还原作用	气态还原性污染物
稀释法	扩散	所有污染物

1.2.3 固体废物处理技术

固体废物的处理方法与其所含的可利用物质的回收以及综合利用紧密联系，常用的固体废物处理技术如表 1-5 所示。

表 1-5 常用的固体废物处理技术

处理技术	主要原理	主要对象
压实	压强(挤压)作用	高孔隙率固体废物
破碎	冲击、剪切、挤压破碎	大型固体废物
分选	重力作用、磁力作用	所有固体废物
脱水/干燥	过滤作用、干燥	含水量高的固体废物
中和法	中和反应	酸性、碱性废渣
氧化还原法	氧化还原反应	氧化还原性废渣(如铬渣)
固化法	固化与隔离作用	有毒有害固体废物
堆肥	生物降解作用	有机固体废物
焚烧	燃烧反应	有机固体废物
填埋处理	隔离作用	无机等稳定性固体废物

1.2.4 污染土壤净化技术

污染土壤的净化技术可分为物理法、化学法和生物法。几种代表性的土壤净化方法如表 1-6 所示。

表 1-6 几种代表性的污染土壤净化技术

处理技术	主要原理	主要对象
客土法	稀释作用	所有污染物
隔离法	物理隔离(防止扩散)	所有污染物
清洗法(萃取法)	溶解作用	溶解性污染物
吹脱法(通气法)	挥发作用	挥发性有机物
热处理法	热分解、挥发作用	有机污染物
电化学法	电场作用(移动)	离子或极性污染物
焚烧法	燃烧反应	有机污染物
微生物净化法	生物降解作用	可降解性有机污染物
植物净化法	植物转化、植物挥发、植物吸收和固定	重金属、有机污染物

1.2.5 物理性污染控制技术

物理性污染控制技术用于减少或消除环境中物理因素对人体健康和生态环境的负面影响。这些物理因素包括噪声、振动、光、热、电、辐射等,其主要控制技术包括隔离、屏蔽、吸收和消减技术等。常见的物理性污染控制技术如表1-7所示。

表1-7 常见的物理性污染控制技术

项 目	技 术	具 体 方 法	特 点
噪声污染控制	吸声技术	利用吸声材料吸收声波,降低混响声的加强,从而减少噪声	应用广泛,对环境友好
	消声技术	在噪声传播途径上设置消声器,通过消声器的通道消声构造,消减通过噪声	针对性强,高效降噪,安装维护方便
	隔声技术	主要通过使用隔声材料或隔声结构来减少声波的传播	适应性强,长效性好,施工维护方便
振动污染控制	控制震源	使用隔振器、阻尼材料等来隔离或吸收振动能量,以及通过优化结构设计、改善设备平衡性能等方式来减少振动源的产生	能量可控性、高精度和可移动性
	防止共振	综合考虑了结构设计、材料选择、阻尼应用、外部激励控制和定期监测等多个方面,通过科学的方法和有效的措施,显著降低共振的发生概率,保护设备和结构的安全稳定运行	技术性和专业性要求高,针对性强
放射性污染防治	辐射防护技术	是一种保护辐射工作人员、公众及环境免受或少受辐射危害与污染的技术。其主要原理包括屏蔽、吸收、隔离、降低辐射源功率以及使用防辐射设备等	技术多样化
	放射性废物的治理	是一个综合性的过程,需要政府、企业和公众共同努力,采用多种手段和技术确保放射性废物的安全处理和处置	过程复杂多变,要求严谨
电磁辐射污染控制	减少数量和功率	通过限制无线电台建设的数量和减少其发射功率,可以有效降低电磁辐射水平	针对性强,高效直接
	采用屏蔽、接地、滤波等技术	屏蔽可以阻挡电磁辐射的传播,接地可以将电磁能量导入大地,滤波则可以减少电磁波的频率范围	适应性强,长效性好
环境热污染防治	热能利用技术改进	通过优化热能利用技术,提高能源利用效率,减少废热排放	技术性和专业性要求高
	废热综合利用	通过采用废热回收和再利用技术,如余热发电、热泵技术等,可以将废热转化为有用能源,降低能源消耗和减少热污染	应用广泛,对环境友好
	冷却技术优化	对于火力发电厂、核电站等排放大量废热的设施,优化冷却技术,如采用闭式循环冷却系统、增加冷却水回收利用率等,可以有效减少废热排放	适应性强,长效性好
环境光污染防治	规划与管理	通过合理设计建筑物外观和照明系统,避免使用过于刺眼或不必要的强光源,降低光污染对居民和环境的影响	源头管控,效果好
	改进照明设备	使用高效、节能、环保的照明设备,这些设备具有较低的能耗和较长的使用寿命,能够减少光污染的产生	针对性强,长效性好
	个人防护措施	公众采取个人防护措施以减少光污染的影响	应用广泛,灵活多变,适应性强

1.3 生态工程技术

1.3.1 湿地生态系统修复技术

湿地生态系统修复即采用适当的生物、生态及工程技术,对退化或消失的湿地进行修复,从而逐步恢复湿地生态系统的结构和功能。根据湿地的构成和生态系统特征,湿地生态系统修复与构建技术可划分为四大类:湿地基底修复技术、湿地水体修复技术、湿地生物恢复与构建技术、湿地生态系统结构与功能恢复技术。

湿地基底修复技术即通过相关措施,维护湿地基底的稳定性,并对湿地的地形、地貌进行改造,解决湿地因人为活动侵占导致的湿地水系结构破坏、水体淤塞萎缩、持续性内源污染等问题。其主要包括基底改造技术、清淤疏浚技术、水土流失保持技术等。

湿地水体修复技术是针对湿地水体受到的污染和破坏,采用一系列措施和技术手段来恢复和改善湿地水体的生态功能和水质的过程。这些技术通常包括植物修复、生物修复、物理修复、化学修复和工程修复等多种方法。

湿地生物恢复与构建技术包括湿地物种选育和培植技术、湿地物种引入和保护技术、种群调控(生物操纵)技术、群落结构优化配置技术、群落演替控制技术等(表1-8)。可通过增加湿地中物种组成和生物多样性,实现生物群落的恢复,提高湿地生态系统的生产力和自我维持能力。

表1-8 湿地生物恢复与构建技术

技 术	主要原理	特 点
湿地物种选育和培植技术	生物调控	确定适合的生物物种
湿地物种引入和保护技术	生物调控	平衡湿地内的生物物种、生物量
种群调控(生物操纵)技术	生物调控	控制生物种群结构、规模和强度
群落结构优化配置技术	生态演替(群落调控)	构建食物链,形成稳定生物群落
群落演替控制技术	生态演替(群落调控)	保证生物群落稳定

湿地生态系统结构与功能恢复技术主要通过控制和排除湿地干扰因子,实现湿地生态系统结构与功能的优化配置、构建及调控。

1.3.2 土壤生态系统修复技术

土壤生态系统修复是重建退化场地的结构和功能,以使其形成自主、稳定的生态系统。土壤生态系统修复不仅是用植物覆盖裸露的土地,还包括以下三个方面:土壤养分的积累和生物地球化学循环(包括养分的保持和流失、土壤化学反应、有机物合成和降解等),生物多样性的恢复(包括生物类型和功能是否达到退化前或附近自然场地水平),植被演替的方向和生态系统自我维持能力的形成。常见的土壤生态系统修复与构建技术如表1-9所示。

表 1-9　常见的土壤生态系统修复与构建技术

技　术	主　要　原　理	特　点
表面土层覆盖法	改善土壤环境条件	覆土含有种子与丰富微生物群落
深耕法	翻动土壤改善孔隙率	促进植物呼吸
隔离法	物理隔离作用	避免有毒元素向上迁移到表土
土壤添加剂法	添加剂的调控作用	改良土壤，为"先锋物种"创造条件
植物修复法	污染物净化、水土涵养	合适的植被选择非常重要
微生物修复法	固氮作用、降解作用	改善土壤功能，促进植物生长
动物修复法	蚯蚓等的肥力保持作用	调控土壤物理-化学-生物学特性
联合修复法	生物作用、物理作用、化学作用等	效果往往优于单一修复方法

1.4　清洁生产技术

清洁生产技术是指对原生产技术进行改变后，使得污染产生量和毒性降低甚至消除的技术。它是一种相对的技术，是一种在生产过程中坚持预防为主的环保战略。它强调在产品的整个生命周期中，从原材料使用到最终处置应尽可能节约资源和能源，并减少对环境的不利影响。

清洁生产技术的核心是改变原有的生产过程，减少污染物和有毒物质的产生量甚至完全消除。方法包括采用清洁原料和绿色能源，提高资源和能源利用率以及回收废物中有价值资源等。

在实际应用中，清洁生产技术具有广泛的用途。例如，在工业废气净化中，通过引进清洁生产技术，可以对废气进行净化处理，减少环境污染并节约能源。采用能源效率更高、排放更少的设备，可以显著降低生产过程中的能源消耗和二氧化碳排放量。此外，循环利用也是清洁生产的一个重要方面，通过对各种废物资源的回收再利用，可以减少资源的浪费并降低生产成本。

1.5　环境规划管理

在环境工程领域，环境规划是一项至关重要的工程活动，旨在通过科学合理的规划和管理，实现经济、社会和环境的协调发展。环境规划管理具有明确的原则，包括规划符合共性原则、优先尊重环境的重要性原则、持续性管理与可持续发展原则、动态管理原则以及科技管理原则。从工程角度来看，环境规划涉及多个方面：①环境影响评价，在环境规划的初期阶段，需要对环境影响进行全面评估，包括对土壤、水质、空气质量等方面的影响进行分析和预测；②环境容量分析，在规划阶段，需要评估环境承载能力，确定环境容量，并制定相应的排放标准和环境管理措施，以保障环境质量和生态系统的健康；③资源利用规划，在资源有限的情况下，需要制定合理的资源利用方式和节约利用措施，推动资源的循环利用和减少资源消耗，以实现可持续发展；④应急预案规划，制定环境突发事件的应急预案，包括环境污染事故的处置方案和紧急救援措施，以最大限度地减少环境损害和社会影响。此外，生态修复规划也是环境规划的重要内容，针对受损生态系统，制订相应的修复方案和措施，实现生态系统功能的恢复和重建。

1.6　环境系统工程

　　环境系统工程是指将数学、物理学、化学等科学原理与环境保护相结合,综合应用现代技术和系统管理原理,解决环境污染和生态环境现代化的一门工程学科。其研究范围涵盖了环境领域的多个方面,如大气、水体、土地等环境要素的监测和评价、环境治理与修复、环境污染预防等。环境系统工程的主要研究方向包括环境监测技术和方法、环境模拟与预测、环境治理与修复、环境危险废物处理与处置、环境污染控制技术等方面。它旨在通过科学的方法和手段,保护和改善环境质量,促进人类社会的可持续发展。在实际应用中,环境系统工程的技术和方法广泛应用于各类环境保护和治理项目中。例如,在工业园区污水处理工程中,环境系统工程的技术可以帮助设计和实施有效的污水处理方案,减少对周边环境的影响。在垃圾分类推广工程中,环境系统工程的方法和理念也可以提供指导和支持,推动垃圾分类工作的有效实施。

1.7　环境工程原理的主要内容

　　在环境污染控制工程领域,无论是废气、废水处理,还是固体废物处理,都涉及动量传递、热量传递及质量传递现象。系统掌握传递过程及涉及反应器的反应工程理论,对优化污染物的分离和转化过程,优化反应器的结构形式、操作方式、工艺条件以及提高净化效率具有重要意义。其主要内容包括以下几方面。

　　(1) 传递过程基础,包括动量传递、热量传递、质量传递及三者之间的联系。动量传递研究流体在运动过程中所涉及的力和应力,应用于管道系统、泵和风机的设计与优化;热量传递探讨热能通过传导、对流和辐射在不同介质中的传递方式,广泛应用于热交换器和工业加热过程;质量传递研究物质在混合物中的扩散和传输过程,常用于废气处理和污水处理中的传质过程。这三者之间相互关联,动量传递影响流体流动从而影响热量和质量的传递,热量传递改变温度场进而影响扩散和反应速率,质量传递过程也受温度和流速的影响。综合理解和应用这些传递过程,有助于优化环境工程系统的设计和运行,提高污染控制和资源利用效率。

　　(2) 非均相物系分离,包括沉降分离、过滤分离、静电分离和湿洗分离。沉降分离利用重力或离心力将固体颗粒从液体或气体中分离,常用于污水处理厂的沉淀池设计;过滤分离通过过滤介质截留固体颗粒,广泛应用于饮用水处理和工业过滤系统;静电分离利用电荷差异将不同物质分离,主要用于废气处理中的静电除尘器和资源回收中的废旧电子设备处理;湿洗分离通过液体洗涤将污染物从气体中去除,常用于废气处理中的洗涤塔设计。理解和优化这些分离过程,对于提高环境治理效率和实现资源回收利用具有重要意义。

　　(3) 均相物系分离,包括吸收、吸附、萃取、结晶、离子交换和膜分离。吸收通过将气体溶解在液体中进行分离,常用于废气处理中的气体吸收塔;吸附利用固体吸附剂表面吸附分子,广泛应用于空气和水的污染物去除,如活性炭吸附;萃取利用溶剂将特定成分从液体混合物中分离出来,常见于石油化工和医药工业;结晶通过控制温度和浓度使溶质从溶液中析出形成晶体,用于盐的生产和废水中的盐分去除;离子交换通过离子交换树脂将溶液中的离子替换,常用于水软化和纯水制备;膜分离利用选择性膜进行物质分离,如反渗透、超滤和纳滤,广泛应用于水处理和食品工业。这些分离技术在环境工程中发挥着重要作用,有助于提高污染物去除效率和资源回收利用率。

(4) 化学转化,包括均相反应器和非均相反应器。均相反应器如连续搅拌釜反应器(CSTR)和管式反应器,用于处理均匀相(液—液或气—气)反应,确保反应物充分混合,提高反应速率和转化率;非均相反应器涉及固—液、固—气或液—气相间反应,如固定床反应器和流化床反应器,适用于催化剂参与的反应过程。均相和非均相反应器在废水处理、废气处理和土壤修复等领域广泛应用,通过优化反应器设计和操作条件,提高化学转化效率,达到污染物降解和资源回收的目的。理解这些反应器的工作原理和应用场景,对环境工程中的污染治理和工艺优化具有重要意义。

(5) 生物转化,包括微生物反应、微生物反应动力学及环境工程微生物反应器。微生物反应的计量关系研究微生物生长过程中的物质和能量平衡,帮助解决废水处理和有机废物降解等问题;微生物反应动力学研究微生物生长速率和代谢产物积累速率随时间的变化规律,对设计和优化微生物反应器具有指导意义;环境工程微生物反应器是将微生物应用于污染物降解和资源回收的装置,如序批式间歇反应器(SBR)、流化床反应器和膜生物反应器(MBR)。通过研究生物转化过程,可以有效地处理废水中的有机物和氮、磷等污染物,实现废物资源化利用。

拓展资源1　　拓展资源2　　拓展资源3　　拓展资源4　　拓展资源5

习题

(1) 环境污染防控技术包含哪几大类?它们的主要作用原理是什么?

(2) 水污染控制技术包含哪几大类?请举例说明具体处理方法、主要原理和主要对象。

(3) 大气污染控制技术包含哪几大类?请举例说明具体处理技术、主要原理和主要对象。

(4) 请举例说明3种以上固体废物处理技术的主要原理和主要对象。

(5) 请举例说明3种以上污染土壤净化技术的主要原理和主要对象。

(6) 请简述物理性污染控制技术。

(7) 请简述生态工程技术。

(8) 请简述清洁生产技术。

(9) 环境工程原理的主要内容是什么?

第 2 章

传递过程基础

第 2 章
思维导图

动量传递、热量传递和质量传递是环境工程原理中三大重要传递过程。三大传递过程都能解决哪些工程实际问题呢？工程中的流体流动均要用到管流系统的衡算，比如脱硫喷淋塔（图 2-1(a)）中喷淋头流速的计算符合管流系统的衡算方程；为减少冬季期间污染源的排放，焦化炉（图 2-1(b)、(c)）在冬季会被实施停炉保温。如何对其进行保温则需要采用热量传递机理；为减少空气污染，对烟气中的 SO_2 进行吸收则属于传质问题。

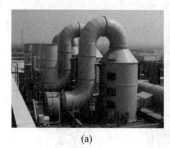 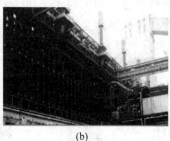 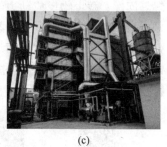

(a)　　　　　　　　　　　(b)　　　　　　　　　　　(c)

图 2-1　传递过程

(a) 脱硫喷淋塔；(b) 焦化炉；(c) 山西焦化炉烟气脱硫脱硝装置

本章主要介绍环境工程原理中三大重要传递过程：动量传递、热量传递和质量传递。动量传递遵循流体动力学基本规律，环境类专业的课程设置通常将流体力学课程作为环境工程原理的先导课程，由于流体流动的基本原理及规律在流体力学课程中已讲授，因此本章重点介绍流体在管内的流动规律及其应用，并运用相关原理去分析和计算环境领域流体的输送问题。

在自然界和工程技术领域，传热是极普遍的现象。环境工程中涉及的传热过程主要有两种：①强化传热过程，如在各种热交换设备中的传热，通过采取措施提高热量的传递速率；②削弱传热过程，如对设备和管道进行保温，以减少热量损失，即减少热量的传递速率。本章将重点介绍热传导、对流传热及辐射传热三种传热基本原理，以及换热器的传热过程。

在一个含有两种或两种以上组分的体系中，若某组分的浓度分布不均匀，就会发生该组分由浓度高的区域向浓度低的区域转移，即发生物质传递现象。这种现象称为质量传递过程，简称传质过程。利用传质过程可去除水、气体和固体中的污染物，如常见的吸收、吸附、萃取、膜分离过程。此外，在化学反应和生物反应中，也常伴随着传质过程。传质过程不仅影响反应的进行，有时甚至成为反应速率的控制因素。了解传质过程具有十分重要的意义。本章将简要介绍传质过程基本原理。

拓展资源

2.1 流体流动

气体和液体统称流体。环境工程中大多数过程是在流体流动下进行的,如流体的输送、气体和液体中颗粒物的分离、反应器中污染物的去除等。同时,涉及传热、传质过程以及物化和生化反应的过程,通常也使流体处于流动状态,以达到强化效率的目的。因此,流体流动的基本原理也是环境工程原理中非常重要的内容。

对于流体流动系统,工程中往往需要设计或校核流体的流量、设备或管道尺寸、输送机械的功率等。采用总衡算或微分衡算的方法可以描述系统质量和能量的转换过程。流动中的阻力分析则以牛顿黏性定律和边界层理论为基础。

2.1.1 管流系统衡算基本原理

环境工程中常采用管道输送净水、污水、污泥及各种气体等。管流系统的质量衡算和能量衡算是流体流动应当服从的一般性原理,通过这些原理可以得到有关运动参数的变化规律。

在流体输送过程中,通常体积不随压力及温度变化的流体,称为不可压缩性流体;体积随压力及温度变化的流体,则称为可压缩性流体。实际流体都是可压缩的,但由于液体的体积随压力及温度变化很小,所以一般把它当作不可压缩流体;气体的体积随压力及温度变化大,应当属于可压缩流体。但是,如果压力或温度变化率很小时,通常也可以将气体当作不可压缩流体处理。

1. 管流系统质量衡算方程

管流系统的流动可以看成沿管轴方向的一维流动。对于管流系统,可以取一有限长度段,以该管段内壁面的流体边界及两端截面所包围的区域作为衡算系统,其体积为 V,两端的截面面积分别为 A_1、A_2,进出截面流体的流动方向与截面垂直,如图 2-2 所示。

根据质量守恒原理,单位时间流入截面 A_1 和流出截面 A_2 的质量差应等于单位时间内该系统体积内所含物质的变化量。若截面 A_1 和 A_2 上流体的密度分布均匀,分别以 ρ_1 和 ρ_2 表示,且流速取各截面的平均流速,大小分别以 u_{m1} 和 u_{m2} 表示。在截面 1—1′ 和 2—2′ 之间进行物料衡算,质量衡算方程为

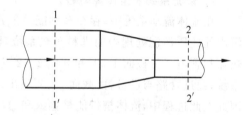

图 2-2 管流的质量衡算系统

$$q_{m1} - q_{m2} = \frac{dm}{dt}$$

$$\rho_1 u_{m1} A_1 - \rho_2 u_{m2} A_2 = \frac{dm}{dt} \tag{2-1}$$

对于稳态过程,$dm/dt = 0$,式(2-1)变为

$$\rho_1 u_{m1} A_1 = \rho_2 u_{m2} A_2 \tag{2-2}$$

对于不可压缩流体,ρ 为常数,即 $\rho_1 = \rho_2$,则式(2-2)变为

$$u_{m1} A_1 = u_{m2} A_2 \tag{2-3}$$

如果把衡算系统推广到任意截面,则

$$\rho_1 u_{m1} A_1 = \rho_2 u_{m2} A_2 = \rho_3 u_{m3} A_3 = \rho u_m A = 常数 \quad (2\text{-}4)$$

式(2-4)称为不可压缩流体的连续性方程,表明不可压缩流体稳态流动时,平均流速u_m仅随管截面面积而变化,平均流速与截面面积成反比,截面面积增大,流速减小;截面面积减小,流速增大;截面面积不变,流速不变。

对于圆形管道,式(2-4)可以改写成

$$u_{m1} \frac{\pi}{4} d_1^2 = u_{m2} \frac{\pi}{4} d_2^2$$

$$\frac{u_{m2}}{u_{m1}} = \left(\frac{d_1}{d_2}\right)^2 \quad (2\text{-}5)$$

式(2-5)表明,不可压缩流体在体积流量一定时,圆管内流体的流动速率与管道直径的平方成反比。因此,流体在均匀直管内做稳态流动时,平均流速恒定不变。式(2-5)可用于布水系统的设计计算。

例 2-1 直径为 900mm 的流化床反应器,底部装有布水板,板上开有直径为 10mm 的小孔 700 个。反应器内水的流速为 0.5m/s,求水通过布水板小孔的流速。

解 设反应器和小孔中的平均流速分别为 u_1 和 u_2,截面面积分别为 A_1 和 A_2,根据不可压缩流体的连续性方程,有

$$u_1 A_1 = u_2 A_2$$

$$u_2 = u_1 \frac{A_1}{A_2} = \left(0.5 \times \frac{\frac{\pi \times 0.9^2}{4}}{\frac{\pi \times 0.01^2 \times 700}{4}}\right) \text{m/s} = 5.79 \text{m/s}$$

2. 管流系统能量衡算方程

在流体流动系统中,存在多种能量形式的转换,如建筑给水排水工程的热水供应系统和污水处理厂污泥处理中的进料预热系统,图 2-3 所示为环境工程中常见的系统,包括泵、换热器和管道。将截面 1—1′和截面 2—2′之间的区域作为衡算系统,流体由截面 1—1′流入系统,经过管路与设备,由截面 2—2′流出。该系统为开放系统,流体本身具有一定的能量,因此在此过程中,流体携带能量输入和输出系统。单位质量流体对输送机械所做的功以 W_e 表示,为正值;若 W_e 为负值,则表示输送机械对系统内流体做功。通过换热器与环境发生热交换,单位质量流体在通过系统的过程中与环境交换的热量为 Q_e,定义吸热时为正值,放热时为负值,Q_e 的单位为 kJ/kg。

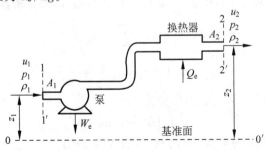

图 2-3 流体流动体系的总能量衡算

在稳态流动下,系统内部没有能量积累,则总能量衡算方程为

输出系统的物料总能量 − 输入系统的物料总能量 = 从环境吸收的热量 − 对环境所做的功

下面对流体携带的能量及系统进行简要分析。

1) 流体携带的能量

流体流动过程中所携带的能量包括流体内能、动能、位能及静压能。

(1) 内能

内能是物质内部所具有能量的总和,来自分子与原子的运动以及彼此的相互作用。因此,内能是温度的函数。单位质量流体的内能以 e 表示,其 SI 单位为 kJ/kg。

(2) 动能

流体以一定速度流动时,便具有一定的动能,其大小等于流体从静止加速到速率为 u 时外界对其所做的功。质量为 m 的流体,以速率 u 运动,则流体所具有的动能为 $\frac{1}{2}mu^2$,单位为 kJ/kg。

(3) 位能

流体质点因重力场的作用,在不同的位置具有不同的位能,故流体质点的位能取决于其相对于基准水平面的高度,表示为 mgz,其单位为 kJ/kg。

(4) 静压能

静止流体内部任一处都有一定的静压力,流动的流体内部任何位置亦具有一定的静压力。流体进入系统需要对抗静压力做功,这部分功便成为流体的静压能输入系统。若质量为 m、体积为 V 的流体进入某静压力为 p、面积为 A 的截面,则输入系统的功为

$$(pA) \times (V/A) = pV$$

这种功是在流体流动时产生的,故静压能也称为流动功。

对于 1kg 的流体,其静压能为

$$pm/\rho = p/\rho$$

因此,单位质量流体的总能量为

$$E = e + \frac{1}{2}u^2 + gz + p/\rho \tag{2-6}$$

2) 总能量衡算方程

衡算系统中,泵等流体输送机械向流体做功,把外界能量输入系统;或流体通过水力机械向外界做功,输出能量。单位质量流体对输送机械所做的功以 W_e 表示,为正值;若 W_e 为负值,则表示输送机械对系统内流体做功。单位质量流体的总能量衡算方程可改写为式(2-7),即

$$\Delta\left(e + \frac{1}{2}u^2 + gz + pv\right) = Q_e - W_e \tag{2-7}$$

式中,v 为单位质量流体的体积,称流体的比体积或质量体积,m^3/kg。

式(2-7)为单位质量流体稳态流动过程的总能量衡算方程。该式也可以写成

$$\left(e_2 + \frac{1}{2}u_2^2 + gz_2 + p_2v_2\right) - \left(e_1 + \frac{1}{2}u_1^2 + gz_1 + p_1v_1\right) = Q_e - W_e$$

即

$$e_1 + \frac{1}{2}u_1^2 + gz_1 + p_1v_1 + Q_e = e_2 + \frac{1}{2}u_2^2 + gz_2 + p_2v_2 + W_e \tag{2-8}$$

式中，v_1、v_2 分别为截面 1—1′ 和截面 2—2′ 上单位质量流体的体积，m^3/kg。

在上述推导过程中，均没有考虑截面上各点物理量的分布，即认为各物理量在整个截面上各点的值相等。实际应用时，对于密度、压力、距离基准平面的高度等物理量，可以采用截面上以面积为权重的平均值。需要注意的是，对于实际流体，截面上各点的速率不相同，靠近壁面处速率最小，管中心处速率最大，因此在应用总能量衡算方程时，应以截面上的平均动能代替方程中的动能项，而不能以平均速率代替方程中的速率。若截面流速平均值为 u_m，截面动能平均值为 $\left(\dfrac{1}{2}u^2\right)_m$，即满足下式

$$u_m = \frac{1}{A}\iint_A u\,dA$$

$$\left(\frac{1}{2}u^2\right)_m = \frac{1}{A}\iint_A \frac{1}{2}u^2\,dA$$

由于 $\left(\dfrac{1}{2}u^2\right)_m \neq \dfrac{1}{2}u_m^2$，而工程上常采用平均速率，为应用方便，引入动能校正系数 β，使 $\left(\dfrac{1}{2}u^2\right)_m = \dfrac{1}{2}\beta u_m^2$，动能校正系数 β 的值与速率分布有关，可利用速率分布曲线求得。经证明，圆管层流时，$\beta=2$；湍流时，$\beta=1.05$。工程上的流体流动多数为湍流，因此 β 值通常近似取 1。式(2-7)应写成

$$\Delta\left(e + \frac{1}{2}\beta u_m^2 + gz + pv\right) = Q_e - W_e \tag{2-9}$$

也可以写成

$$\Delta e + \frac{1}{2}\Delta(\beta u_m^2) + g\Delta z + \Delta(pv) = Q_e - W_e \tag{2-10}$$

3）机械能衡算方程

由于流体具有黏性，所以在流动过程中存在阻力，导致机械能消耗。消耗的这部分机械能不能转换为其他形式的机械能，而是转换为内能，使流体的温度略有升高。因此，从流体输送的角度，这部分机械能"损失"了。因此，可以通过适当的变换，将总能量衡算方程中的热和内能项消去，以机械能和机械能损失表示。这样的能量衡算方程称为机械能衡算方程，该方程适用于流体输送系统的计算，解决实际问题更为方便。

设单位质量流体的阻力损失为 $\sum h_f$，其单位为 kJ/kg，则

$$Q'_e = Q_e + \sum h_f \tag{2-11}$$

式中，Q'_e 为单位质量流体由截面 1—1′ 流到截面 2—2′ 所获得的热量；Q_e 为通过换热器所获得的热量。

根据热力学第一定律，得

$$\Delta e = Q'_e - \int_{v_1}^{v_2} p\,dv \tag{2-12}$$

将式(2-11)和式(2-12)代入式(2-10)，得

$$\frac{1}{2}\Delta(\beta u_m^2) + g\Delta z + \Delta(pv) - \int_{v_1}^{v_2} p\,dv = -W_e - \sum h_f \tag{2-13}$$

由于
$$\Delta(pv) = \int_{v_1}^{v_2} p\,\mathrm{d}v + \int_{p_1}^{p_2} v\,\mathrm{d}p$$

将上式代入式(2-13),整理得

$$\frac{1}{2}\Delta(\beta u_\mathrm{m}^2) + g\Delta z + \int_{p_1}^{p_2} v\,\mathrm{d}p = -W_\mathrm{e} - \sum h_\mathrm{f} \tag{2-14}$$

式(2-14)即为稳态流动过程中单位质量流体的机械能衡算方程,对于不可压缩流体和可压缩流体均适用。

对于不可压缩流体,比体积 v 或密度 ρ 为常数,$\int_{p_1}^{p_2} v\,\mathrm{d}p = \frac{\Delta p}{\rho}$,式(2-14) 可简化为

$$\frac{1}{2}\Delta(\beta u_\mathrm{m}^2) + g\Delta z + \frac{\Delta p}{\rho} = -W_\mathrm{e} - \sum h_\mathrm{f} \tag{2-15}$$

在流体输送过程中,流体的流态几乎都为湍流,因此可令 $\beta=1$,则式(2-15)变为

$$\frac{1}{2}\Delta u_\mathrm{m}^2 + g\Delta z + \frac{\Delta p}{\rho} = -W_\mathrm{e} - \sum h_\mathrm{f} \tag{2-16}$$

或

$$\frac{1}{2}u_{\mathrm{m}1}^2 + gz_1 + \frac{p_1}{\rho} - W_\mathrm{e} = \frac{1}{2}u_{\mathrm{m}2}^2 + gz_2 + \frac{p_2}{\rho} + \sum h_\mathrm{f} \tag{2-17}$$

式(2-16)和式(2-17)的适用条件是连续、均质、不可压缩、稳态流动的流体。对于可压缩流体,当所取系统两截面之间的绝对压力变化小于原来压力的 20% 时,方程仍可使用,此时流体密度应采用两截面之间流体的平均密度。

由于理想流体无黏性,不存在因黏性引起的摩擦阻力,故 $\sum h_\mathrm{f} = 0$;若无外功加入 $W_\mathrm{e} = 0$,则

$$\frac{1}{2}\Delta u_\mathrm{m}^2 + g\Delta z + \frac{\Delta p}{\rho} = 0$$

$$\frac{1}{2}u_{\mathrm{m}1}^2 + gz_1 + \frac{p_1}{\rho} = \frac{1}{2}u_{\mathrm{m}2}^2 + gz_2 + \frac{p_2}{\rho} \tag{2-18}$$

式(2-18)即为伯努利(Bernoulli)方程,式中各项依次表示单位质量流体具有的动能、位能和静压能之差。式(2-16)也称为拓展的伯努利方程。

若理想流体在管路中作稳态流动而又无外功加入时,在任一截面上单位质量流体所具有的总机械能相等,即 $\frac{1}{2}u_\mathrm{m}^2 + gz + \frac{p}{\rho} =$ 常数。也就是说,各种机械能之间可以相互转化,但总量不变。

当体系无外功,且处于静止状态时,$u_\mathrm{m} = 0$。无流动则无阻力,即 $\sum h_\mathrm{f} = 0$。因此式(2-16)变为

$$g\Delta z + \frac{\Delta p}{\rho} = 0 \tag{2-19}$$

式(2-19)即为流体力学中的流体静力学基本方程。伯努利方程不仅可以表示流动流体的运动规律,也可以表示流体静止状态的规律。在重力场中静止的均质、连续液体中,水平面必然是等压面。应用静力学方程可以计算测量压力和压差,并且可进一步计算液位等。

对于非理想流体,由于流体具有黏性,流动过程中必然存在能量损失,如果无外功加入,系统的总机械能沿流动方向将逐渐减小。

若流体的衡量基准不同,实际流体流动时的伯努利方程可以写成不同的表达形式。

当以 1N 流体为基准时,1kg 流体重 g(N),则式(2-17)各项除以 g,可得式(2-20),其中,当功和水头损失的单位为 m 时,通常用符号 H 表示,即

$$\frac{\sum h_f}{g} = H_f, \quad \frac{W_e}{g} = H_e$$

$$\frac{u_{m1}^2}{2g} + z_1 + \frac{p_1}{\rho g} - H_e = \frac{u_{m2}^2}{2g} + z_2 + \frac{p_2}{\rho g} + H_f \quad (2\text{-}20)$$

当以 $1m^3$ 流体为基准时,1kg 流体的体积为 $1/\rho$(m^3),可得式(2-21)。

$$\frac{1}{2}\rho u_{m1}^2 + \rho g z_1 + p_1 - W_e \rho = \frac{1}{2}\rho u_{m2}^2 + \rho g z_2 + p_2 + \rho \sum h_f \quad (2\text{-}21)$$

式中,各项单位均为 Pa。

4)流体在管内的流动阻力损失

应用伯努利方程求解实际问题时,需对方程式中的阻力损失进行准确计算。流体阻力指流体在运动过程中,边界物质施加于流体且与流体流动方向相反的一种作用力。流体阻力损失起因于黏性流体的内摩擦造成的摩擦阻力和物体前后压差引起的压差阻力。流动阻力损失的大小取决于流体的物性、流动状态和流道的几何尺寸与形状等。

流体输送管路主要由两部分组成:一部分是直管,另一部分是弯头、三通、阀门等各种管件。无论是直管还是管件,都会对流体流动产生阻力,消耗一定的机械能。直管阻力造成的机械能损失称为直管阻力损失(或称沿程阻力损失);管件局部阻力造成的机械能损失称为局部阻力损失。伯努利方程中管路系统的总能量损失包括各段直管阻力损失和系统中各种局部阻力损失。

(1)直管阻力损失

圆形直管阻力损失的计算通式称为范宁公式(2-22),适用于层流与湍流。

$$h_f = \lambda_摩 \frac{l}{d} \frac{u^2}{2} \quad (2\text{-}22)$$

式中,$\lambda_摩$ 为摩擦系数,无量纲,与流体流动形态和流体性质有关;l 为直管段长度,m;d 为圆管直径或非圆形管的当量直径,m;u 为流体在管道中的流动速度,m/s。

(2)局部阻力损失

流体在管路的进口、出口、弯头、阀门、扩大、缩小等局部位置流过时,其流速大小和方向都发生了变化,且流体受到干扰或冲击,使涡流现象加剧而消耗能量。由实验测知,流体即使在直管中为层流流动,流过管件或阀门时也容易变为湍流。克服局部阻力所引起的能量损失,无法像直管段阻力损失那样通过理论导出数学表达式,只能通过实验测定,并采用阻力系数法和当量长度法来计算。

阻力系数法是将管路中的局部阻力所引起的能量损失,用同径管路的动能倍数来表示的计算方法(式(2-23a))。

$$h_f = \zeta \frac{u^2}{2} \quad (2\text{-}23a)$$

式中,ζ 为局部阻力系数,无量纲,一般由实验测定。

当量长度法是将管路中的局部阻力损失折算成相当长度的同径直管阻力损失来计算的方法(式(2-23b))。

$$h_f = \lambda_{\text{摩}} \frac{l_e}{d} \frac{u^2}{2} \tag{2-23b}$$

式中,l_e 为弯头、阀门等管件的当量长度,m,可从相应手册查得。

5) 伯努利方程的应用实例

伯努利方程广泛应用于工程实际中的流体输送,以及计算过程中所需的动力和流动参数等,同时也用于研究流体输送过程和涉及传热、传质等其他工业过程的条件优化。

应用伯努利方程解题时,需注意以下几点。

(1) 根据题意绘制出流动系统的示意图,用细实线代表管路,并指明流体的流动方向。

(2) 确定上、下游截面,以明确流动系统的衡算范围。选定的上、下游截面应满足如下要求:

① 截面应与流体的流动方向垂直,两截面间的流体要做连续、稳定流动,且充满衡算系统。

② 所要求解的未知量应在截面上或在两截面之间,且截面上的 z、u、p 等有关物理量,除所需求解的未知量外,都应该是已知的或能通过其他关系计算得出的。

③ 截面的选取要与 $\sum h_f$ 所涉及的流体流动范围一致,即 $\sum h_f$ 是流体从上游截面经输送管路流至下游截面的全部阻力损失,并注意其是否包括出口阻力损失。

(3) 基准面是用以衡量系统位置的准则,可以任意选取,但必须水平,且便于计算所选取的截面与基准面间的垂直距离。当截面与基准面不平行时,z 值是指截面中心点到基准面的垂直距离。为了计算方便,通常取基准水平面为衡算范围内两个截面中的一个截面。

(4) 伯努利方程具有单位一致性,因此尽管伯努利方程的表达式有几种,但同一方程内所有项的单位必须一致。另外,方程中的压力 p 可以均用绝压,也可以均用表压。

例 2-2 如图 2-4 所示,密度为 850kg/m^3 的料液从高位槽送入塔中,高位槽内的液面维持恒定。塔内表压为 $9.81\times10^3\text{Pa}$,进料量为 $6\text{m}^3/\text{h}$。连接管规格为 $\phi38\text{mm}\times2.5\text{mm}$,料液在连接管内流动时的能量损失为 30J/kg(不包括出口的能量损失)。试求高位槽内的液面应比塔的进料口高出多少才能完成上述输送任务?

解 取高位槽液面为上游截面 1—$1'$,连接管出口内侧为下游截面 2—$2'$,并以截面 2—$2'$ 的中心线为基准水平面。在两截面间列伯努利方程

$$gz_1 + \frac{u_1^2}{2} + \frac{p_1}{\rho} = gz_2 + \frac{u_2^2}{2} + \frac{p_2}{\rho} + \sum h_f$$

式中,$z_2=0$;p_1(表压)$=0$;p_2(表压)$=9.81\times10^3\text{Pa}$;$\sum h_f = 30\text{J/kg}$。

高位槽截面比管道截面要大得多,故槽内流速可忽略不计,即 $u_1\approx0$。

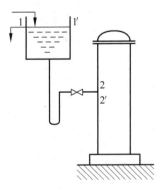

图 2-4 例 2-2 图

$$u_2 = \frac{q_V}{\frac{\pi}{4}d^2} = \left(\frac{6}{\frac{\pi}{4} \times (0.033)^2 \times 3600}\right) \text{m/s} = 1.95 \text{m/s}$$

将上列数值代入伯努利方程,并整理得

$$z_1 = \left[\left(\frac{1.95^2}{2} + \frac{9.81 \times 10^3}{850} + 30\right)\Big/9.81\right] \text{m} = 4.43 \text{m}$$

即高位槽内的液面应比塔的进料口高 4.43m。

2.1.2 管路系统计算

环境工程中常采用管路输送流体,无论是城市或小区供水管网,建筑物内的给水、采暖、空调系统,还是各种水、气和污泥处理系统,都需要解决管路的计算问题。管路计算实际上是连续性方程、伯努利方程与能量损失计算式的具体应用。在实际工作中常遇到的管路计算问题可归纳为设计类和操作类两大类。

1. 设计类问题

已知管长、管件和阀门的设置及流体的输送量,当允许的压降为定值时,计算管路的管径;当没有限定压降时,计算管径和阻力损失,确定输送设备的轴功率、优化输送系统的布置。这类问题属于设计问题。

在给定流量的前提下,采用较大的速率,所需管径较小,可以节省管路的设备费;但是,流速大,则流动阻力也大,动力消耗费即操作费用提高。反之,采用较低的流速,管径较大,设备费用高,但阻力损失小,操作费用低。因此,设计计算时,应同时考虑这两个互相矛盾的经济因素,在总费用最少的条件下,选择适当的流速。同时,选择流速时还应考虑流体的性质,对于黏度较大的流体,应选择较低的流速;含有固体悬浮物的液体,为防止输送过程中固体颗粒沉积,堵塞管路,流速通常不能低于某个最低值;密度很小的气体,流速可以大些,真空管路所选择的流速应保证其压力降小于允许值。流体在管道中常用的流速范围,如表2-1所示。

表 2-1 流体在管道中的常用流速范围

流体的类别及情况	流速范围/(m/s)
自来水(3×10^5 Pa 左右)	1~1.5
水及低黏度液体($10^5 \sim 10^6$ Pa)	1.5~3.0
高黏度液体	0.5~1.0
工业供水(8×10^5 Pa 以下)	1.5~3.0
锅炉供水(8×10^5 Pa 以下)	>3.0
饱和蒸气	20~40
过热蒸气	30~50
蛇管、螺旋管内的冷却水	<1.0
低压空气	12~15
高压空气	15~25
一般气体(常压)	10~20
鼓风机吸入管	10~15

续表

流体的类别及情况	流速范围/(m/s)
鼓风机排出管	15～20
离心泵吸入管(水一类液体)	1.5～2.0
离心泵排出管(水一类液体)	2.5～3.0
往复泵吸入管(水一类液体)	0.75～1.0
往复泵排出管(水一类液体)	1.0～2.0
液体自流速度(冷凝水等)	0.5
真空操作下气体流速	<10

另外,如果流量或管径未知,则无法求取流速,也就无法求得雷诺数,无法判断流体的流型,进而无法确定摩擦系数以及计算能量损失。对于这种情况,工程计算中常采用试差法。

2. 操作类问题

已知管路系统的布置、管径及允许压降,计算管道中流体的流速或流量,这类问题是对已有管路系统进行核算,属于操作问题。

无论是设计类问题,还是操作类问题,都可以应用流体流动的连续性方程、机械能衡算方程和流动阻力损失计算式这三个基本关系式解决。对于可压缩流体的管路计算,还需要应用理想气体状态方程。

依据其连接和铺设情况,输送流体的管路可分为两类。一类是没有分支的简单管路,可以是管径不变或由若干段异径管段串联而成的管路,前面所介绍的例题均属于此类;另一类是复杂管路,如图2-5(a)所示,在主管 A 处分为两支或多支的支管,然后在 B 处汇合为一的管路,称为并联管路;又如图2-5(b)所示,在主管 C 处有分支,称为分支管路。

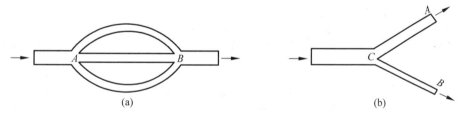

图2-5 并联管路与分支管路示意
(a)并联管路;(b)分支管路

并联管路与分支管路中各支管的流量彼此影响,相互制约,它们的流动情况虽比简单管路复杂,但仍然遵循能量衡算与质量衡算的原则。

3. 简单管路的计算

简单管路具有以下特点:

(1) 通过各管段的质量流量不变,对于不可压缩流体,有

$$q_{V1}=q_{V2}=\cdots=常数 \quad (2-24)$$

(2) 整个管路的阻力损失等于各管段阻力损失之和,即

$$\sum h_f=h_{f1}+h_{f2}+\cdots \quad (2-25)$$

例2-3 现铺设一条总长 $L=150\text{m}$ 的管路,要求输水量 $q_V=30\text{m}^3/\text{h}$,根据生产工艺需

求,输水过程中允许的压头损失为 $10\mathrm{mH_2O}$,试求管子的直径。已知操作条件下水的密度为 $\rho=1000\mathrm{kg/m^3}$,黏度 $\mu=1.0\times10^{-3}\mathrm{Pa\cdot s}$,钢管的绝对粗糙度 $\varepsilon=0.2\mathrm{mm}$。

解 该题已知阻力损失和流量,计算管径。

$L=150\mathrm{m}$, $\sum h_\mathrm{f}=10\mathrm{mH_2O}$, $q_V=30\mathrm{m^3/h}$, $\varepsilon=0.2\mathrm{mm}$,则

$$u=\frac{4q_V}{\pi d^2}=\frac{30}{3600}\times\frac{4}{\pi d^2}=\frac{0.0106}{d^2}$$

因为 u、d 未知,无法求算 Re 并确定 $\lambda_摩$,需用试差法求解,

假设 $\lambda_摩=0.025$,将已知数据代入

$$\sum h_\mathrm{f}=\lambda_摩\frac{L}{d}\frac{u^2}{2g}$$

则

$$10=0.025\times\frac{150\times\left(\frac{0.0106}{d^2}\right)^2}{d\times2\times9.81}$$

联立以上两式解得 $d=0.074\mathrm{m}$, $u=1.933\mathrm{m/s}$,于是

$$Re=\frac{du\rho}{\mu}=\frac{0.074\times1.933\times1000}{1.0\times10^{-3}}=143042$$

又有

$$\frac{\varepsilon}{d}=\frac{0.2\times10^{-3}}{0.074}=0.0027$$

根据 Re 和 ε/d 查本书附表 1,得 $\lambda_摩=0.027$,与初设值不符,重新假设 $\lambda_摩=0.027$ 进行上述计算,即

$$10=0.027\frac{150}{d}\frac{\left(\frac{0.0106}{d^2}\right)^2}{2g}$$

解得

$$d=0.075\mathrm{m},\quad u=1.88\mathrm{m/s}$$

$$Re=\frac{du\rho}{\mu}=\frac{0.075\times1.88\times1000}{1.0\times10^{-3}}=141000$$

$$\frac{\varepsilon}{d}=\frac{0.2\times10^{-3}}{0.075}=0.0027$$

查本书附表 1 得 $\lambda_摩\approx0.027$,试差正确,因此所求管径为 $0.075\mathrm{m}$。

4. 复杂管路的计算

如前所述,复杂管路指有分支的管路,流体可以从一处输送至几处,或由几处汇合一处,前者为分流情况,后者为汇流情况。在复杂管路中,各支管的流动彼此影响,相互制约,情况比较复杂。并联管路与分支管路的计算内容主要包括以下几个方面:

(1) 已知总流量和各支管的尺寸,计算各支管的流量。

(2) 已知各支管的流量、管长及管件、阀门的设置,选择合适的管径。

(3) 在已知的输送条件下,输送设备应提供的功率。

下面通过例题说明复杂管路中的流动规律及计算方法。

例 2-4 如图 2-6 所示的并联管路中,支管 1 为 $\phi 56\text{mm} \times 2\text{mm}$,长度为 30m;支管 2 为 $\phi 85\text{mm} \times 2.5\text{mm}$,长度为 50m。总管路中水的流量为 $50\text{m}^3/\text{h}$,试求水在两支管中的流量。各支管的长度均包括局部阻力的当量长度。为略去试差法的计算内容,可取两支管的摩擦系数 $\lambda_{摩}$ 相等。

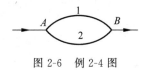

图 2-6 例 2-4 图

解 在 A、B 两截面间列伯努利方程,即

$$gz_A + \frac{u_A^2}{2} + \frac{p_A}{\rho} = gz_B + \frac{u_B^2}{2} + \frac{p_B}{\rho} + \sum h_{fA-B}$$

对于支管 1,可写为

$$gz_A + \frac{u_A^2}{2} + \frac{p_A}{\rho} = gz_B + \frac{u_B^2}{2} + \frac{p_B}{\rho} + \sum h_{f1}$$

对于支管 2,可写为

$$gz_A + \frac{u_A^2}{2} + \frac{p_A}{\rho} = gz_B + \frac{u_B^2}{2} + \frac{p_B}{\rho} + \sum h_{f2}$$

比较以上三式,得

$$\sum h_{fA-B} = \sum h_{f1} = \sum h_{f2}$$

上式表示并联管路中各支管的能量损失相等。

另外,主管中的流量必等于各支管流量之和,即

$$V_s = V_{s1} + V_{s2} = 50/3600 \text{m}^3/\text{s} = 0.0139 \text{m}^3/\text{s}$$

以上两式为并联管路的流动规律,尽管各支管的长度、直径相差悬殊,但单位质量的流体流经两支管的能量损失必然相等,因此流经各支管的流量或流速受 $\sum h_{fA-B} = \sum h_{f1} = \sum h_{f2}$ 及 $V_s = V_{s1} + V_{s2}$ 所约束。

对于支管 1

$$\sum h_{f1} = \lambda_{摩1} \frac{l_1 + \sum l_{e1}}{d_1} \frac{u_1^2}{2} = \lambda_{摩1} \frac{l_1 + \sum l_{e1}}{d_1} \frac{\left(\dfrac{V_{s1}}{\frac{\pi}{4}d_1^2}\right)^2}{2}$$

式中,$\sum l_{e1}$ 为支管 1 局部阻力的当量长度。

对于支管 2

$$\sum h_{f2} = \lambda_{摩2} \frac{l_2 + \sum l_{e2}}{d_2} \frac{u_2^2}{2} = \lambda_{摩2} \frac{l_2 + \sum l_{e2}}{d_2} \frac{\left(\dfrac{V_{s2}}{\frac{\pi}{4}d_2^2}\right)^2}{2}$$

式中,$\sum l_{e2}$ 为支管 2 局部阻力的当量长度。

将以上两式代入 $\sum h_{fA-B} = \sum h_{f1} = \sum h_{f2}$,即

$$\lambda_{摩1} \frac{l_1 + \sum l_{e1}}{2d_1} \frac{V_{s1}^2}{\left(\frac{\pi}{4}d_1^2\right)^2} = \lambda_{摩2} \frac{l_2 + \sum l_{e2}}{2d_2} \frac{V_{s2}^2}{\left(\frac{\pi}{4}d_2^2\right)^2}$$

由于 $\lambda_{摩1}=\lambda_{摩2}$，则上式化简为

$$\frac{l_1+\sum l_{e1}}{d_1^5}V_{s1}^2=\frac{l_2+\sum l_{e2}}{d_2^5}V_{s2}^2$$

所以

$$V_{s1}=V_{s2}\sqrt{\frac{l_2+\sum l_{e2}}{l_1+\sum l_{e1}}\left(\frac{d_1}{d_2}\right)^5}=V_{s2}\sqrt{\frac{50}{30}\times\left(\frac{0.052}{0.08}\right)^5}=0.44V_{s2}$$

上式与 $V_s=V_{s1}+V_{s2}$ 联立，解得

$$V_{s1}=0.00425\mathrm{m^3/s}=15.3\mathrm{m^3/h},\quad V_{s2}=0.00965\mathrm{m^3/s}=34.7\mathrm{m^3/h}$$

2.2 热量传递

如果加热铜杆的一侧，该处温度会升高，一定时间后，另一侧温度也随之上升，表明当物体中有温差存在时，热量将由高温处向低温处传递。热力学第二定律指出，凡是有温差存在的地方，必然有热量传递。因此，在自然界和工程技术领域，传热是极普遍的现象。环境工程中有很多涉及加热和冷却的过程。污泥的厌氧消化和高浓度有机废水的厌氧降解通常在中温（35℃）下进行，因此需要对废水或污泥进行加热；而在冷却操作中，则需要移出热量，如采用冷凝法去除废气中的有机蒸气。锅炉烟气中含有大量的余热，为了节约能源，在排放前先与需要加热的物料进行热交换，烟气释放出余热，用于冷物料的加热。同时，为了减少系统与环境的热量交换，如减少冷、热流体在输送或反应过程中的温度变化，减少热量或冷量的损失，节约能源，需要对管道或反应器进行保温。因此，环境工程中涉及的传热过程主要有两种：①强化传热过程，如在各种热交换设备中的传热，通过采取措施提高热量的传递速率；②削弱传热过程，如对设备和管道进行保温，以减少热量的损失，即减少热量的传递速率。

本节将重点介绍热传导、对流传热和辐射传热三种传热过程原理。

2.2.1 传热基本方式

热传导、热对流和热辐射是热量传递的三种基本方式。传热过程可以凭借其中任意一种方式进行，也可以同时以两种或三种方式进行。根据传热介质的特征，热量传递的过程可以分为热传导、对流传热和辐射传热。

1. 热传导

热传导是指依靠物质的分子、原子和电子的振动、位移和相互碰撞而产生热量传递的方式。例如，固体内部热量从温度较高的部分传递到温度较低的部分，就是以热传导的方式进行的。

热传导在气态、液态和固态物质中都可以发生，但热量传递的机理不同。气体的热量传递是气体分子做不规则热运动时相互碰撞的结果。气体分子的动能与其温度有关，高温区的分子具有较大的动能，即速度较大，当它们运动到低温区时，便与低温区的分子发生碰撞，其结果是热量从高温区转移到低温区。

固体以两种方式传递热量：晶格振动和自由电子的迁移。在非导电的固体中，主要通

过分子、原子在晶体结构平衡位置附近的振动传递能量；对于良好的导电体如金属，自由电子在晶格之间运动，类似气体分子的运动，将热量由高温区传向低温区。由于自由电子的数目多，所传递的热量多于晶格振动所传递的热量，因此良好的导电体一般都是良好的导热体。

液体的结构介于气体和固体之间，分子可作幅度不大的位移，热量的传递既依靠分子的振动，又依靠分子间的相互碰撞。

2. 热对流

热对流指由于流体的宏观运动，冷热流体相互掺混而发生热量传递的方式。这种热量传递方式仅发生在液体和气体中。由于流体中的分子同时进行着不规则的热运动，因此对流必然伴随着导热。

当流体流过某一固体壁面时，所发生的热量传递过程称为对流传热，这一过程在工程中广泛存在。在对流传热过程中，流体的流态不同，热量传递的方式也不同。当流体呈层流流动时，热量以热传导方式传递；当流体的流态为湍流时，则主要以热对流方式传递。

根据引起流体质点位移（流体流动）的原因，可将对流传热分为自然对流传热和强制对流传热。自然对流传热是指由于流体内部温度的不均匀分布形成密度差，在浮力的作用下流体发生对流时进行的传热过程。例如，暖气片表面附近空气受热向上流动、室内空气被加热的过程。强制对流传热是指由于水泵、风机或其他外力引起流体流动过程中发生的传热过程。流体进行强制对流传热的同时，往往伴随着自然对流传热。

根据流体与壁面传热过程中流体物态是否发生变化，可将对流传热分为无相变的对流传热和有相变的对流传热。无相变的对流传热指流体在传热过程中不发生相的变化；而有相变的对流传热指流体在传热过程中发生相的变化，如气体在传热过程中冷凝成液体，或液体在传热过程中沸腾而转变为气体。

3. 热辐射

辐射是一种通过电磁波传递能量的过程。物体由于热的原因而放出辐射能的现象，称为热辐射。自然界中热力学温度在零度以上的各个物体都不停地向空间发出热辐射，同时又不断地吸收其他物体发出的热辐射。在这个过程中，物体先将热能变为辐射能，以电磁波的形式在空中传播，当遇到另一个物体时，又被其全部或部分吸收而变成热能，这种以辐射方式发生的热量传递过程，称为辐射传热。因此，辐射传热不仅是能量的传递，同时还伴随能量形式的转化。

辐射传热不需任何介质做媒介，它可以在真空中传播，这是辐射传热与热传导和对流传热的不同之处。

2.2.2 热传导

在热传导过程中，物体各部分之间只存在微观运动，热量以导热方式传递，因此热传导基本上可以看作分子传递现象，其热量传递规律可以用傅里叶定律描述。利用该定律可以确定热传导的速率及系统内的温度分布。

1. 温度场和温度梯度

物体或系统内各点间的温度差是热传导的必要条件。温度场就是任一瞬间物体或系统内各点的温度分布的总和。

一般情况下，物体内任一点的温度为该点的位置及时间的函数，故温度场的数学表达式为

$$T=f(x,y,z,\theta) \tag{2-26}$$

式中，x、y、z 为物体内任一点的空间坐标；T 为温度，℃或K；θ 为时间，s。

若温度场内各点的温度随时间而变，则为非定态温度场。这种温度场对应于非定态的导热状态。若温度场内各点的温度不随时间而变，则为定态温度场。定态温度场的数学表达式为

$$T=f(x,y,z), \quad \frac{\partial T}{\partial \theta}=0 \tag{2-27}$$

特殊情况下，若物体内的温度仅沿一个坐标方向发生变化，则此温度场为定态的一维温度场，即

$$T=f(x), \quad \frac{\partial T}{\partial \theta}=0, \quad \frac{\partial T}{\partial x}=\frac{\partial T}{\partial y}=0 \tag{2-28}$$

温度场中同一时刻下相同温度各点所组成的面为等温面。由于某瞬间内空间上任意一点不可能同时有不同的温度，故温度不同的等温面彼此不能相交。

由于等温面上温度处处相等，故沿等温面将无热量传递，而沿和等温面相交的任何方向，因温度发生变化则有热量的传递。温度随距离的变化以沿等温面的垂直方向最大。通常，将温度为 $(T+\Delta T)$ 与 T 两相邻等温面之间的温度差 ΔT，与两面间的垂直距离 Δn 之比值的极限称为温度梯度（图2-7）。温度梯度的数学定义式为

$$\operatorname{grad} T = \lim_{\Delta n \to 0} \frac{\Delta T}{\Delta n} = \frac{\partial T}{\partial n}$$

对定态的一维温度场，温度梯度可表示为

$$\operatorname{grad} T = \frac{\mathrm{d}T}{\mathrm{d}n}$$

2. 傅里叶定律

设两块平行的大平板，间距为 y，板间置有气态、液态或固态的静止导热介质，如图2-8所示。初始状态下，介质各处的温度为 T_0。当 $T=0$ 时，下板的温度突然略微升至 T_1，并始终保持不变。随着时间的推移，介质中的温度分布发生变化，最终得到一线性稳态温度分布。在达到稳态之后，需要一个恒定的热量流量 Q 通过，才能维持温度差 $\Delta T=T_1-T_0$ 不变。对于足够小的 ΔT 值，存在下列关系

$$\frac{Q}{A}=\lambda \frac{\Delta T}{y} \tag{2-29}$$

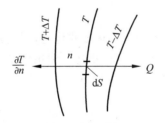

图2-7 温度梯度

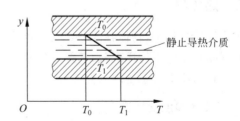

图2-8 静止介质的热传导

将式(2-29)改写为微分式,得

$$q = \frac{Q}{A} = -\lambda \frac{dT}{dy} \tag{2-30}$$

式中,Q 为 y 方向上的热流量,也称为热传导速率,W;q 为 y 方向上的热通量,即单位时间内通过单位面积传递的热量,又称为热流密度,W/m²;λ 为导热系数,W/(m·℃);$\frac{dT}{dy}$ 为 y 方向上的温度梯度,℃/m;A 为垂直于热流方向的面积,m²。

式(2-30)称为傅里叶定律。该定律表明热通量与温度梯度成正比,负号表示热通量方向与温度梯度方向相反,即热量是沿着温度降低的方向传递的,式中 $\frac{dT}{dy}$ 为热量传递的推动力。

傅里叶定律还可以改写为以下形式

$$q = -\frac{\lambda}{\rho c_p} \frac{\rho c_p dT}{dy} \tag{2-31}$$

对于定压比热容 c_p 和密度 ρ 均为恒值的热量传递问题,设

$$\gamma = \frac{\lambda}{\rho c_p}$$

则式(2-31)变为

$$q = -\gamma \frac{d(\rho c_p T)}{dy} \tag{2-32}$$

式中,γ 为导温系数,或称热量扩散系数,m²/s;T 为流体温度,℃;ρ 为流体密度,kg/m³;c_p 为流体定压比热容,kJ/(kg·℃)。$\rho c_p T$ 表示热量浓度,$\frac{d(\rho c_p T)}{dy}$ 则表示热量浓度梯度,即单位体积内流体所具有的热量在 y 方向的变化率,J/(m³·m)。

式(2-32)的物理意义为由于温度梯度引起的 y 方向上的热通量 = −(热量扩散系数)×(y 方向上的热量浓度梯度),即将热量传递的推动力以热量浓度梯度的形式表示。

导温系数是物质的物理性质,它反映了温度变化在物体中的传播能力。在导温系数的定义式中,ρc_p 是单位体积物质温度升高 1℃时所需要的热量,代表物质的蓄热能力。因此,γ 值越大,则 λ 越大或 ρc_p 越小,说明物体的某部分一旦获得热量,该热量即能在整个物体中快速扩散。

3. 导热系数

式(2-33)给出了导热系数的定义式,即

$$\lambda = -\frac{q}{\frac{dT}{dy}} \tag{2-33}$$

导热系数是稳态导热条件下,由单位温度梯度在单位时间内正向通过单位面积所传输的热量,表明物质导热性能的强弱,即导热能力的大小。导热系数 λ 是物质的物理性质,与物质的种类、温度和压力有关。不同物质的 λ 差异较大。对于同一种物质,λ 值可随不同的方向而变化,工程上常取导热系数的平均值。若 λ 值与方向无关,则称此情况下的导热为各向同性导热。

各种物质的导热系数通常用实验方法测定。导热系数数值的变化范围很大。一般来说,金属的导热系数最大,非金属固体次之,液体较小,气体最小。一般情况下各类物质的导

热系数大致范围,如表 2-2 所示。表中数据表明了气体、液体和固体的导热系数的数量级范围,图 2-9 为几种常见液体的导热系数。

表 2-2　物质导热系数的数量级

物质种类	气体	液体	非导热固体	金属	绝热材料
$\lambda/(W/(m \cdot ℃))$	0.006~0.6	0.07~0.7	0.2~3.0	15~420	<0.25

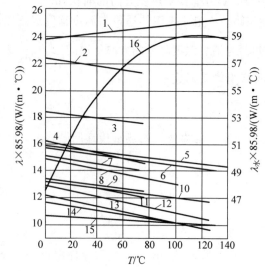

1—无水甘油;2—甲酸;3—甲醇;4—乙醇;5—蓖麻油;6—苯胺;7—乙酸;8—丙酮;9—丁醇;10—硝基苯;11—异丙苯;12—苯;13—甲苯;14—二甲苯;15—凡士林油;16—水(用右边的坐标)

图 2-9　几种常见液体的导热系数

4. 通过平壁的稳定热传导

(1) 单层平壁的稳定热传导

无限大平壁是指长和宽的尺寸与厚度相比大得多的平壁,其壁边缘处的散热可以忽略。单层平壁的热传导,如图 2-10 所示。假设平壁材料均匀,导热系数 λ 不随温度而变(或取平均导热系数);平壁内的温度仅沿垂直于壁面的 x 方向变化,因此等温面是垂直于 x 轴的平面;平壁面积与厚度相比很大,故从壁的边缘处损失的热可以忽略。对此种定态的一维平壁热传导,热传导速率 Q 和传热面积 A 都为常量,故式(2-30)可简化为

$$Q = -\lambda A \frac{dT}{dx} \tag{2-34}$$

注:当 $x=0$ 时,$T=T_1$;当 $x=b$ 时,$T=T_2$;且 $T_1 > T_2$,积分式(2-34)可得

$$Q = \frac{\lambda}{b} A(T_1 - T_2) \tag{2-35}$$

或

$$Q = \frac{T_1 - T_2}{\dfrac{b}{\lambda A}} = \frac{\Delta T}{R} \tag{2-36}$$

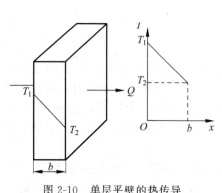

图 2-10　单层平壁的热传导

和
$$q = \frac{Q}{A} = \frac{\Delta T}{\frac{b}{\lambda}} = \frac{\Delta T}{R'} \tag{2-37}$$

式中, b 为平壁厚度, m; ΔT 为温度差, 导热推动力, ℃; $R = b/\lambda A$ 为导热热阻, ℃/W; $R' = b/\lambda$ 为导热热阻, m² · ℃/W。

特别强调, 式(2-35)适用于 λ 为常数的定态热传导过程。实际上, 物体内不同位置的温度并不相同, 因而导热系数也随之而异。但是在工程计算中, 对于各处温度不同的固体, 其导热系数可以取固体两侧面温度下 λ 值的算术平均值, 或取两侧面温度之算术平均值下的 λ 值。可以证明, 当导热系数与温度成线性关系时, 用物体的平均导热系数进行热传导计算, 将不会引起太大的误差。在以后的热传导计算中, 一般都采用平均导热系数。当 λ 为常数时, 平壁内温度分布为直线; 当 λ 为温度的函数时, 平壁内温度分布为曲线。

式(2-35)表明热传导速率与导热推动力成正比, 与导热热阻成反比; 导热距离越大, 传热面积和导热系数越小, 则导热热阻越大。若将该式与电学的欧姆定律(电流＝电动势/电阻)相比, 两者形式完全类似, 可归纳得到自然界中传递过程的普遍关系为

过程传递速率＝过程的推动力 / 过程的阻力

必须强调指出, 应用热阻的概念, 对传热过程的分析和计算都十分重要。由于系统中任一段的热阻与该段的温度差成正比, 利用这一关系可以计算界面温度或物体内温度分布。反之, 可从温度分布情况判断各部分热阻的大小。此外, 还可利用串、并联电阻的计算方法来类比计算复杂导热过程的热阻。

(2) 多层平壁的热传导

以 3 层平壁为例, 如图 2-11 所示。各层的壁厚分别为 b_1、b_2 和 b_3, 导热系数分别为 λ_1、λ_2 和 λ_3。假设层与层之间接触良好, 即接触的两表面温度相同。各表面温度为 T_1、T_2、T_3 和 T_4, 且 $T_1 > T_2 > T_3 > T_4$。

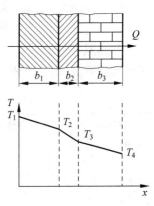

图 2-11 3 层平壁的热传导

在定态导热时, 通过各层的热传导速率必相等, 即 $Q = Q_1 = Q_2 = Q_3$。或

$$Q = \frac{\lambda_1 A (T_1 - T_2)}{b_1} = \frac{\lambda_2 A (T_2 - T_3)}{b_2} = \frac{\lambda_3 A (T_3 - T_4)}{b_3}$$

由上式可得
$$\Delta T_1 = T_1 - T_2 = Q \frac{b_1}{\lambda_1 A}$$

$$\Delta T_2 = T_2 - T_3 = Q \frac{b_2}{\lambda_2 A}$$

$$\Delta T_3 = T_3 - T_4 = Q \frac{b_3}{\lambda_3 A}$$

将上面三式相加, 并整理得

$$Q = \frac{\Delta T_1 + \Delta T_2 + \Delta T_3}{\frac{b_1}{\lambda_1 A} + \frac{b_2}{\lambda_2 A} + \frac{b_3}{\lambda_3 A}} = \frac{T_1 - T_4}{\frac{b_1}{\lambda_1 A} + \frac{b_2}{\lambda_2 A} + \frac{b_3}{\lambda_3 A}} \tag{2-38}$$

式(2-38)即为3层平壁的热传导速率方程式。

对 n 层平壁,热传导速率方程为

$$Q = \frac{T_1 - T_{n+1}}{\sum_{i=1}^{n} \frac{b_i}{\lambda_i A}} = \frac{\sum_{i=1}^{n} \Delta T_i}{\sum_{i=1}^{n} R_i} \qquad (2\text{-}39)$$

式中,下标 i 表示平壁的序号。

由式(2-39)可见,多层平壁热传导的总推动力为各层温度差之和,即总温度差,总热阻为各层热阻之和。

在上述多层平壁的计算中,假设层与层之间接触良好,两个接触表面具有相同的温度。实际上,不同材料构成的界面之间可能出现明显的温度降低。这种温度变化是表面粗糙不平而产生接触热阻的原因。因两个接触面间有空穴,而空穴内又充满空气,所以传热过程包括通过实际接触面的热传导和通过空穴的热传导(高温时还有辐射传热)。一般来说,因气体的导热系数很小,接触热阻主要由空穴造成。接触热阻的影响,如图 2-12 所示。

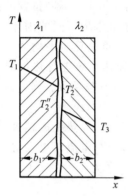

图 2-12 接触热阻的影响

接触热阻与接触面材料、表面粗糙度及接触面上压强等因素有关,目前还没有可靠的理论或经验计算公式,主要依靠实验测定。表 2-3 为几组材料的接触热阻值。

表 2-3 几种材料接触表面的接触热阻

接触面材料	粗糙度/μm	温度/℃	表面压强/kPa	接触热阻/(m²·℃/W)
不锈钢(磨光),空气	2.54	90~200	300~2500	$10^{-3} \sim 0.264$
铝(磨光),空气	2.54	150	1200~2500	$10^{-4} \sim 0.88$
铝(磨光),空气	0.25	150	1200~2500	0.18×10^{-4}
钢(磨光),空气	1.27	20	1200~20000	0.7×10^{-5}

5. 圆筒壁的热传导

环境工程实践中常遇到圆筒壁的热传导,它与平壁热传导的不同处在于圆筒壁的传热面积不是常量,随半径而变;同时温度也随半径而变。

(1) 单层圆筒壁的热传导

单层圆筒壁的热传导,如图 2-13 所示。

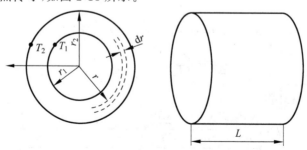

图 2-13 单层圆筒壁的热传导

若圆筒壁很长,沿轴向散热可忽略,则通过圆筒壁的热传导可视为一维定态热传导。设圆筒的内径为 r_1,外径为 r_2,长度为 L。圆筒内、外壁面温度分别为 T_1 和 T_2,且 $T_1 > T_2$。若在圆筒半径 r 处沿半径方向取微分厚度 dr 的薄壁圆筒,其传热面积可视为常量,等于 $2\pi rL$;同时通过该薄层的温度变化为 dT。仿照平壁热传导公式,通过该薄圆筒壁的热传导速率可以表示为

$$Q = -\lambda A \frac{dT}{dr} = -\lambda (2\pi rL) \frac{dT}{dr} \tag{2-40}$$

将式(2-40)分离变量积分并整理得

$$Q = \frac{2\pi L\lambda(T_1 - T_2)}{\ln \frac{r_2}{r_1}} \tag{2-41}$$

式(2-41)即为单层圆筒壁的热传导速率方程,该式也可写成与平壁热传导速率方程类似的形式,即

$$Q = \frac{A_m \lambda(T_1 - T_2)}{b} = \frac{A_m \lambda(T_1 - T_2)}{r_2 - r_1} \tag{2-42}$$

将式(2-42)与式(2-41)比较,可解得平均面积为

$$A_m = \frac{2\pi L(r_2 - r_1)}{\ln \frac{r_2}{r_1}} = 2\pi r_m L \tag{2-43}$$

$$r_m = \frac{r_2 - r_1}{\ln \frac{r_2}{r_1}}$$

或

$$A_m = \frac{2\pi L(r_2 - r_1)}{\ln \frac{2\pi Lr_2}{2\pi Lr_1}} = \frac{A_2 - A_1}{\ln \frac{A_2}{A_1}} \tag{2-44}$$

式中,r_m 为圆筒壁的对数平均半径,m;A_m 为圆筒壁的内、外表面的对数平均面积,m^2。

在工程计算中,采用对数平均值时,其计算结果更为精确。但当两个物理量的比值小于或等于 2 时,经常用算术平均值代替对数平均值,使计算过程简化。与对数平均值相比,计算误差仅为 4%,这是工程计算允许的误差。

(2) 多层圆筒壁的热传导

多层(以 3 层为例)圆筒壁的热传导,如图 2-14 所示。

假设各层间接触良好,各层的导热系数分别为 λ_1、λ_2 和 λ_3,厚度分别为 $b_1 = (r_2 - r_1)$,$b_2 = (r_3 - r_2)$,$b_3 = (r_4 - r_3)$。若将串联热阻的概念引入,则 3 层圆筒壁的热传导速率方程为

$$Q = \frac{\Delta T_1 + \Delta T_2 + \Delta T_3}{\frac{b_1}{\lambda_1 A_{m1}} + \frac{b_2}{\lambda_2 A_{m2}} + \frac{b_3}{\lambda_3 A_{m3}}} = \frac{T_1 - T_4}{R_1 + R_2 + R_3}$$

式中

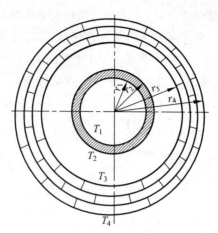

图 2-14 多层圆筒壁热传导

$$A_{m1} = \frac{2\pi L(r_2 - r_1)}{\ln \frac{r_2}{r_1}}, \quad A_{m2} = \frac{2\pi L(r_3 - r_2)}{\ln \frac{r_3}{r_2}}, \quad A_{m3} = \frac{2\pi L(r_4 - r_3)}{\ln \frac{r_4}{r_3}} \tag{2-45}$$

同理,由式(2-41)可得

$$Q = \frac{2\pi L(T_1 - T_4)}{\frac{1}{\lambda_1}\ln \frac{r_2}{r_1} + \frac{1}{\lambda_2}\ln \frac{r_3}{r_2} + \frac{1}{\lambda_3}\ln \frac{r_4}{r_3}} \tag{2-46}$$

多层圆筒壁,其热传导速率方程可表示为

$$Q = \frac{T_1 - T_{n+1}}{\sum_{i=1}^{n} \frac{b_i}{\lambda_i A_{mi}}} \tag{2-47}$$

或

$$Q = \frac{T_1 - T_{n+1}}{\sum_{i=1}^{n} \frac{1}{2\pi L \lambda_i} \ln \frac{r_{i+1}}{r_i}} \tag{2-48}$$

式中,下标 i 表示圆筒壁的序号。

应注意,圆筒壁的定态热传导,通过各层的热传导速率都是相同的,但是热通量却各不相同。

例 2-5 在外径为 140mm 的蒸气管道外包扎保温材料,以减少热损失。蒸气管外壁温度为 400℃,保温层外表面温度不大于 40℃。保温材料的 λ 与 T 的关系为 $\lambda = 0.1 + 0.0002T$(T 的单位为℃,λ 的单位为 W/(m·℃))。若要求每米管长的热损失 Q/L 不大于 450W/m,试求保温层的厚度以及保温层中温度分布。

解 此题为圆筒壁热传导问题,已知蒸气管道外半径为 $r_2 = 0.07$m,外壁温度为 $T_2 = 400$℃,保温层外表面温度为 $T_3 = 40$℃。

先求保温层在平均温度下的导热系数,即

$$\lambda = \left(0.1 + 0.0002\left(\frac{400+40}{2}\right)\right) \text{W/(m·℃)} = 0.144 \text{W/(m·℃)}$$

(1) 保温层厚度

由式(2-41)得

$$\ln\frac{r_3}{r_2}=\frac{2\pi\lambda(T_2-T_3)}{\dfrac{Q}{L}}$$

得

$$r_3=0.144\text{m}$$

故保温层厚度为

$$b=r_3-r_2=(0.144-0.07)\text{m}=74\text{mm}$$

(2) 保温层中温度分布

设保温层半径 r 处,温度为 T,代入式(2-41)可得

$$Q/L=\frac{2\pi\times0.144\times(400-T)}{\ln\dfrac{r}{0.07}}=450$$

解上式并整理得

$$T=-498\ln r-923$$

计算结果表明,即使导热系数为常数,圆筒壁内的温度分布也不是直线而是曲线。

2.2.3 对流传热

对流传热指流体中质点发生相对位移时的热量传递过程。当流体沿壁面流动时,若流体温度和壁面温度不一致,就会发生对流传热。纯的热对流是借流体质点的移动和混合来完成的,而对于工程实际中常遇到的流体与固体壁面间的对流传热,是流体流过固体表面时发生的热对流和热传导联合作用的传热过程。该过程与流体流动状况密切相关,流体的流动类型不同,热量传递的机理也不同。

在工业生产中,发生对流传热的液体一般为流过某设备的流体或在容器中的流体,设备或容器的壁面就是外界向流体输入热量的加热面或流体向外界输出热量的冷却面。流体流过与流体平均温度不同的固体壁面时二者间发生热交换的过程称为"换热"过程。

换热过程的3个特点:①流体的同一流动截面上存在温度差异;②流体与固体表面直接接触,且接触处温度相同;③对流传热是导热和换热联合作用的结果。

换热过程可分为以下4种类型。

(1) 流体强制对流换热。由于外部机械能的输入,如泵、风机或搅拌器等的作用下,或者其他势能差的作用下,流体强制流过固体壁面时的换热。这种换热又可分为内部强制对流换热和外部强制对流换热。

(2) 流体自然对流换热。当静止流体与不同温度的固体壁面接触时,在流体内部产生温度差异。流体内部温度的不同导致流体密度的不同,密度大的往下沉,密度小的朝上浮,于是在流体内部产生了流动,这种流动称为流体自然对流换热。

(3) 蒸气冷凝换热。蒸气遇到温度低于其饱和温度的固体壁面时,蒸气放热并凝成液体,凝液在重力作用下沿壁面流下。这种换热类型称为蒸气冷凝换热。

(4) 液体沸腾换热。液体从固体壁面取得热量而沸腾,在液体内部产生气泡,气泡在浮

升时因继续发生液体汽化而长大,这种换热称为液体沸腾换热,其又可分为大容器内沸腾和管内沸腾。

上述第(1)、(2)类型的换热为流体无相变的换热;(3)、(4)类型的换热为流体有相变的换热。

1. 牛顿冷却定律及对流传热系数

1) 牛顿冷却定律

由以上讨论可知,对流传热过程复杂,影响传热速率的因素众多,因此很难进行对流传热的纯理论计算,目前工程中仍按下述的半经验方法进行处理。

根据传递过程速率的普遍关系,壁面与流体间(或反之)的对流传热速率可表示为推动力和阻力之比,即

对流传热速率 = 对流传热推动力 / 对流传热阻力 = 系数 × 推动力

上式中的推动力是壁面和流体间的温度差。阻力的影响因素众多,但其与壁面的表面积成反比。在换热器中,沿流体流动的方向,流体和壁面的温度一般是变化的,在换热器不同位置的对流传热速率也随之改变。假设微分传热面积 dA,冷、热流体及其接触的壁面温度均可视为常数;对此,若以热流体和壁面间的对流传热为例,则对流传热速率方程可表示为

$$dQ = \frac{T - T_w}{\dfrac{1}{\alpha dA}} = \alpha (T - T_w) dA \tag{2-49}$$

式中,dQ 为局部对流传热速率,W;dA 为微分传热面积,m^2;T 为换热器任一截面上热流体的平均温度,℃;T_w 为换热器任一截面上与热流体接触一侧的壁面温度,℃;α 为比例系数,又称局部对流传热系数,$W/(m^2 \cdot ℃)$。

式(2-49)称为牛顿(Newton)冷却定律。

应注意,流体的平均温度是指将流动横截面上的流体绝热混合后测定的温度。在传热计算中,除另有说明外,流体的温度一般都是指这种横截面的平均温度。

通常,换热器中的局部对流传热系数 α 随管长而变,但在工程计算中,为使问题简化,常使用基于整个换热器的平均对流传热系数(一般也用 α 表示)。针对整个换热器的牛顿冷却定律可以表示为

$$Q = \alpha A \Delta T = \frac{\Delta T}{\dfrac{1}{\alpha A}}$$

式中,α 为平均对流传热系数,$W/(m^2 \cdot ℃)$;A 为总传热面积,m^2;ΔT 为流体与壁面(或反之)间温度差的平均值,℃;$1/(\alpha A)$ 为对流传热热阻,℃/W。

对于工程实际中经常使用的套管式换热器及管壳式换热器,其传热面为隔开冷热两种流体的管子或管束,对应的传热面积有不同的表示方法,可以是管内侧或管外侧表面面积。例如,若热流体在换热器的管内流动,冷流体在管间(环隙)流动,则对流传热速率方程可分别表示为

$$dQ = \alpha_i (T - T_w) dA_i \tag{2-50}$$

$$dQ = \alpha_o (t_w - t) dA_o \tag{2-51}$$

式中，A_i、A_o分别为换热器的管内侧和管外侧表面面积，m^2；α_i、α_o分别为换热器管内侧和管外侧流体的对流传热系数，$W/(m^2 \cdot ℃)$；T、t分别为换热器的任一横截面上热流体和冷流体的平均温度，℃；T_w、t_w分别为换热器的任一横截面分别与热流体和冷流体接触一侧的壁温，℃。

由式(2-50)、式(2-51)可见，对流传热系数和传热面积以及温度差对应，工程计算时应注意区别。

2) 对流传热系数

由牛顿冷却定律可得对流传热系数的定义式，即

$$\alpha = \frac{Q}{A \Delta T}$$

上式表明，对流传热系数在数值上等于单位温度差下，单位传热面积的对流传热速率，单位为$W/(m^2 \cdot ℃)$，它反映了对流传热的快慢，α越大对流传热越快。

应注意，与反映物质导热能力的物性参数λ不同，对流传热系数α不是流体的物理性质，而是受诸多因素影响的一个系数。例如，流体有无相变化、流体流动的原因、流动状态、流体物性和壁面情况(换热器结构)等都会影响对流传热系数。一般来说，对同一种流体，因强制对流时的流体速度较自然对流大，传热效果好，故强制对流时的α要大于自然对流时的α。发生相变传热时，由于相变一侧的流体温度恒定，使传热过程始终保持较大的温度梯度，因此传热速率要比无相变时大得多，对应的有相变时的α要大于无相变时的α。表2-4列出了几种对流传热情况下α的数值范围，可作为传热计算中的参考。

表2-4 α 值的范围

换热方式	空气自然对流	气体强制对流	水自然对流	水强制对流	水蒸气冷凝	有机蒸气冷凝	水沸腾
$\alpha/(W/(m^2 \cdot ℃))$	5~25	20~100	200~1000	1000~15000	5000~15000	500~2000	2500~25000

综上可知，牛顿冷却定律表达了复杂的对流传热问题，其中，对流传热系数是众多因素对传热过程影响的集中体现，研究确定各种对流传热情况下α的大小、影响因素及α的计算式，是对流传热所要解决的核心问题。

流体流过固体壁面时，因存在温度差而发生的对流传热过程与流体的流动状况密切相关，所以影响流体流动的因素均影响传热。实验表明，影响对流传热系数的主要因素有以下几项。

(1) 流体的特性。对α值影响较大的流体物性有导热系数、黏度、比热容、密度以及对自然对流影响较大的体积膨胀系数。对于同一种流体，这些物性参数与温度有关，其中某些物性参数还与压强有关。

① 导热系数λ。由对流传热机理可知，对流传热的热阻主要由层流底层(或层流层)的导热热阻控制。当层流底层(或层流层)的温度梯度一定时，流体的导热系数越大，对流传热系数也越大。

② 黏度μ。由流体流动规律可知，当流体在管中流动时，若管径和流速一定，流体的黏度越大，Re值越小，即湍流程度低，层流底层厚，热阻也就越大，于是对流传热系数就越小。

③ 比热容和密度。ρc_p代表单位体积流体所具有的热容量，ρc_p值越大，表明流体携带

热量的能力越强,因此对流传热的强度越强。

④ 体积膨胀系数 δ。流体的体积膨胀系数 δ 值越大,则单位温差所产生的流体密度差也越大,自然对流强度越大,传热效果越好。

(2) 流体的温度。流体温度对对流传热的影响表现为流体温度与壁面温度差、流体物性随温度变化的程度以及附加自然对流等方面的综合影响。因此在对流传热计算中必须修正温度对物性的影响。此外流体内部温度分布不均匀必然导致密度不同,从而产生附加的自然对流,这种影响又与热流方向及管子安放情况等有关。

(3) 流体的流动状态。前已述及,层流和湍流的传热机理有本质区别,在对等条件下,传热效果亦不同,湍流时的对流传热系数远比层流时的大。

(4) 流体流动的原因。自然对流和强制对流的起因不同,因此具有不同的流动和传热规律。

自然对流是由于流体内部存在温度差,造成流体密度不同,致使轻者上浮、重者下沉,流体质点发生相对位移。强制对流由于外力的作用而引起,如泵、搅拌器、风机等迫使流体流动,体现为流体的流速 u。

(5) 传热面的形状、位置和大小。传热面的形状(如管、板、环隙、翅片等)、传热面方位和布置(如水平或垂直,管束的排列方式)及流道尺寸(如管径、管长、板高和进口效应)等都直接影响对流传热系数。这种影响用特征尺寸 L 描述。应注意,特征尺寸 L 在不同的场合所代表的具体内容不同。

综合上述影响因素,α 可表示为

$$\alpha = f(\lambda, \mu, c_p, u, \delta, \Delta T, L, \cdots) \tag{2-52}$$

式中,u 为流体流速;ΔT 为流体温度与壁面温度差。

由于影响 α 的因素众多,难以建立一个通式用于各种条件下的计算。对此,通常采用量纲分析法,将众多的影响因素(物理量)组合成若干无量纲数群(准数),然后再用实验的方法确定这些准数间的关系,即得到不同情况下求算 α 的关联式。

这里只给出环境工程中经常用到的管内强制对流的对流传热系数的经验式,其他经验公式的具体建立过程参见有关书籍。

2. 管内强制对流传热

(1) 流体在圆形直管内呈强烈的湍流状态流动

工程上的传热过程大都在湍流条件下进行。对于低黏度(小于 2 倍常温水的黏度)的流体,对流传热系数为

$$Nu = 0.023 Re^{0.8} Pr^f \tag{2-53}$$

或

$$\alpha = 0.023 \frac{\lambda}{d_i} \left(\frac{d_i u \rho}{\mu}\right)^{0.8} \left(\frac{\mu c_p}{\lambda}\right)^f$$

式中,Nu 为努塞特数,表示对流传热系数的特征数;Re 为雷诺数,表示稳定流动状态的特征数;Pr 为普朗特数,表示物性影响的特征数。

当流体被加热时,$f = 0.4$;当流体被冷却时,$f = 0.3$。这是因为温度对壁面附近层流底层内的流体黏度产生影响,引起该区域内的速率分布变化,从而使整个截面上的速率分布发生变化。由于加热和冷却时,流体黏度的变化不同,其准数关联式也不同。

应用条件有①定性温度：流体进出口温度的算术平均值。②特征尺寸：管内径 d_i。③应用范围：$Re>10^4$，$0.7<Pr<120$；管内壁面光滑；管长与管径之比 $L/d_i \geqslant 50$。

对于高黏度的液体，修正公式为

$$Nu = 0.027 Re^{0.8} Pr^{0.33} \left(\frac{\mu}{\mu_w}\right)^{0.14} \tag{2-54}$$

式中，μ_w 为壁温下的液体黏度；μ 为定性温度下的液体黏度。

应用条件有①定性温度：除黏度 μ_w 的温度为壁温外，其余均为流体进、出口温度的算术平均值。②特征尺寸：管内径 d_i。③应用范围：$0.7<Pr<16700$；管内壁面光滑；管长与管径之比 $L/d_i \geqslant 50$。

由式(2-53)和式(2-54)可知，湍流情况下，对流传热系数与流速的 0.8 次方成正比，与管径的 0.2 次方成反比。因此，提高流速或采用小直径的管道，都可以强化传热，其中提高流速更为有效。

对于 $L/d_i<50$ 的短管，由于进口段流体速度和温度不断变化，因此对流传热系数变化较大。进口段的热边界层较薄，局部对流传热系数较充分发展段的大，且沿主流方向逐渐降低。如果边界层中出现湍流，则因湍流的扰动与混合作用，局部对流传热系数又会有所提高，再逐渐降低，趋于充分发展段的定值。为了修正进口段的影响，引入大于 1 的短管修正系数 φ_1，即

$$\varphi_1 = 1 + \left(\frac{d_i}{L}\right)^{0.7}$$

将式(2-53)和式(2-54)进行修正，得

$$Nu = 0.023 \left[1 + \left(\frac{d_i}{L}\right)^{0.7}\right] Re^{0.8} Pr^f$$

$$Nu = 0.027 \left[1 + \left(\frac{d_i}{L}\right)^{0.7}\right] Re^{0.8} Pr^{0.33} \left(\frac{\mu}{\mu_w}\right)^{0.14} \tag{2-55}$$

(2) 流体在圆形直管内呈层流状态流动

圆形直管内层流流动情况下的传热比较复杂，主要体现在以下两个方面。

① 层流流动下进口段影响

当流体的 Pr 值接近于 1、Re 接近 2000 时，进口段的长度大约为管径的 100 倍；当流体的 Pr 值大于 1，则进口段的长度可能超过管径的几千倍或上万倍，使得整个管长均在进口段范围内，因此在计算传热系数时应考虑进口段的影响。

② 附加的自然对流传热影响

在小管径且流体和壁面的温差不大的情况下，格拉斯霍夫数 $Gr<25000$，自然对流的影响可以忽略。此时可以采用以下关联式

$$Nu = 1.86 Re^{\frac{1}{3}} Pr^{\frac{1}{3}} \left(\frac{d_i}{L}\right)^{\frac{1}{3}} \left(\frac{\mu_w}{\mu}\right)^{0.14} \tag{2-56}$$

应用条件有①定性温度：除黏度 μ_w 的温度为壁温外，其余均为流体进、出口温度的算术平均值。②特征尺寸：管内径 d_i。③应用范围：$Re<2300$，$0.6<Pr<6700$，$Re \cdot Pr \cdot \frac{d_i}{L} > 10$。

当 $Gr > 25000$ 时,层流的温度差引起的自然对流对传热的影响不能忽略,此时可按式(2-56)计算对流传热系数,再乘以修正系数

$$\eta = 0.8(1 + 0.015 Gr^{\frac{1}{3}}) \tag{2-57}$$

(3) 流体在圆形直管内呈过渡流状态流动

对于 $2300 \leqslant Re \leqslant 10^4$ 时的过渡区,其传热情况非常复杂,对流传热系数可先用湍流时的经验关联式计算,再乘以小于 1 的修正系数

$$\varphi = 1 - \frac{6 \times 10^5}{Re^{1.8}} \tag{2-58}$$

(4) 流体在圆形弯管内流动

流体流经弯管时,受到离心力的作用,横截面上的流体形成二次环流,结果使流体产生螺旋式的复杂运动,导致扰动加剧,层流底层变薄,传热系数加大。这种情况下,传热系数可先用直管的经验关联式计算,再乘以大于 1 的修正系数

$$\psi = 1 + 1.77 \frac{d_i}{R} \tag{2-59}$$

式中,R 为弯管轴的曲率半径,m。

例 2-6 常压下水在内径为 30mm 的管中流动,温度由 20℃升高到 60℃,平均流速为 1.5m/s。试求:

(1) 水与管壁之间的对流传热系数;
(2) 若流速增大为 2.0m/s,结果如何?

解 定性温度为 $((20+60)/2)℃ = 40℃$,则常压下 40℃水的物性参数为 $\lambda = 63.38 \times 10^{-2} \text{W}/(\text{m} \cdot ℃)$,$\mu = 65.60 \times 10^{-5} \text{Pa} \cdot \text{s}$,$\rho = 992.2 \text{kg/m}^3$,$c_p = 4.174 \text{kJ}/(\text{kg} \cdot ℃)$。

(1) 水的平均流速为 1.5m/s 时,有

$$Re = \frac{d_i u \rho}{\mu} = \frac{0.03 \times 1.5 \times 992.2}{65.60 \times 10^{-5}} = 6.81 \times 10^4 \text{(呈强烈的湍流状态)}$$

$$Pr = \frac{\mu c_p}{\lambda} = \frac{65.60 \times 10^{-5} \times 4.174 \times 10^3}{63.38 \times 10^{-2}} = 4.32 > 0.7$$

$$\alpha = 0.023 \frac{\lambda}{d_i} Re^{0.8} Pr^{0.4}$$

$$= \left(0.023 \times \frac{63.38 \times 10^{-2}}{0.03} \times (6.81 \times 10^4)^{0.8} \times 4.32^{0.4}\right) \text{W}/(\text{m}^2 \cdot ℃)$$

$$= 6416 \text{W}/(\text{m}^2 \cdot ℃)$$

(2) 水的平均流速为 2.0m/s 时,Pr 不变,则

$$Re = \frac{0.03 \times 2.0 \times 992.2}{65.60 \times 10^{-5}} = 9.08 \times 10^4 \text{(仍为强烈的湍流状态)}$$

$$\alpha = 0.023 \frac{\lambda}{d_i} Re^{0.8} Pr^{0.4}$$

$$= \left(0.023 \times \frac{63.38 \times 10^{-2}}{0.03} \times (9.08 \times 10^4)^{0.8} \times 4.32^{0.4}\right) \text{W}/(\text{m}^2 \cdot ℃)$$

$$= 8076 \text{W}/(\text{m}^2 \cdot ℃)$$

随着流速的增加,对流传热系数增大。

2.2.4 换热器及间壁传热过程计算

1. 冷、热流体的热交换形式

根据冷、热流体的接触情况,两种流体实现热交换的形式有以下三种。

1) 间壁式换热

间壁式换热是工业普遍采用的换热形式,其特点是冷、热流体被一固体壁隔开,通过固体壁进行传热。典型的间壁式换热器有套管式换热器和列管式换热器。

(1) 套管式换热器

套管式换热器由直径不同的两根同轴管组成,进行换热的两种流体分别流经环隙和管内,通过内管壁换热的结构,如图 2-15 所示。

(2) 列管式换热器

列管式换热器主要由壳体、管束、管板和封头等部件组成,如图 2-16 所示,一种流体由一侧接管进入封头,流经各管内后汇集于另一封头,并从该封头接管流出,该流体称为管程,另一种流体由壳体接管流入,在壳体与管束间的空隙流过,然后从壳体的另一接管流出,该流体称为壳程流体。在壳体内安装与管束相垂直的折流板(即挡板)是为了提高壳程流体流速,并力图使壳程流体按垂直于管束的方向流过管束,以增强壳程流体的传热效果。

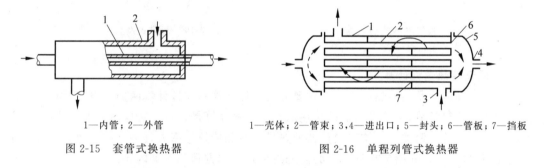

1—内管;2—外管

图 2-15 套管式换热器

1—壳体;2—管束;3,4—进出口;5—封头;6—管板;7—挡板

图 2-16 单程列管式换热器

有的列管式换热器为提高管程流体流速,把全部管束分为多程,使流体每次只沿一程管束通过,在换热器内作两次或两次以上的来回折流。图 2-17 即为双管程的列管式换热器。为实现双管程,只需在一侧封头内设置隔板,将全部管分成管数相等的两程管束即可。

1—壳体;2—管束;3—挡板;4—隔板

图 2-17 双管程的列管式换热器

2) 混合式换热

混合式换热的特点是冷、热流体在换热器中以直接接触的形式进行热交换,具有传热速率高、设备简单等优点。图 2-18 为板式淋洒式换热器,常用于气体的冷却或水蒸气冷凝。

3) 蓄热式换热

蓄热式换热的特点是冷、热流体间的热交换通过对蓄热体的周期性加热和冷却来实现。图 2-19 为蓄热式换热器,先令热流体通过蓄热体,热流体降温而蓄热体升温,再令冷流体通过蓄热体,冷流体升温而蓄热体降温,通常采用两台交替使用。这类换热器结构简单,能耐高温,常用于高低温气体的换热,其缺点是设备体积大,且两种流体会有一定程度的混合。

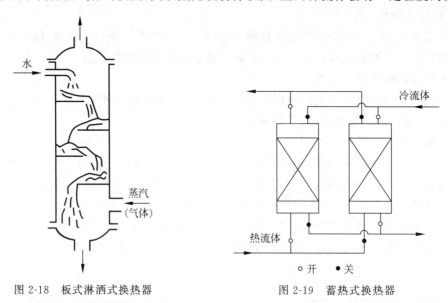

图 2-18　板式淋洒式换热器　　　　图 2-19　蓄热式换热器

2. 间壁传热过程计算

工程实际所涉及的传热过程计算主要分为设计计算和校核计算两类。设计计算是指根据生产要求的热负荷,确定换热器的传热面积。校核计算是计算给定换热器的传热量、流体的流量或温度等。两类计算均以换热器的热量衡算和传热速率方程为基础。热量衡算已在前文介绍,这里重点介绍传热计算所必需的总传热速率方程及相关内容。

1) 总传热速率方程

应用前述的热传导速率方程和对流传热速率方程进行计算时,均需知道壁面温度,而壁面温度常常是未知的。对此,我们可采用避开壁面温度的总传热速率方程进行传热计算。在间壁式换热器中任取一微元传热面积 dA,仿照对流传热速率方程可写出描述 dA 间壁两侧的流体进行热量交换的传热速率方程,即

$$dQ = K(T' - t)dA = K \Delta T dA \tag{2-60}$$

式中,T' 为换热器任一截面上热流体的平均温度,℃;t 为换热器任一截面上冷流体的平均温度,℃;K 为局部总传热系数,W/(m²·℃),工程计算中常将其作为常数处理。

式(2-60)称为总传热速率微分方程。将式(2-60)变形可得总传热系数的定义式(2-61),即

$$K = \frac{dQ}{\Delta T dA} \tag{2-61}$$

式(2-61)表明,总传热系数在数值上等于单位温度差下的总传热通量。尽管总传热系数 K 和对流传热系数 α 的单位相同,但应注意其中温度差所代表的含义不同。α 中的温度

差是流体与壁面间的温度差,而 K 中的温度差则是间壁两侧冷热流体间的温度差。此外还应注意,$1/\alpha$ 是流体侧的对流传热热阻,而总传热系数的倒数 $1/K$ 代表的是间壁两侧流体传热的总热阻。

对于管壳式换热器,选择的传热面积不同,相应的总传热系数也不同,须注意相互之间的对应关系。因此,式(2-60)可表示为

$$dQ = K_i(T'-t)dA_i = K_o(T'-t)dA_o = K_m(T'-t)dA_m \quad (2\text{-}62)$$

式中,K_i、K_o、K_m 分别为基于管内表面积、外表面积和内外表面的平均面积的总传热系数,$W/(m^2 \cdot ℃)$;A_i、A_o、A_m 为换热器的内表面积、外表面积和内外表面的平均面积,m^2。

由式(2-62)可知,在传热计算中,无论选择何种面积作为计算基准,其结果完全相同,但工程实际多以外表面积作为基准。

由于 dQ 及 $T'-t$ 与选择的基准面积无关,故可得

$$\frac{K_o}{K_i} = \frac{dA_i}{dA_o} = \frac{d_i}{d_o} \quad (2\text{-}63)$$

$$\frac{K_o}{K_m} = \frac{dA_m}{dA_o} = \frac{d_m}{d_o} \quad (2\text{-}64)$$

式中,d_i、d_o、d_m 分别为管内径、管外径和管内外径的平均直径,m。

式(2-60)是针对微元传热面 dA 的总传热速率微分方程,而实际的传热计算是以整个换热器为考察对象。因此,对式(2-60)进行积分,便可得到更具实际意义的总传热速率方程,即由 $\int_0^Q dQ = \int_0^A K(T'-t)dA$,可得

$$Q = KA\Delta T_m \quad (2\text{-}65)$$

式中,Q 为通过整个换热器的传热速率,W;A 为换热器总传热面积,m^2;K 为总传热系数,$W/(m^2 \cdot ℃)$;ΔT_m 为换热器整个传热面积上的平均温度差,℃。

2)总传热系数

(1)总传热系数的计算式

与冷热两流体通过平壁的传热相同,对于热流体在管内流动,冷流体在管间(环隙)流动的列管式或套管式换热器,冷热两流体的传热包括以下过程。

① 热流体在流动过程中把热量传给管壁的对流传热。

传热速率为

$$dQ = \alpha_i(T-T_w)dA_i$$

整理可得

$$T - T_w = \frac{dQ}{\alpha_i dA_i} \quad (2\text{-}66)$$

② 通过管壁的热传导。

由傅里叶定律,通过管壁任一微分传热面的热传导速率可表示为

$$dQ = \frac{\lambda(T_w-t_w)}{b}dA_m$$

$$T_w - t_w = \frac{b\,dQ}{\lambda\,dA_m} \quad (2\text{-}67)$$

式中,b 为管壁的厚度,m;λ 为管壁材料的导热系数,$W/(m \cdot ℃)$;A_m 为管壁内外表面的

平均面积，m^2。

③ 管壁与流动中的冷流体之间的对流传热，传热速率为

$$dQ = \alpha_o(t_w - t)dA_o$$

经变形可得

$$t_w - t = \frac{dQ}{\alpha_o dA_o} \tag{2-68}$$

将式(2-66)、式(2-67)及式(2-68)相加得

$$(T - T_w) + (T_w - t_w) + (t_w - t) = \Delta T = dQ\left(\frac{1}{\alpha_i dA_i} + \frac{b}{\lambda dA_m} + \frac{1}{\alpha_o dA_o}\right)$$

由上式解得 dQ，然后在式两边均除以 dA_o，便可得

$$\frac{dQ}{dA_o} = \frac{T - t}{\dfrac{dA_o}{\alpha_i dA_i} + \dfrac{b dA_o}{\lambda dA_m} + \dfrac{1}{\alpha_o}}$$

$$\frac{dA_o}{dA_i} = \frac{d_o}{d_i}, \quad \frac{dA_o}{dA_m} = \frac{d_o}{d_m}$$

$$\frac{dQ}{dA_o} = \frac{T - t}{\dfrac{d_o}{\alpha_i d_i} + \dfrac{b d_o}{\lambda d_m} + \dfrac{1}{\alpha_o}}$$

将上式与式(2-62)比较，可得

$$K_o = \frac{1}{\dfrac{d_o}{\alpha_i d_i} + \dfrac{b d_o}{\lambda d_m} + \dfrac{1}{\alpha_o}} \tag{2-69}$$

同理可得

$$K_i = \frac{1}{\dfrac{d_i}{\alpha_o d_o} + \dfrac{b d_i}{\lambda d_m} + \dfrac{1}{\alpha_i}} \tag{2-70}$$

$$K_m = \frac{1}{\dfrac{d_m}{\alpha_i d_i} + \dfrac{b}{\lambda} + \dfrac{d_m}{\alpha_o d_o}} \tag{2-71}$$

式(2-69)~式(2-71)即为总传热系数的计算式。总传热系数也可以表示为串联热阻相加的形式，例如，对式(2-69)变形可得

$$\frac{1}{K_o} = \frac{d_o}{\alpha_i d_i} + \frac{b d_o}{\lambda d_m} + \frac{1}{\alpha_o} \tag{2-72}$$

式(2-72)表明总传热热阻 $\left(\dfrac{1}{K_o}\right)$ 等于串联的管内侧对流传热阻 $\left(\dfrac{d_o}{\alpha_i d_i}\right)$、管壁导热热阻 $\left(\dfrac{b d_o}{\lambda d_m}\right)$ 和管外侧对流传热阻 $\left(\dfrac{1}{\alpha_o}\right)$ 之和。

(2) 污垢热阻

换热器在实际操作中，因流体常会在传热表面上结垢，形成附加热阻，致使总传热系数降低，传热速率显著下降。由于污垢层的厚度及其导热系数难以准确测定，因此通常选用污垢热阻的经验值，作为计算 K 值的依据。某些常见流体的污垢热阻经验值可查附表5 壁面

污垢热阻。若管壁内、外侧表面的污垢热阻分别用 R_{si} 及 R_{so} 表示,则式(2-72)应变为

$$\frac{1}{K_o} = \frac{d_o}{\alpha_i d_i} + R_{si} \frac{d_o}{d_i} + \frac{b d_o}{\lambda d_m} + R_{so} + \frac{1}{\alpha_o} \tag{2-73}$$

值得注意的是,因污垢层的导热系数通常很小,即使其厚度较薄,产生的附加热阻亦较大,必须给予足够重视。因此,换热器需根据实际的操作情况定期清洗。

(3) 总传热系数提高途径

式(2-73)表明,间壁两侧流体间传热的总热阻等于两侧流体的对流传热热阻、污垢热阻及管壁热传导热阻之和,即符合热阻的串联关系。

若传热面为平壁或薄管壁时,d_i、d_o 和 d_m 相等或近似相等,则式(2-73)可简化为

$$\frac{1}{K} = \frac{1}{\alpha_i} + R_{si} + \frac{b}{\lambda} + R_{so} + \frac{1}{\alpha_o} \tag{2-74}$$

当管壁热阻和污垢热阻均可忽略时,上式可进一步简化为

$$\frac{1}{K} = \frac{1}{\alpha_i} + \frac{1}{\alpha_o} \tag{2-75}$$

对于式(2-75)可总结以下几点。

① 若 $\alpha_i \gg \alpha_o$,则 $1/K \approx 1/\alpha_o$,热阻集中于管外侧,即管外侧的对流传热为控制步骤,提高 K 的关键是减小管外侧对流传热阻。

② 若 $\alpha_i \ll \alpha_o$,则 $1/K \approx 1/\alpha_i$,热阻集中在管内侧,管内侧对流传热为控制步骤,提高 K 关键是减小管内侧对流传热阻。

③ 若 α_i 和 α_o 相差不大,则管内、外侧的热阻均不可忽略,此时预提高 K 值,需同时减小管内、外两侧的对流传热阻。

综上可见,总热阻是由热阻大的一侧的对流传热所控制,即当两个对流传热系数相差较大时,提高 K 值的关键是提高对流传热系数较小一侧的 α。若两侧的 α 相差不大时,则必须同时提高两侧的 α,才能提高 K 值。同理,若污垢热阻为控制因素,则必须设法减缓污垢形成速率或及时清除污垢。

例 2-7 某列管换热器由 $\phi 32\text{mm} \times 2.5\text{mm}$ 的钢管组成。热空气流经管程,冷却水在管间与空气呈逆流流动。已知管内空气侧的 α_i 为 $50\text{W}/(\text{m}^2 \cdot \text{℃})$,管外水侧的 α_o 为 $1000\text{W}/(\text{m}^2 \cdot \text{℃})$。钢的 λ 为 $45\text{W}/(\text{m} \cdot \text{℃})$。试求:①基于管外表面积的总传热系数 K_o 取空气侧的污垢热阻 $R_{si} = 0.5 \times 10^{-3} \text{m}^2 \cdot \text{℃}/\text{W}$,水侧的污垢热阻 $R_{so} = 0.2 \times 10^{-3} \text{m}^2 \cdot \text{℃}/\text{W}$。②当忽略污垢热阻时、分别将 α_i 和 α_o 提高一倍时 K_o 值提高的百分数。

解 (1) 由式(2-73)知

$$\frac{1}{K_o} = \frac{d_o}{\alpha_i d_i} + R_{si} \frac{d_o}{d_i} + \frac{b d_o}{\lambda d_m} + R_{so} + \frac{1}{\alpha_o}$$

$$= \left(\frac{0.032}{50 \times 0.027} + 0.5 \times 10^{-3} \times \frac{0.032}{0.027} + \frac{0.0025 \times 0.032}{45 \times 0.0295} + 0.2 \times 10^{-3} + \frac{1}{1000} \right) \text{m}^2 \cdot \text{℃}/\text{W}$$

$$= 0.0255 \text{m}^2 \cdot \text{℃}/\text{W}$$

所以

$$K_o = 39.1 \text{W}/(\text{m}^2 \cdot \text{℃})$$

(2) 不考虑污垢热阻时

$$\frac{1}{K_o} = \frac{d_o}{\alpha_i d_i} + \frac{bd_o}{\lambda d_m} + \frac{1}{\alpha_o}$$

$$= \left(\frac{0.032}{50 \times 0.027} + \frac{0.0025 \times 0.032}{45 \times 0.0295} + \frac{1}{1000}\right) m^2 \cdot ℃/W$$

$$= 0.0248 m^2 \cdot ℃/W$$

所以

$$K_o = 40.39 W/(m^2 \cdot ℃)$$

若将 α_i 提高一倍,即 $\alpha_i = 2 \times 50 = 100 W/(m^2 \cdot ℃)$,则

$$\frac{1}{K_o'} = \frac{d_o}{\alpha_i d_i} + \frac{bd_o}{\lambda d_m} + \frac{1}{\alpha_o}$$

$$= \left(\frac{0.032}{100 \times 0.027} + \frac{0.0025 \times 0.032}{45 \times 0.0295} + \frac{1}{1000}\right) m^2 \cdot ℃/W$$

$$= 0.0129 m^2 \cdot ℃/W$$

所以

$$K_o' = 77.4 W/(m^2 \cdot ℃)$$

将 α_o 提高一倍,即 $\alpha_o = 2000 W/(m^2 \cdot ℃)$,则

$$\frac{1}{K_o''} = \frac{d_o}{\alpha_i d_i} + \frac{bd_o}{\lambda d_m} + \frac{1}{\alpha_o}$$

$$= \left(\frac{0.032}{50 \times 0.027} + \frac{0.0025 \times 0.032}{45 \times 0.0295} + \frac{1}{2000}\right) m^2 \cdot ℃/W$$

$$= 0.0243 m^2 \cdot ℃/W$$

所以

$$K_o'' = 41.2 W/(m^2 \cdot ℃)$$

则

$$\frac{K_o' - K_o}{K_o} = \frac{77.4 - 40.39}{40.39} = 91.6\%$$

$$\frac{K_o'' - K_o}{K_o} = \frac{41.2 - 40.39}{40.39} = 2.0\%$$

计算结果表明,欲提高 K 值,必须对影响 K 值的各项因素进行分析,抓住主要问题采取相应的措施,如在本题条件下,提高空气侧的 α 值才是提高 K 值的有效措施。

(4) 总传热系数的来源

换热器的总传热系数 K 值主要取决于流体的物性、传热过程的操作条件及换热器的类型,其数值变化范围很大。传热计算所需的 K 值通常来源于以下三个方面。

① 计算确定。应用前面所介绍的公式进行计算。由于计算对流传热系数 α 的关联式均存在一定的误差,且管壁两侧的污垢热阻难以准确估计等,采用计算法获得的总传热系数 K 值往往与实际值相差较大,实际使用时应慎重。

② 实验测定。选择现有的与所设计换热器结构类型相同或相近的换热器,基于传热速率方程,通过实验测定 K 值。显然,通过实验可获得较为可靠的 K 值。此外,还可以了解

设备的传热性能,从而寻求提高设备生产能力的方法和途径。

③ 选用生产实际的经验数据。在有关的工艺手册或传热著作中,都列有某些情况下 K 的经验值。设计换热器时,应选用与工艺条件相仿、传热设备类似且较为成熟的经验值作为设计依据。表 2-5 列出了某些情况下列管式换热器的总传热系数 K 的经验值,供计算时参考。

表 2-5 列管式换热器中的总传热系数 K 的经验值

冷流体	热流体	总传热系数 $K/(W/(m^2 \cdot ℃))$
水	水	850～1700
水	气体	17～280
水	有机溶剂	280～850
水	轻油	340～910
水	重油	60～280
有机溶剂	有机溶剂	115～340
水	水蒸气冷凝	1420～4250
气体	水蒸气冷凝	30～300
水	低沸点烃类冷凝	455～1140
水沸腾	水蒸气冷凝	2000～4250
轻油沸腾	水蒸气冷凝	455～1020

3) 平均温差

以上讨论,都是以换热器中某个截面的参量对微小换热面积进行分析的。下面立足整台换热器进行分析,建立其传热速率方程

$$Q = K_i A_i \Delta t_m = K_o A_o \Delta t_m \tag{2-76}$$

式中,Q 为换热器的热负荷,W;A_i 为换热管内表面积,m^2;A_o 为换热管外表面积,m^2;Δt_m 为换热器热、冷流体的平均温度差,℃。

假设传热过程为:① 定态传热;② 冷、热两流体的比热容均为常量;③ 总传热系数 K 为常量;④ 不计换热器热损失。

(1) 恒温传热

以蒸发器为例,一侧为蒸气冷凝,冷凝温度为 T,一侧为液体沸腾,沸腾温度为 t。$T-t$ 不随换热面的位置不同而变化,于是,$Q = KA(T-t)$,$\Delta t_m = T-t$。

(2) 逆流或并流变温传热

通过换热器间壁进行热量交换的冷、热流体,只有一侧的流体温度沿管长发生变化,为变温传热。可见,变温传热时,在换热器的各个截面上,冷热流体间的温度差各不相同,另外,通过下面讨论将会看到,对于冷、热流体温度均沿管长变化的对流传热过程,即使两流体的进出口温度不变,但若间壁两侧流体的相互流向不同,则平均温度差也不相同。

① 逆流和并流时的平均温度差

在换热器中,冷、热流体若以相反的方向流动,则称为逆流;若以相同的方向流动,则称为并流,如图 2-20 所示。现以逆流为例推导 Δt_m 的计算式。

对于图 2-20 中的任一微元传热面积 dA,单位时间冷、热两流体交换的热量为 dQ,对应的冷、热两流体的温度变化分别为 dt 和 dT。对该微元传热面积进行热量衡算可得

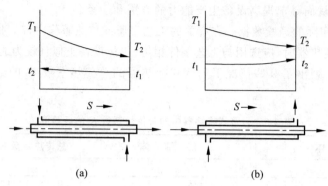

图 2-20　变温传热时的温度差变化
(a) 逆流；(b) 并流

$$\mathrm{d}Q = -q_{mh}C_{ph}\mathrm{d}T = q_{mc}C_{pc}\mathrm{d}t$$

式中，q_{mh}、q_{mc} 分别为热流体和冷流体的质量流量，kg/s；C_{ph}、C_{pc} 分别为热流体和冷流体的比热容，J/(kg·℃)。

根据假定①和②，由上式可得

$$\mathrm{d}Q/\mathrm{d}T = -q_{mh}C_{ph} = 常量$$

$$\frac{\mathrm{d}Q}{\mathrm{d}t} = q_{mc}C_{pc} = 常量$$

对上式进行积分可知，$Q\text{-}T$ 和 $Q\text{-}t$ 均为直线关系，可分别表示为

$$T = mQ + k$$

$$t = m'Q + k'$$

上两式相减，可得

$$T - t = \Delta t = (m - m')Q + (k - k')$$

式中，m、k 分别为直线 $T\text{-}Q$ 的斜率和截距；m'、k' 分别为直线 $t\text{-}Q$ 的斜率和截距。

由上式可知，Δt 与 Q 也成线性关系。将上述直线定性地绘于图 2-21 中。

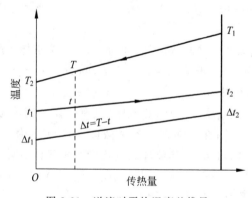

图 2-21　逆流时平均温度差推导

由图 2-21 可见，$Q\text{-}\Delta t$ 直线的斜率为

$$\frac{\mathrm{d}(\Delta t)}{\mathrm{d}Q} = \frac{\Delta t_2 - \Delta t_1}{Q}$$

应注意上式中的 Q 是对应于整个换热器传热面积的传热速率,为常数。

将 $\mathrm{d}Q = K\mathrm{d}A\Delta t$ 代入上式,可得

$$\frac{\mathrm{d}(\Delta t)}{K\mathrm{d}A\Delta t} = \frac{\Delta t_2 - \Delta t_1}{Q}$$

由假定③,K 为常量,对上式分离变量并积分

$$\frac{1}{K}\int_{\Delta t_1}^{\Delta t_2}\frac{\mathrm{d}(\Delta t)}{\Delta t} = \frac{\Delta t_2 - \Delta t_1}{Q}\int_0^A \mathrm{d}A$$

得

$$\frac{1}{K}\ln\frac{\Delta t_2}{\Delta t_1} = \frac{\Delta t_2 - \Delta t_1}{Q}A$$

整理上式,得

$$Q = KA\frac{\Delta t_2 - \Delta t_1}{\ln\dfrac{\Delta t_2}{\Delta t_1}} = KA\Delta t_\mathrm{m}$$

由该式可知平均温度差 Δt_m 等于换热器两端温度差的对数平均值,称为对数平均温度差,即

$$\Delta t_\mathrm{m} = \frac{\Delta t_2 - \Delta t_1}{\ln\dfrac{\Delta t_2}{\Delta t_1}} \tag{2-77}$$

在工程计算中,当 $\dfrac{\Delta t_2}{\Delta t_1} \leqslant 2$ 时,可用算术平均温度差代替对数平均温度差,其误差不大。

应指出,若换热器中两流体做并流流动,同样可以导出与式(2-77)完全相同的结果,因此该式是计算逆流和并流时平均温度差 Δt_m 的通式。

② 错流和折流时的平均温度差

在大多数列管式换热器中,两流体并非单纯的并流和逆流,常常是复杂的多程流动,或是互相垂直的交叉流动。其中,两流体互相垂直流动,称为错流;若一流体只沿一个方向流动,而另一流体反复折流,则称为简单折流,如图 2-22 所示。若两流体均做折流,或既有折流又有错流,则称为复杂折流。

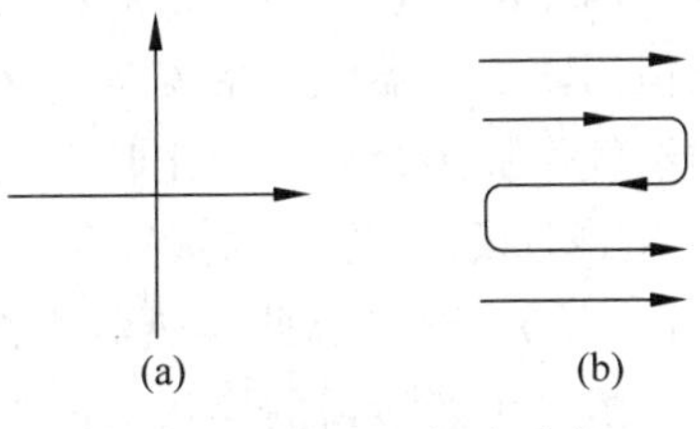

对于错流和折流,安德伍德和鲍曼基于以下假设提出了平均温度差的图算法。壳程任一截面上流体温度均匀一致,管方各程传热面积相等,总传热系数 K 和流体比热容 c_p 为常数,流体无相变化,换热器的热损失可忽略不计。

图 2-22 错流和折流示意
(a) 错流;(b) 折流

该图算法是先按逆流计算对数平均温度差,再乘以考虑流动方向影响的校正系数,即

$$\Delta t_\mathrm{m} = \varphi_{\Delta t}\Delta t'_\mathrm{m} \tag{2-78}$$

式中,$\Delta t'_\mathrm{m}$ 为按逆流计算的对数平均温度差,℃;$\varphi_{\Delta t}$ 为温度差校正系数,无量纲。

温度差校正系数 $\varphi_{\Delta t}$ 与冷、热流体的温度变化有关,是 P 和 R 两因数的函数,即

$$\varphi_{\Delta t} = f(P, R)$$

式中

$$P = \frac{t_2 - t_1}{T_1 - t_1} = \frac{冷流体的温升}{两流体的最初温度差}$$

$$R = \frac{T_1 - T_2}{t_2 - t_1} = \frac{热流体的温降}{冷流体的温升}$$

根据 P 和 R 两因数，可从相关传热手册或书籍中的图表查得温度校正系数 $\varphi_{\Delta t}$，本书附表 8 摘录了部分图表。由附录图表可知，$\varphi_{\Delta t}$ 值恒小于 1，这是由于各种复杂流动中同时存在逆流和并流的缘故，因此它们的 $\varphi_{\Delta t}$ 比纯逆流的小。此外还需注意，上述内容是指冷、热两流体的温度均随管长发生变化时的情况。而对于换热器间壁的一侧流体恒温（即相变过程）；另一侧流体变温的传热过程，则流体间的相互流向对平均温度差无影响。

③ 流向的选择

对于换热器间壁两侧流体的温度均沿管长而变的变温传热，若两流体的进、出口温度各自相同，则逆流时的平均温度差最大，并流时的平均温度差最小，其他流向的平均温度差介于逆流和并流两者之间，因此就传热推动力而言，逆流优于并流和其他流动方式。由此可见，当换热器的传热量 Q 及总传热系数 K 一定时，采用逆流操作，所需的换热器传热面积较小。

逆流的另一优点是可节省加热介质或冷热介质的用量。这是因为当逆流操作时，热流体的出口温度 T_2 可降至接近冷流体的进口温度 t_1，而采用并流操作时，T_2 只能降低至接近冷流体的出口温度 t_2，即逆流时热流体的温降较并流时的大，故冷却介质用量可少些。

由以上分析可知，换热器应尽可能采用逆流操作。但是某些生产工艺对流体的温度有所限制，如冷流体被加热时不得超过某一温度，或热流体被冷却时不得低于某一温度，此时则宜采用并流操作。

相比并流操作，采用折流或其他流动形式时，除可满足换热器的结构要求外，还有利于提高总传热系数，但平均温度差较逆流时的低。在选择流向时应综合考虑，$\varphi_{\Delta t}$ 值不宜过低，一般在换热器设计时 $\varphi_{\Delta t}$ 最好大于 0.9，否则可通过增加壳方程数，或将多台换热器串联使用，使传热过程更接近逆流。

例 2-8 现有一单程列管式换热器，装有 $\phi 25\text{mm} \times 2.5\text{mm}$ 无缝钢管 200 根，长 2m，生产拟用该换热器将质量流量为 7000kg/h 的常压空气由 20℃ 加热到 80℃，选用 108℃ 的饱和蒸气作加热介质。操作时空气走管程，饱和蒸气走壳程。已知空气在平均温度下的比热容为 $1\text{kJ}/(\text{kg} \cdot ℃)$，水蒸气和空气的对流传热系数分别为 $1 \times 10^4 \text{W}/(\text{m}^2 \cdot ℃)$ 和 $112.1 \text{W}/(\text{m}^2 \cdot ℃)$。试计算此换热器能否完成上述传热任务？

解 生产所需的换热负荷为

$$Q = q_m c_{pc}(t_2 - t_1) = \left(\frac{7000}{3600} \times 1000 \times (80 - 20)\right) \text{W} = 116667 \text{W}$$

平均温度差为

$$\Delta t_m = \left(\frac{(108 - 20) - (108 - 80)}{\ln \frac{108 - 20}{108 - 80}}\right) ℃ = 52.4 ℃$$

传热系数为

$$\frac{1}{K_o} = \frac{d_o}{\alpha_i d_i} + \frac{bd_o}{\lambda d_m} + \frac{1}{\alpha_o} \approx \frac{d_o}{\alpha_i d_i} + \frac{1}{\alpha_o}$$

$$= \frac{25}{112.1 \times 20} + \frac{1}{1 \times 10^4} = 0.0113 \text{m}^2 \cdot \text{℃/W}$$

$$K_o = 88.5 \text{W/(m}^2 \cdot \text{℃)}$$

由总传热速率方程 $Q = K_o A_o \Delta t_m$，可得

$$A_{需} = \frac{Q}{K_o \Delta t_m} = \left(\frac{116667}{88.5 \times 52.4}\right) \text{m}^2 = 25.2 \text{m}^2$$

$$A_{实} = n\pi d_o L = (200 \times 3.14 \times 0.025 \times 2) \text{m}^2 = 31.4 \text{m}^2 > A_{需}$$

所以能完成上述传热任务。

4) 壁温估算

采用对流传热系数关联式计算对流传热系数时，首先需要确定流体物性，然而流体物性的确定需要知道壁温。此外，在选择换热器类型和管子材料时也需知道壁温。但在设计换热器时，一般只知道管内、外流体的平均温度 T_i 和 T_o，这时可用试算法估算壁温。

首先在 T_i 和 T_o 之间假设壁温 T_w 值（由于管壁热阻一般可忽略，故管内、外壁温度可视为相同），用以计算两流体的对流传热系数 α_i 和 α_o；然后根据计算出的 α_i、α_o 及污垢热阻，用下列近似关系核算所假设的 T_w 是否正确，即

$$\frac{|T_o - T_w|}{\frac{1}{\alpha_o} + R_{so}} = \frac{|T_w - T_i|}{\frac{1}{\alpha_i} + R_{si}} \tag{2-79}$$

T_i、T_o 和 T_w 都是指管内流体、管外流体及管壁的平均温度。由式(2-79)求得的 T_w 值应与原来假设的 T_w 值相符，否则应重设壁温，重复上述计算步骤，直至基本相符。

应予以指出，为减少计算工作量，试差开始时可根据冷、热流体的对流传热情况粗略估计 α，应使假设 T_w 值接近 α 值大的那个流体的温度，且 α 相差越大，壁温越接近 α 大的那个流体的温度。

2.2.5 辐射传热

1. 基本概念

物体以电磁波形式传递能量的过程称为辐射，被传递的能量称为辐射能。物体产生电磁波的原因不尽相同，其中因热的原因引起的电磁波辐射，即热辐射。在热辐射过程中物体的热能转变为辐射能，只要物体的温度不变，则发射的辐射能也不变。物体在向外辐射能量的同时，也可能不断地吸收周围其他物体发射来的辐射能。所谓辐射传热就是不同物体间相互辐射和吸收能量的综合过程。显然，辐射传热的净结果是高温物体向低温物体传递了能量。

热辐射和光辐射的本质完全相同，不同的仅仅是波长的范围。理论上热辐射的电磁波波长从零到无穷大，热效应显著的波段为 $0.4 \sim 20 \mu m$，其中大部分能量位于红外线 $0.8 \sim 20 \mu m$ 的波段，只有在很高的温度下，才能觉察到可见光线的热效应。

热射线和可见光线一样，都服从反射和折射定律，能在均一介质中做直线传播。在真空和大多数的气体(惰性气体和对称的双原子气体)中，热射线可完全透过，但对大多数的固体

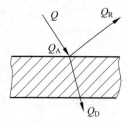

图 2-23 辐射能的吸收、反射和透过

和液体,热射线则不能透过。因此只有能够互相照见的物体间才能进行辐射传热。如图 2-23 所示,假设投射在某一物体上的总辐射能为 Q,则其中有一部分能量 Q_A 被吸收,部分能量 Q_R 被反射,余下的能量 Q_D 透过物体。根据能量守恒定律,可得

$$Q_A + Q_R + Q_D = Q$$

即

$$\frac{Q_A}{Q} + \frac{Q_R}{Q} + \frac{Q_D}{Q} = 1 \tag{2-80}$$

或

$$A + R + D = 1$$

式中,$A = \dfrac{Q_A}{Q}$,为物体的吸收率,无量纲;$R = \dfrac{Q_R}{Q}$,为物体的反射率,无量纲;$D = \dfrac{Q_D}{Q}$,为物体的透过率,无量纲。

根据物体对辐射能的吸收程度,可将物体分为以下 3 类:

① 能全部吸收辐射能,即吸收率 $A = 1$ 的物体,称为黑体或绝对黑体。

② 能全部反射辐射能,即反射率 $R = 1$ 的物体,称为白体或绝对白体。

③ 能透过全部辐射能,即透过率 $D = 1$ 的物体,称为透热体。一般单原子气体和对称的双原子气体均可视为透热体。

黑体和镜体都是理想物体,实际上并不存在。但是,某些物体如无光泽的黑煤,其吸收率约为 0.97,接近于黑体;磨光的金属表面的反射率约等于 0.97,接近于镜体。引入黑体等概念,只是作为一种实际物体的比较标准,以简化辐射传热的计算。

物体的吸收率 A、反射率 R、透过率 D 的大小决定于物体的性质、表面状况、温度及辐射线的波长等。一般来说,固体和液体都是不透热体,即 $D = 0$,故 $A + R = 1$。气体则不同,其反射率 $R = 0$,故 $A + D = 1$。某些气体只能部分地吸收一定波长范围的辐射能。

实际物体,如一般的固体能部分地吸收由零到无穷的所有波长范围的辐射能。凡能以相同的吸收率且部分地吸收由零到无穷所有波长范围的辐射能的物体,定义为灰体。灰体的吸收率 A 不随辐射线的波长而变,同时灰体是不透热体,即 $A + R = 1$。

灰体也是理想物体,但是大多数的工程材料都可视为灰体,从而可使辐射传热的计算大为简化。

2. 基本定律

物体的辐射能力是指物体在一定的温度下单位表面积、单位时间内所发射的全部波长的总能量,用 E 表示,单位为 W/m^2。辐射能力表征物体发射辐射能的本领。在相同条件下,物体发射特定波长的能力,称为单色辐射能力,用 $E_{\lambda_{波}}$ 表示,则辐射能力为

$$E = \int_0^\infty E_{\lambda_{波}} \, d\lambda_{波} \tag{2-81}$$

式中,$\lambda_{波}$ 为波长,m 或 μm;$E_{\lambda_{波}}$ 为单色辐射能力,W/m^2。

若用下标 b 表示黑体,则黑体的辐射能力和单色辐射能力分别用 E_b 和 $E_{b\lambda_{波}}$ 来表示。

1) 普朗克(Plack)定律

普朗克定律揭示了黑体的辐射能力按照波长的分配规律,即表示黑体的单色辐射能力

$E_{b\lambda}$ 随波长和温度变化的函数关系

$$E_{b\lambda_{波}} = \frac{c_1 \lambda_{波}^{-5}}{e^{c_2/(\lambda_{波} T)} - 1} \tag{2-82}$$

式中，T 为黑体的热力学温度，K；e 为自然对数的底数；c_1 为常数，其值为 3.743×10^{-16} W·m²；c_2 为常数，其值为 1.4387×10^{-2} m·K。

若在不同的温度下，将黑体的单色辐射能力 $E_{b\lambda_{波}}$ 与波长 $\lambda_{波}$ 进行标绘，得到如图 2-24 所示的黑体辐射能力分布规律曲线。可见，每个温度有一条能力分布曲线；在指定的温度下，黑体辐射各种波长的能量并不相同。但在某一波长时可达到 $E_{b\lambda_{波}}$ 的最大值。在温度不太高的情况下，辐射能主要集中在波长为 $0.8 \sim 10 \mu m$ 的范围内，如图 2-24(b)所示。

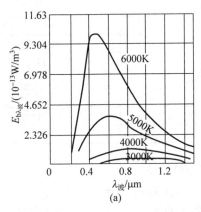
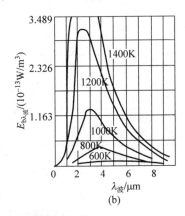

图 2-24 黑体单色辐射能力按波长的分布规律

2）斯特藩-玻尔兹曼(Stefan-Boltzmann)定律

斯特藩-玻尔兹曼定律揭示了黑体的辐射能力与其表面温度的关系，通常称为四次方定律，它表明黑体的辐射能力仅与热力学温度的四次方成正比，即

$$E_b = \sigma_0 T^4 = C_0 \left(\frac{T}{100}\right)^4 \tag{2-83}$$

式中，σ_0 为黑体的辐射常数，其值为 5.67×10^{-8} W/(m²·K⁴)；C_0 为黑体的辐射系数，其值为 5.67 W/(m²·K⁴)。

四次方定律也可推广到灰体，此时，式(2-83)可表示为

$$E = C \left(\frac{T}{100}\right)^4 \tag{2-84}$$

式中，C 为灰体的辐射系数，W/(m²·K⁴)。

不同物体辐射系数 C 不同，其值与物体的性质、表面状况和温度等有关。且 C 值恒小于 C_0，在 $0 \sim 5.67$ 范围内变化。

在辐射传热中，黑体是用来作为比较标准的，通常将灰体的辐射能力与同温度下黑体辐射能力之比定义为物体的黑度（又称发射率），用 ε 表示，即

$$\varepsilon = \frac{E}{E_b} = \frac{C}{C_0} \tag{2-85}$$

或

$$E = \varepsilon E_b = \varepsilon C_0 \left(\frac{T}{100}\right)^4$$

只要知道物体的黑度,便可由式(2-85)求得该物体的辐射能力。

黑度 ε 值取决于物体的性质、表面状况(如表面粗糙度和氧化程度),一般由实验测定,其值在 0~1 范围内变化。常用工业材料的黑度见表 2-6。

表 2-6 某些工业材料的黑度

材 料	温度/℃	黑 度
红砖	20	0.93
耐火砖	—	0.8~0.9
钢板(氧化的)	200~600	0.8
钢板(磨光的)	940~1100	0.55~0.61
铝(氧化的)	200~600	0.11~0.19
铝(磨光的)	225~575	0.039~0.057
铜(氧化的)	200~600	0.57~0.87
铜(磨光的)	—	0.03
铸铁(氧化的)	200~600	0.64~0.78
铸铁(磨光的)	330~910	0.6~0.7

3) 基尔霍夫(Kirchhoff)定律

基尔霍夫定律揭示了物体的辐射能力 E 与吸收率 A 之间的关系。设有两块相距很近的平行平板,一块板上的辐射能可以全部投射到另一块板上,如图 2-25 所示。

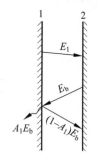

图 2-25 平行平板间辐射传热

若板 1 为实际物体(灰体),辐射能力、吸收率和表面温度分别为 E_1、A_1 和 T_1;板 2 为黑体,辐射能力、吸收率和表面温度分别为 E_2(即为 E_b)、A_2(即为 1)和 T_2。并设 $T_1 > T_2$,两板中间介质为透热体,系统与外界绝热。

下面讨论两板间的热平衡情况:以单位时间、单位平板面积为基准,由于板 2 为黑体,板 1 发射出的 E_1,能被板 2 全部吸收。由板 2 发射的 E_b 被板 1 吸收了 $A_1 E_b$,余下的 $(1-A_1)E_b$ 被反射至板 2,并被其全部吸收。故对板 1 来说,辐射传热的结果为

$$q = E_1 - A_1 E_b$$

式中,q 为两板间辐射传热的热通量,W/m²。

当两板达到热平衡,即 $T_1 = T_2$ 时,$q = 0$,故

$$E_1 = A_1 E_b$$

或

$$\frac{E_1}{A_1} = E_b$$

因板 1 可以用任何板来代替,故上式可写为

$$\frac{E_1}{A_1} = \frac{E_2}{A_2} = \cdots = \frac{E}{A} = E_b = f(T) \tag{2-86}$$

式(2-86)为基尔霍夫定律的数学表达式。表明任何物体的辐射能力和吸收率的比值恒等于同温度下黑体的辐射能力,即仅和物体的绝对温度有关。将式(2-83)代入式(2-86)可得

$$E = AC_0 \left(\frac{T}{100}\right)^4 \tag{2-87}$$

在同一温度下,物体的吸收率和黑度在数值上是相同的。但是 A 和 ε 两者的物理意义则完全不同。前者为吸收率,表示由其他物体发射来的辐射能可被该物体吸收的百分数;后者为发射率,表示物体的辐射能力占黑体辐射能力的百分数。由于物体吸收率的测定比较困难,因此工程计算中大都用物体的黑度来代替吸收率。

3. 物体间的辐射传热

工程中经常遇到两固体表面之间的辐射传热,因大多数材料可视为灰体,故在此仅讨论灰体之间的辐射传热。

在灰体的辐射传热过程中,存在辐射能的多次被吸收和多次被反射;同时,由于物体的形状、大小和相互位置等的影响,一个物体表面发射的辐射能可能只有一部分落到另一个物体的表面上。因此,物体表面间的辐射传热非常复杂。

现以两个无限大灰体平行平壁间的辐射传热过程为例,推导两壁面之间的辐射传热计算式。假设平壁均为不透热体,两壁间的介质为透热体,由于平壁很大,故从一壁面发出的辐射能可以全部投射到另一壁面上(图2-26)。两壁面的温度分别为 T_1 和 T_2 且 $T_1 > T_2$。

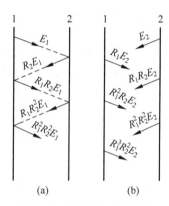

图 2-26 平行灰体平壁间的辐射过程
(a) 壁面1发出的辐射能的辐射过程;(b) 壁面2发出的辐射能的辐射过程

从壁面1发出的辐射能为 E_1,到达壁面2后被吸收了 $E_1 R_1$,其余部分 $E_1 R_2$ 被反射回壁面1,这部分辐射能又被壁面1吸收和反射,如此反复,直到 E_1 被完全吸收;与此同时,壁面2发射的辐射能也经历上述反复吸收与反射的过程。由于辐射能以光速传播,因此上述过程是在瞬间进行的。

将单位时间内离开某一表面单位面积的总辐射能定义为有效辐射,用 E_{eff} 表示。壁面1的有效辐射 E_{eff1} 应包括壁面1发出的辐射能和壁面2发出的辐射能中,全部离开壁面1的辐射能的总和,即

$$\begin{aligned} E_{\text{eff1}} &= (E_1 + R_1 R_2 E_1 + R_1^2 R_2^2 E_1 + \cdots) + (R_1 E_2 + R_1^2 R_2 E_2 + R_1^3 R_2^2 E_2 + \cdots) \\ &= E_1(1 + R_1 R_2 + R_1^2 R_2^2 + \cdots) + R_1 E_2(1 + R_1 R_2 + R_1^2 R_2^2 + \cdots) \\ &= (E_1 + R_1 E_2)(1 + R_1 R_2 + R_1^2 R_2^2 + \cdots) \\ &= (E_1 + R_1 E_2) \frac{1}{1 - R_1 R_2} \end{aligned} \tag{2-88}$$

同理,壁面2的有效辐射为

$$E_{\text{eff2}} = (E_2 + R_2 E_1) \frac{1}{1 - R_1 R_2} \tag{2-89}$$

因为两壁面间的介质为透热体,所以一个壁面的有效辐射应全部投射到另一个壁面上,由于 $T_1 > T_2$,故单位时间内两壁面单位面积的辐射传热量为

$$q_{1-2} = E_{\text{eff}1} - E_{\text{eff}2}$$
$$= \frac{E_1 + R_1 E_2}{1 - R_1 R_2} - \frac{E_2 + R_2 E_1}{1 - R_1 R_2} \tag{2-90}$$

将 $A = 1 - R$,$\varepsilon = A$ 及 $E_b = C_0 \left(\dfrac{T}{100}\right)^4$ 代入式(2-90),整理得

$$q_{1-2} = \frac{C_0}{\dfrac{1}{\varepsilon_1} + \dfrac{1}{\varepsilon_2} - 1} \left[\left(\frac{T_1}{100}\right)^4 - \left(\frac{T_2}{100}\right)^4\right] \tag{2-91}$$

令

$$C_{1-2} = \frac{C_0}{\dfrac{1}{\varepsilon_1} + \dfrac{1}{\varepsilon_2} - 1}$$

C_{1-2} 称为物体 1 对物体 2 的总辐射系数,取决于壁面的性质和两个壁面的几何因素,则式(2-91)可写为

$$q_{1-2} = C_{1-2} \left[\left(\frac{T_1}{100}\right)^4 - \left(\frac{T_2}{100}\right)^4\right] \tag{2-92}$$

若平壁壁面面积为 A,则辐射传热速率为

$$Q_{1-2} = C_{1-2} A \left[\left(\frac{T_1}{100}\right)^4 - \left(\frac{T_2}{100}\right)^4\right] \tag{2-93}$$

对于任意形状的两个物体,设从物体 1 表面发射的辐射能落到物体 2 表面的比例为 φ_{1-2},则有

$$Q_{1-2} = C_{1-2} \varphi_{1-2} A \left[\left(\frac{T_1}{100}\right)^4 - \left(\frac{T_2}{100}\right)^4\right] \tag{2-94}$$

φ_{1-2} 称为物体 1 对物体 2 辐射的角系数,它与物体的形状、大小及两物体的相互位置和距离有关。表 2-7 为几种典型情况下的总辐射系数和角系数。

表 2-7 几种典型情况下的总辐射系数和角系数

辐射情况	面积 A	角系数 φ_{1-2}	总辐射系数 C_{1-2}
① 极大的两平行面	A_1 或 A_2	1	$\dfrac{C_0}{\dfrac{1}{\varepsilon_1} + \dfrac{1}{\varepsilon_2} - 1}$
② 面积有限两相等的平行面	A_1	<1	$\varepsilon_1 \varepsilon_2 C_0$
③ 很大的物体 2 包住物体 1	A_1	1	$\varepsilon_1 C_0$
④ 物体 2 恰好包住物体 1,$A_2 = A_1$	A_1	1	$\dfrac{C_0}{\dfrac{1}{\varepsilon_1} + \dfrac{1}{\varepsilon_2} - 1}$
⑤ 在③、④两种情况之间	A_1	1	$\dfrac{C_0}{\dfrac{1}{\varepsilon_1} + \dfrac{A_1}{A_2}\left(\dfrac{1}{\varepsilon_2} - 1\right)}$

4. 气体的热辐射

与固体和液体相比,气体辐射具有明显的特点。

(1) 不同气体的辐射能力和吸收能力差别很大

一些气体,如 N_2、H_2、O_2 及具有非极性对称结构的其他气体,在低温时几乎不具有吸收和辐射能力,故可视为透热体;而 CO、CO_2、H_2O 及各种碳氢化合物的气体则具有相当大的辐射能力和吸收率。

(2) 气体的辐射和吸收对波长具有选择性

固体能够发射和吸收全部波长范围的辐射能,而气体发射和吸收辐射能仅局限在某一特定的窄波段范围内。通常将这种能够发射和吸收辐射能的波段称为光带。在光带以外,气体不辐射,也不吸收,呈现透热体的性质。气体辐射光谱的这种不连续性,决定了气体不能近似地作为灰体处理。

(3) 气体发射和吸收辐射能发生在整个气体体积内部

气体发射和吸收辐射能不像固体和液体那样,仅发生在物体表面,而是发生在整个气体体积内部。因此,热射线在穿过气体层时,其辐射能因被沿途的气体分子吸收而逐渐减少;而气体表面上的辐射应为到达表面的整个容积气体辐射的总和,即吸收和辐射与热射线所经历的路程有关。

上述特点使得气体辐射较固体间的辐射传热复杂得多。

5. 对流和辐射并联传热

在环境工程实践中,许多设备的外壁温度往往高于周围环境(大气)的温度,因此热将由壁面以对流和辐射两种方式散失于周围环境中。许多温度较高的换热器、塔器、反应器及蒸气管道等都必须进行隔热保温,以减少热损失(对于温度低于环境温度的设备也一样,只是传热方向相反,也需要隔热)。

当设备的外壁温度 T_w 高于周围大气温度 T_f 时,热量将由壁面散失到周围环境中。由于这种情况下壁面对气体的对流传热强度较小,因此无论壁面温度高低,热辐射的作用都不能被忽视。

对流和辐射联合传热时,设备的热损失应为对流传热和辐射传热之和,即

$$Q = \alpha_T A_w (T_w - T_f) \tag{2-95}$$

式中,α_T 为对流-辐射联合传热系数,$W/(m^2 \cdot ℃)$;A_w 为设备外壁的面积,m^2。

对于有保温层的设备、管道等,外壁对周围环境的联合传热系数可用下式近似估算。

(1) 空气自然对流

平壁保温层外壁

$$\alpha_T = 9.8 + 0.07(T_w - T) \tag{2-96}$$

管道或圆筒壁保温层外壁

$$\alpha_T = 9.4 + 0.052(T_w - T) \tag{2-97}$$

以上两式适用于 $T_w < 150℃$ 的情况。

(2) 空气沿粗糙壁面强制对流

当空气流速 $u \leqslant 5m/s$ 时

$$\alpha_T = 6.2 + 4.2u \tag{2-98}$$

当空气流速 $u > 5m/s$ 时

$$\alpha_T = 7.8 u^{0.78} \tag{2-99}$$

2.3 质量传递

2.3.1 概述

在一个含有两种或两种以上组分的体系中,若某组分的浓度分布不均匀,就会发生该组分由浓度高的区域向浓度低的区域转移,即发生物质传递现象。这种现象称为质量传递,简称传质。

在环境工程中,经常利用传质过程去除水、气体和固体中的污染物,如常见的吸收、吸附、萃取、膜分离过程。此外,在化学反应和生物反应中,也常伴随着传质过程。例如,在好氧生物膜系统中,曝气过程包含氧气在空气和水之间的传质,在生物氧化过程中包含氧气、营养物及反应产物在生物膜内的传递。传质过程不仅影响反应的进行,有时甚至成为反应速率的控制因素,例如,酸碱中和反应的速率往往受到物质传递速度的影响。可见,环境工程中污染控制技术多以质量传递为基础,了解传质过程具有十分重要的意义。下面简要介绍环境工程中常见的传质过程。

(1) 吸附

当某种固体与气体或液体混合物接触时,气体或液体中的某个或某些组分以扩散的方式从气相或液相趋附于固体表面的过程,称为吸附,反之称为脱附。根据气体或液体混合物中各组分在固体上被吸附程度的不同,可使某些组分得到分离。该方法常用于气体和液体中污染物的去除,例如,在水的深度处理中,常用活性炭吸附水中的微量污染物;也可用于去除有机废气中的苯和甲苯等。

(2) 萃取

萃取是利用液体混合物中各组分在不同溶剂中溶解度的差异分离液体混合物的方法。向液体混合物中加入另一种不相溶的液体溶剂,即萃取剂,使之形成液—液两相,混合液中的某一组分从混合液转移到萃取剂相。由于萃取剂中易溶组分与难溶组分的浓度比远大于它们在原混合物中的浓度比,该过程可使易溶组分从混合液中分离。例如,用二甲苯脱除废水中的酚等。

(3) 吸收与解吸

吸收是指根据气体混合物中各组分在同一溶剂中的溶解度不同,使气体与溶剂充分接触,其中易溶的组分溶于溶剂进入液相,而与非溶解的气体组分分离,其逆过程称为解吸或脱吸。图2-27(a)为A组分在气—液两相之间进行传递的情况,其中B与S分别为不参加传质的惰性气体和溶剂。吸收是分离气体混合物的重要方法之一,在废气治理中有广泛的应用。如可根据氨极易溶于水的特性,用水吸收废气中的氨;又如采用石灰或石灰石浆液吸收净化锅炉尾气中的SO_2,并转化为$CaSO_3 \cdot 2H_2O$,达到净化烟气的目的,这是目前应用最为广泛的烟气脱硫方法。

(4) 离子交换

离子交换中的可交换离子与液相中带同种电荷的离子进行交换,从而使离子从液相中得以去除,如图2-27(c)所示,其中R代表可交换离子。如离子交换常用于去除水中的Ca、Mg,从而制取软化水、纯水;或者从水中去除某些特定物质,如去除电镀废水中的重金属等。

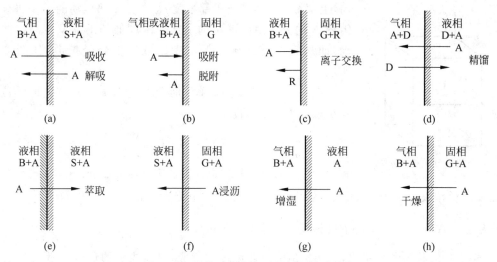

图 2-27 几种平衡分离过程相间传质示意

(5) 精馏

不同物质在气液两相间相互转移,使易挥发组分在气相得到富集,难挥发组分在液相得到富集的过程称作精馏,如图 2-27(d)所示。精馏常用于除去废水中有害的挥发性物质,如除去废水中的酚、苯胺、硝基苯、松节油等。

引起质量传递的推动力主要是浓度差,其他还有温度差、压力差以及电场或磁场的场强差等。由温度差引起的质量传递称为热扩散,由压力差引起的质量传递称为压力扩散,由电场或磁场的场强差引起的质量扩散称为强制扩散。一般情况下,后几种扩散效应都较小,可以忽略,只有在温度梯度或压力梯度很大以及有电场或磁场存在时,才会产生明显的影响。本章仅讨论由浓度差引起的传质过程的基本规律。

2.3.2 传质基本方式

传质可以由分子的微观运动引起,也可以由流体质点的掺混引起。因此,传质的机理包括分子扩散和涡流扩散。

1. 分子扩散

分子扩散发生在静止的流体、层流流动的流体以及某些固体的传质过程中。当流体内部某一组分存在浓度差时,分子的无规则热运动会使组分从高浓度处向低浓度处转移,直至流体内部达到浓度均匀为止。分子传质是微观分子热运动的宏观结果,其在固体、液体和气体中均能发生;在静止流体内的传质或是在做层流流动的流体中与其流向垂直方向上的传质均属分子扩散。

如将蓝色的硫酸铜晶体置于充满水的静置玻璃瓶底部,开始仅在瓶底呈现蓝色,随后在瓶内缓慢扩展,一天后向上延伸几厘米。长时间放置,瓶内溶液颜色会趋于均匀。这一有色物质的运动过程是其分子随机运动的结果。

(1) 菲克定律

分子扩散的规律常用菲克定律描述。假设某一空间中充满组分 A 和 B 组成的混合物,混合物处于静止状态或无总体流动。如果组分 A 物质的浓度为 c_A,c_A 沿 z 方向分布不均

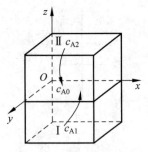

图 2-28 分子扩散示意

匀,上部浓度 c_{A2} 高于下部浓度 c_{A1}。分子热运动的结果将导致组分 A 的分子由浓度高的上部向浓度低的下部发生净扩散流动,即从高浓度区域向低浓度区域发生分子扩散,如图 2-28 所示。

在一维稳态情况下,单位时间通过垂直于 z 方向的单位面积扩散的组分 A 的量为

$$N_{Az} = -D_{AB}\frac{dc_A}{dz} \tag{2-100}$$

式中,N_{Az} 即扩散通量,也称扩散速率,$kmol/(m^2 \cdot s)$;c_A 为组分 A 物质的量浓度,$kmol/m^3$;D_{AB} 为组分 A 在组分 B 中进行扩散的分子扩散系数,m^2/s;$\frac{dc_A}{dz}$ 为组分 A 在 z 方向上的浓度梯度,$kmol/(m^3 \cdot m)$。

式(2-100)称为菲克定律,表明扩散通量与浓度梯度成正比,式中的负号表示组分 A 向浓度减小的方向传递。该式是以物质的量浓度表示的菲克定律。

设混合物的物质的量浓度为 $c(kmol/m^3)$,组分 A 的摩尔分数为 x;当 c 为常数时,由于 $c_A = cx_A$,则式(2-100)可写为

$$N_{Az} = -cD_{AB}\frac{dx_A}{dz} \tag{2-101}$$

对于液体混合物,常用质量分数表示浓度,于是菲克定律又可写为

$$N_{Az} = -\rho D_{AB}\frac{dx_{mA}}{dz} \tag{2-102}$$

式中,ρ 为混合物的密度,kg/m^3;x_{mA} 为组分 A 的质量分数;N_{Az} 为组分 A 的扩散通量,$kg/(m^2 \cdot s)$。

当混合物的浓度用质量浓度表示时,式(2-100)可写为

$$N_{Az} = -D_{AB}\frac{d\rho_A}{dz} \tag{2-103}$$

式中,ρ_A 为组分 A 的质量浓度,kg/m^3;$\frac{d\rho_A}{dz}$ 为组分 A 在 z 方向上的质量浓度梯度,$kg/(m^3 \cdot m)$。

因此,菲克定律表达的物理意义为:由浓度梯度引起的组分 A 在 z 方向上的质量通量 = -(分子扩散系数)×(z 方向上组分 A 的浓度梯度)。

(2) 扩散系数

传质的扩散系数是传质速率计算的重要参数。扩散系数是扩散物质在单位浓度梯度下的扩散速率,表征物质的分子扩散能力,扩散系数大,则表示分子扩散快。分子扩散系数是很重要的物理常数,其数值受体系温度、压力和混合物浓度等因素的影响。物质在不同条件下的扩散系数一般需要通过实验测定。不同状态的分子扩散系数的数量级如下:液相 $10^{-10} \sim 10^{-9} \, m^2/s \, (10^{-6} \sim 10^{-5} \, cm^2/s)$;气相 $10^{-6} \sim 10^{-5} \, m^2/s \, (10^{-2} \sim 10^{-1} \, cm^2/s)$。其具体数值可通过文献书籍查阅、实验测定和模型及经验公式拟合等途径得到。表 2-8 是通过实验测定的不同物质在水中的扩散系数。

表 2-8 不同物质在水中的扩散系数测量值(25℃)

物	质	扩散系数/(m²/s)
中性物质	丙酮	1.29×10^{-9}
	苯(20℃)	1.28×10^{-9}
	二氧化碳	1.02×10^{-9}
	乙醇	2.00×10^{-9}
	乙苯(20℃)	1.24×10^{-9}
	丙三醇	0.81×10^{-9}
	甲烷	1.49×10^{-9}
	苯酚(20℃)	0.89×10^{-9}
	丙烯	1.44×10^{-9}
	蔗糖	0.52×10^{-9}
	甲苯(20℃)	0.85×10^{-9}
	氯乙烯	1.34×10^{-9}
强电解质	$BaCl_2$	1.32×10^{-9}
	$CaCl_2$	1.25×10^{-9}
	KCl	1.96×10^{-9}
	KNO_3	1.90×10^{-9}
	$NaCl$	1.58×10^{-9}
	Na_2SO_4	1.18×10^{-9}
	$MgCl_2$	1.19×10^{-9}
	$MgSO_4$	0.77×10^{-9}
	$SrCl_2$	1.27×10^{-9}

2. 涡流扩散

由于分子扩散速率很慢,工程上为了加速传质,通常使流体介质处于运动状态。当流体处于湍流状态时,在垂直于主流方向上,除分子扩散外,更重要的是由流体质点强烈掺混所导致的物质扩散,称为涡流扩散。

虽然在湍流流动中分子扩散与涡流扩散同时发挥作用,但宏观流体微团的传递规模和速率远大于单个分子,因此涡流扩散占主要地位,即物质在湍流流体中的传递主要是依靠流体微团的不规则运动。研究结果表明,涡流扩散速率远大于分子扩散速率,并随湍动程度的增加而增大。通常用涡流质量扩散系数表征涡流扩散能力的大小,并认为在一维稳态情况下,涡流扩散引起的组分 A 的质量扩散通量与组分 A 的平均浓度梯度成正比。因此,涡流扩散系数越大,表明流体质点在其浓度梯度方向上的脉动越剧烈,传质速率越高。

涡流扩散系数不是物理常数,它取决于流体流动的特性,受湍动程度和扩散部位等复杂因素的影响。目前对于涡流扩散规律研究得还很不够,涡流扩散系数的数值难以求得,因此常将分子扩散和涡流扩散两种传质作用结合在一起考虑。

工程中大部分流体流动为湍流状态,同时存在分子扩散和涡流扩散,因此组分 A 总的质量扩散通量 N_{Az} 为

$$N_{Az} = -(D_{AB} + \varepsilon_D)\frac{d\bar{\rho}_A}{dz} = -D_{ABeff}\frac{d\bar{\rho}_A}{dz} \tag{2-104}$$

式中，D_{ABeff} 为组分 A 在双组分混合物中的有效质量扩散系数，m^2/s；ε_D 为涡流质量扩散系数，m^2/s。

在充分发展的湍流中，涡流扩散系数往往比分子扩散系数大很多，因而有 $D_{ABeff} \approx \varepsilon_D$。

2.3.3 对流传质

1. 对流传质机理

对流传质是指运动着的流体与相界面之间发生的传质过程，也称为对流扩散。运动的流体与固体壁面之间或不互溶的两种运动的流体与相界面之间发生的质量传递过程都是对流传质。

对流传质可以在单相中发生，也可以在两相间发生。流体流过可溶性固体表面时，溶质在流体中的溶解过程及在催化剂表面进行的气—固相催化反应等，均为单一相中的对流传质；而当互不相溶的两种流体相互流动，或流体沿固定界面流动时，组分首先由一相的主体向相界面传递，然后通过相界面向另一相中传递，这一过程中两种流体与相界面的传质均为对流传质。

对流传质中，流体各部分之间发生宏观位移，传质过程将受到流体性质、流动状态（层流还是湍流）以及流场几何特性的影响。无论流动状态是层流还是湍流，扩散速率都会因为流动而增大。

在层流流动中，相邻层间流体互不掺混，所以在垂直于流动的方向上，只存在由浓度梯度引起的分子扩散。此时，界面与流体间的扩散通量仍符合菲克定律，但其扩散通量明显大于静止时的传质。这是因为流动加大了壁面附近的浓度梯度，使传质推动力增大。因此，在垂直于流动的方向上浓度变化比较均匀，近似为直线，如图 2-29 中的曲线 a 所示。组分 A 的浓度由流体主体的浓度 $c_{A,0}$，连续降至界面处的 $c_{A,i}$。

在湍流流动中，流体质点在沿主流方向流动的同时，还存在其他方向上的随机脉动，从而造成流体在垂直于主流方向上的强烈混合。因此湍流流动中，在垂直于主流方向上，除分子扩散外，更重要的是涡流扩散。

湍流边界层包括层流底层、湍流核心区及过渡区。在层流底层，由于垂直于界面方向上没有流体质点的扰动，物质仅依靠分子扩散传递，浓度梯度较大。在此区域，传质速率可用菲克定律描述，扩散速率取决于浓度梯度和分子扩散系数，因此其浓度分布曲线近似为直线。在湍流核心区，因有大量的漩涡存在，$\varepsilon_D \gg D_A$，物质的传递主要依靠涡流扩散，分子扩散的影响可以忽略不计。此时，由于质点的强烈掺混，浓度梯度几乎消失，组分在该区域内的浓度基本均匀，其分布曲线近似为一垂直直线。在过渡区，分子扩散和涡流扩散同时存在，浓度梯度比层流底层要小很多。稳态情况下，壁面附近形成如图 2-29 中曲线 b 所示的浓度分布。

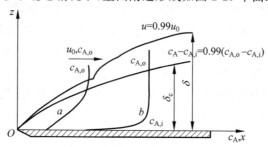

图 2-29　流体流过平壁面的对流传质

2. 对流传质速率方程

在对流传质过程中,当流动处于湍流状态时,物质的传递包括了分子扩散和涡流扩散。由于涡流扩散系数难以测定和计算。为了确定对流传质的速率,通常将对流传递过程进行简化处理,即将过渡区内的涡流扩散折合为通过某一定厚度的层流膜层的分子扩散。

图 2-30 为对流传质过程的虚拟膜模型。图中流体主体中组分 A 的平均浓度为 $c_{A,o}$,将层流底层内的浓度梯度线段延长,并与湍流核心区的浓度梯度线相交于 G 点,G 点与界面的垂直距离 l_G 称为有效膜层,也称为虚拟膜层。这样,就可以认为由流体主体到界面的扩散相当于通过厚度为 l_G 的有效膜层的分子扩散,整个有效膜层的传质推动力为 $c_{A,o} - c_{A,i}$,即把全部传质阻力看成集中在有效膜层 l_G 内,于是就可以用分子扩散速率方程描述对流扩散。写出由界面至流体主体的对流传质速率关系式,即

$$N_A = k_c(c_{A,o} - c_{A,i}) \tag{2-105}$$

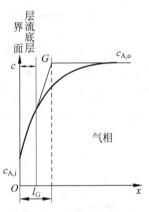

图 2-30 对流传质过程的虚拟膜模型

式中,N_A 为组分 A 的对流传质速率,kmol/(m²·s);$c_{A,o}$ 为流体主体中组分 A 的浓度,kmol/m³;$c_{A,i}$ 为界面上组分 A 的浓度,kmol/m³;k_c 为对流传质系数,也称传质分系数,下标"c"表示组分浓度以物质的量浓度表示,m/s。

式(2-105)为对流传质速率方程。该方程表明传质速率与浓度差成正比,从而将传递问题归结为求取传质系数。该公式既适用于流体的层流运动,也适用于流体湍流运动的情况。当采用其他单位表示浓度时,可以得到相应的多种形式的对流传质速率方程和对流传质系数。对于气体与界面的传质,组分浓度常用分压表示,则对流传质速率方程可写为

$$N_A = k_g(p_{A,i} - p_{A,o})$$

对于液体与界面的传质,则可写为

$$N_A = k_l(c_{A,i} - c_{A,o})$$

式中,$p_{A,i}$,$p_{A,o}$ 分别为界面上和气相主体中组分 A 的分压,Pa;k_g 为气相传质分系数,kmol/(m²·s·Pa);k_l 为液相传质分系数,同 k_c,m/s。

若组分浓度用摩尔分数表示,对于气相中的传质,摩尔分数为 y,则

$$N_A = k_y(y_{A,i} - y_{A,o})$$

式中,k_y 为用组分 A 的摩尔分数差表示推动力的气相传质分系数,kmol/(m²·s)。

因为

$$y_A = \frac{p_A}{p}$$

所以

$$k_y = k_g p$$

对于液相中的传质,若摩尔分数为 x,则

$$N_A = k_x(x_{A,i} - x_{A,o})$$

式中,k_x 为用组分 A 的摩尔分数差表示推动力的液相传质分系数,kmol/(m²·s)。

因为
$$x_A = c_A/c$$

所以
$$k_x = k_l c$$

2.3.4 两相间的传质

环境工程中常遇到两相间的传质过程,如气体的吸收是在气相与液相之间进行的传质,萃取是在液—液两相之间进行的传质,吸附、膜分离等过程与流体和固体的相际间传质过程密切相关。如气体的吸收是在气相与液相之间进行的传质,溶质先从气相主体扩散到气—液相界面,然后再从气—液相界面扩散到液相主体。这种相际间传质过程的机理很复杂。

为了从理论上说明这一过程的机理,先后出现诸如"薄膜模型""双膜模型"等。

1. 薄膜模型

薄膜模型是当前解释界面传质现象最简单的模型。该模型由一个混合完全的主体溶液、一个静止的膜层和一个连接其他相的界面组成。由于假设主体溶液是充分混合的,所以主体溶液内部溶质的浓度各处均匀一致,当界面处的浓度与主体溶液的浓度不同时,就会发生传质过程,在静止膜的两侧产生浓度梯度,又由于膜层是静止的,所以溶质仅仅以分子扩散的方式穿过膜层。当然在传质界面上还会发生其他过程,如化学反应或吸附等,一般假设这些过程的速率远快于分子扩散速率。因此,两相之间的传质速率将取决于薄膜层中的分子扩散速率,其可以用菲克定律描述

$$J_A = -D_f \frac{dc}{dz} = -\frac{D_f}{\delta}(c_s - c_b) = k_l(c_b - c_s) \tag{2-106}$$

式中,J_A 为质量通量,mg/(m² · s);D_f 为溶质 A 的液相扩散系数,m²/s;k_l 为溶质 A 的液相传质系数,m/s;δ 为膜层厚度,m;c 为浓度,mg/L;z 为传质方向(或浓度梯度方向)距离,m。

在薄膜模型中,传质系数与膜厚度明确相关,即

$$k_l = \frac{D_f}{\delta} \tag{2-107}$$

液体和气体的静止膜层相差较大,理论上液体的静止膜厚度为 $10 \sim 100 \mu m$,而气体的静止膜厚度为 $0.1 \sim 1 cm$。目前还没有基于流体混合的薄膜厚度计算方法,因此薄膜模型不能用于计算局部传质系数。尽管如此,薄膜模型建立了界面间传质的概念模型,同时指出了分子扩散在控制两相间传质速率中的重要性。

2. 双膜模型

以上介绍了相间传质的经典薄膜模型,但其只能用于描述单一相的传质过程。为了处理气液两相的传质过程,基于薄膜模型理论建立了双膜模型理论。双膜模型描述了在气液两相传质过程中气体薄膜和液体薄膜在气液界面上的相互作用。图 2-31 显示了稳态时气提和吸收过程中空气与水之间发生相间传质的两种情况。进行气提单元操作时,溶质从水

相转移到气相(图 2-31(a)),进行吸收单元操作时,溶质从气相转移到水相(图 2-31(b)),两者之间传质的基本原理相同,唯一的区别是溶质传质的方向相反。下面以气提为例进行详细描述。

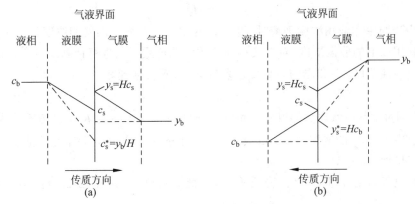

图 2-31 双膜模型传质驱动梯度
(a) 气提；(b) 吸收

如果要将挥发性组分 A 从水中气提到空气中,则在液相一侧,水相主体中 A 的浓度(c_b)大于水—空气相界面处 A 的浓度(c_s),两者的浓度差异是液相薄膜的传质驱动力。同样,在气相一侧,空气—水界面处组分 A 的浓度 y_s 大于气相主体中组分 A 的浓度 y_b,两者的浓度差异是气相薄膜的传质驱动力。同时,空气—水界面两侧组分 A 的浓度不连续,其规律关系符合亨利定律。

假设挥发性组分 A 在空气—水界面处达到局部平衡,则 y_s 和 c_s 的关系可以通过亨利定律联系起来

$$y_s = Hc_s \tag{2-108}$$

式中,y_s 为空气—水界面处组分 A 的气相浓度,mg/L;H 为亨利系数,量纲为 1;c_s 为空气—水界面处组分 A 的液相浓度,mg/L。

对于稀溶液,界面上不存在物质的累积,则挥发性组分 A 通过气相薄膜的通量等于通过液相薄膜的通量。因此

$$J_A = k_l(c_b - c_s) = k_g(y_s - y_b) \tag{2-109}$$

式中,J_A 为空气—水界面处组分 A 的质量通量,mg/(m²·s);k_l 为组分 A 从主体水相向空气—水界面传输速率的液相传质系数,m/s;c_b 为主体液相中组分 A 的液相浓度,mg/L;c_s 为组分 A 在空气—水界面的液相浓度,mg/L;k_g 为组分 A 从空气—水界面向主体气相转移速率的气相传质系数,m/s;y_s 为空气—水界面处组分 A 的气相浓度,mg/L;y_b 为主体气相中组分 A 的气相浓度,mg/L。

k_l 和 k_g 称为液相和气相的局部传质系数,但由于两相界面处的浓度 y_s 和 c_s 是未知的,也十分难测量,所以不能直接用式(2-109)确定传质通量。为了规避难以测量的界面浓度,可以假设所有的传质阻力都集中在其中一相中。若假设所有的传质阻力都在液相一侧,则气相一侧可以看作没有浓度梯度,此时可以定义一种与气相浓度相关的液相界面浓度 c_s^*,如图 2-31(a)所示,即

$$y_b = Hc_s^* \tag{2-110}$$

式中，c_s^* 为当与主体气相浓度平衡时，组分 A 在空气—水界面的液相浓度，mg/L。

同样，假设所有对传质的阻力都在气相一侧，液相一侧没有浓度梯度，假设与液相浓度相关的气相界面浓度 y_s^* 的定义如图 2-31(b)所示，即

$$y_s^* = Hc_b \tag{2-111}$$

式中，y_s^* 为当与主体液相浓度平衡时，组分 A 在空气—水界面的气相浓度，mg/L。

可以利用以上的假设浓度，对气液相间传质的总传质系数进行计算。对于气提操作，可以假设液相界面浓度 c_s^* 和总的质量传递系数 K，计算传质速率，即

$$J_A = K(c_b - c_s^*) \tag{2-112}$$

式中，J_A 为通过空气—水界面的组分 A 的质量通量，mg/(m²·s)；K 为总传质系数，m/s；c_b 为主体溶液中组分 A 的液相浓度，mg/L；c_s^* 为组分 A 在空气—水界面的液相浓度（假设气相无浓度梯度），mg/L。

由于假设气液界面上不存在物质累积，因此式(2-109)和式(2-112)给出的传质通量相等，

$$J_A = k_l(c_b - c_s) = k_g(y_s - y_b) = K(c_b - c_s^*) \tag{2-113}$$

式(2-113)将总传质系数 K 与液相传质系数 k_l 和气相传质系数 k_g 联系起来，在计算界面传质阻力的同时考虑了气液两侧薄膜中的分子扩散，所以称为双膜模型。式(2-113)也可改写为

$$c_b - c_s = \frac{J_A}{k_l} \tag{2-114}$$

$$y_s - y_b = \frac{J_A}{k_g} \tag{2-115}$$

$$c_b - c_s^* = \frac{J_A}{K} \tag{2-116}$$

总传质系数 K 与局部传质系数 k_l、k_g 的关系可以经过如下推导得出

$$c_b - c_s^* = (c_b - c_s) + (c_s - c_s^*) \tag{2-117}$$

将式(2-108)、式(2-110)代入式(2-115)，再将式(2-114)、式(2-116)代入式(2-117)，得

$$\frac{J_A}{K} = \frac{J_A}{k_l} + \frac{J_A}{Hk_g} \tag{2-118}$$

或

$$\frac{1}{K} = \frac{1}{k_l} + \frac{1}{Hk_g} \tag{2-119}$$

因此，依据双膜模型，可以用式(2-120)计算界面上的质量通量

$$J_A = K\left(c_b - \frac{y_b}{H}\right) \tag{2-120}$$

由于液相驱动力所包含的量 c_b、y_b 和 H 比较容易检测得到，同时可以利用局部传质系数估算总传质系数，而局部传质系数可以通过查阅文献或相关公式拟合计算得到，所以通过式(2-120)可以方便地进行气液相传质速率的估算。

(1) 对于传质速率控制相的判定

在对曝气和气提工艺进行设计和操作过程优化时，评价哪一相的阻力对传质速率影响

更大或者控制传质速率是非常重要的。例如,当液相阻力对总传质速率的影响较大时,增加气相的速率对促进总传质速率收效甚微。传质总阻力等于液相阻力和气相阻力之和,可改写为

$$R_T = R_L + R_G/H \tag{2-121}$$

式中,R_T 为总传质阻力,$R_T = 1/K$,s/m;R_L 为液相传质的阻力,$R_L = 1/k_l$,s/m;R_G 为气相传质的阻力,$R_G = 1/k_g$,s/m。

为评价哪一相控制传质速率,式(2-121)将液相阻力作为总阻力的一部分进行评价

$$\frac{R_L}{R_T} = \frac{1/k_l}{1/k_l + 1/(Hk_g)} = \frac{H}{H + k_l/k_g} \tag{2-122}$$

由式(2-122)可知,液相阻力对总阻力的贡献比例取决于 H 相对于 k_l/k_g 值的大小。假设 $k_l/k_g = 0.01$,则 H 值大于 0.05 的传质过程受液相传质控制,H 值小于 0.002 的传质过程受气相传质控制。对于 H 值为 0.002~0.05 的传质过程,液相和气相都影响其总传质速率。H 值越高意味着组分在同样液相浓度下的气相浓度更高,两相达到平衡时组分越倾向于分布在气相,则总传质速率受液相传质速率的影响更大,受液相控制,反之亦然。

(2) 双膜模型的应用

通常,传质速率往往以体积而不是界面面积为基准来计算。引入传质比表面积 s 的概念,则式(2-119)可以用体积传质速率除以传质比表面积来表示

$$\frac{1}{Ks} = \frac{1}{k_l s} + \frac{1}{Hk_g s} \tag{2-123}$$

式中,K 为总传质系数,m/s;s 为传质比表面积,m²/m³;k_l 为液相传质系数,m/s;k_g 为气相传质系数,m/s。

利用式(2-120),将组合系数 Ks 合并到方程中,形成气液界面间的传质,即

$$M_A = Ks\left(c_b - \frac{y_b}{H}\right)V \tag{2-124}$$

式中,M_A 为组分 A 的质量流速,mg/s;V 为接触器体积,m³;Ks 表示整体溶液侧传质系数,s⁻¹。

应用实例 环境工程领域中多相界面传质实例

气体扩散电极广泛应用于电芬顿产 H_2O_2 等水处理领域。如图 2-32 所示,有研究将气体扩散电极应用于燃煤烟气中 Hg 的氧化脱除,将含 Hg 烟气在一定压力下从气体扩散电

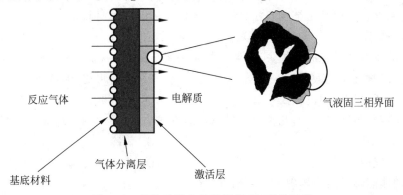

图 2-32 气体扩散电极及气态 Hg 氧化示意

极一侧穿透到另一侧。在此过程中,烟气中含有的氧气在电极表面发生还原反应而产生大量氧化性物质,以此作为氧化气态 Hg 的氧化剂。当含 Hg 模拟烟气透过气体扩散电极时,Hg 先吸附在具有较大比表面积的电极上,随后在电极气液固三相界面处被直接氧化。而 Hg 的氧化进一步促进了气态 Hg 穿过气体扩散电极进入液相电解质溶液的传质过程。

习题

一、选择题

(1) 常温下水的密度为 $1000 kg/m^3$,黏度为 $1 mPa \cdot s$,在 $d=100 mm$ 的管内以 $3 m/s$ 速度流动,其流动类型为( )。

  A. 湍流   B. 层流   C. 过渡区   D. 急流

(2) 恒定总流的连续性方程、伯努利方程、动量方程中的流速为( )。

  A. 断面平均流速   B. 断面上的最大流速

  C. 断面形心处的流速   D. 断面上压力中心处的流速

(3) 关于水流流向正确的是( )。

  A. 水一定是从高处往低处流

  B. 水一定是从流速大处往流速小处流

  C. 水一定是从机械能大处往机械能小处流

  D. 水一定是从测压管水头高处往测压管水头低处流

(4) 下面各影响因素中,使流动阻力减小的是( )。

  A. 流过进口段   B. 流过弯管段

  C. 增加流速   D. 升高壁面温度

(5) 套管换热器的换热方式为( )。

  A. 间壁式   B. 混合式   C. 蓄热式   D. 其他方式

(6) 总传热系数与下列哪个因素无关( )。

  A. 传热间壁壁厚   B. 传热面积

  C. 流体流动状态   D. 污垢热阻

(7) 蒸汽中不凝性气体的存在,会使它的对流传热系数( )。

  A. 升高   B. 降低   C. 都可能   D. 不变

(8) 保温材料一般都是结构疏松、导热系数( )的固体材料。

  A. 较小   B. 无关   C. 较大   D. 不一定

(9) 为减少室外设备的热损失,保温层外包一层金属皮,一般说来应该是( )。

  A. 表面光滑,颜色较浅   B. 表面粗糙,颜色较深

  C. 表面粗糙,颜色较浅   D. 表面光滑,颜色较深

(10) 从传热角度看,下面几种冷却发电机的方式中,( )的冷却效果最好。

  A. 水冷   B. 氢冷

  C. 气冷   D. 水沸腾冷却

(11) 物体能够发射热辐射的基本条件是( )。

  A. 温度高于 0K   B. 具有传播介质

C. 具有较高温度 D. 表面较黑

(12) 在外径为 d 的圆管外包裹厚度为 b 的保温层(导热系数为 λ),保温层外的对流传热系数为 α。若 $d<\alpha/\lambda$,则对单位管长而言( )。

A. 当 $b=\lambda/\alpha-d/2$ 时,热损失最小
B. 当 $\lambda/\alpha=d+2b$ 时,热损失最大
C. 当 $b=\lambda/\alpha-d/2$ 时,热损失最大
D. 包上保温层总比原来要小

(13) 下述哪一点不是热力设备与冷冻设备加保温材料的目的( )。

A. 防止热量(或冷量)损失 B. 提高热负荷
C. 防止烫伤(或冻伤) D. 保持流体温度

(14) 物体之间发生热传导的动力是( )。

A. 温度场 B. 温差
C. 等温面 D. 微观粒子运动

(15) 关于热量传递方式,说法错误的是( )。

A. 热传导在气态、液态、固态物质中均可以发生,但热量传递的机理不同
B. 热对流仅可以发生在液体和气体中,固体物质中不会发生热对流
C. 热传导和对流传热可以在真空中传播
D. 辐射传热不仅是能量的传递,同时还伴随着能量形式的转化

(16) 有关导热系数说法正确的是( )。

A. 气体的导热系数随温度升高而减小
B. 当金属含有杂质时,导热系数将减小
C. 气体的导热系数很小,不利于绝热保温
D. 水和甘油的导热系数随温度的升高而减小

(17) 某热力管道采用两种导热系数不同的保温材料进行保温,为了达到较好的保温效果,应将( )放在内层。

A. 导热系数较大的材料 B. 导热系数较小的材料
C. 任选一种材料均可 D. 无法确定

(18) 过流断面是指与( )的横断面。

A. 迹线正交 B. 流线正交
C. 流线斜交 D. 迹线斜交

(19) 327℃的黑体辐射能力为 27℃黑体辐射能力的( )倍。

A. 4 B. 8 C. 16 D. 32

(20) 下面哪种物质具有较大的导热系数( )。

A. 水 B. 空气 C. 水蒸气 D. 冰块

二、简答题

(1) 某一气体输送系统(图 2-33),为监测管道内流体的压力。问:

① 当管路上的阀门 C 关闭时,两个压力表的读数是否一致?为什么?

② 当管路上阀门 C 打开时,两个压力表的读数是否相同?为什么?(设 A、B 处的气体密度近似相等)

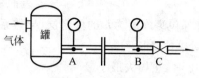

图 2-33 输送系统

(2) 拓展的伯努利方程表明管路中各种机械能变化和外界能量之间的关系,试简述这种关系,并说明该方程的适用条件。

(3) 在管流系统中,机械能的损耗转变为什么形式的能量?其宏观的表现形式是什么?

(4) 对于实际流体,流动过程中若无外功加入,则流体将向哪个方向流动?

(5) 试述 3 种热量传递基本方式的差别,并各举 1~2 个实际例子。

(提示:从 3 种热量传递基本方式的定义及特点来区分这 3 种热传递方式)

(6) 空调房间内,夏季与冬季室内温度都保持在 22℃ 左右,夏季人们可以穿短袖衬衣,而冬季则要穿毛线衣。试用传热学知识解释这一现象。

(提示:从分析不同季节时墙体的传热过程和壁温,以及人体与墙表面的热交换过程来解释这一现象(主要是人体与墙面的辐射传热的不同))

(7) 为什么多孔材料具有保温性能?保温材料为什么需要防潮?

(8) 请说明在传热设备中,水垢、灰垢的存在对传热过程会产生什么影响?如何防止?

(提示:从传热过程各个环节热阻的角度,分析水垢、灰垢对换热设备传热能力与壁面的影响情况)

(9) 什么是分子扩散和涡流扩散?

(10) 简述菲克定律的物理意义和适用条件。

三、计算题

(1) 采用水射器(文丘里管)将管道下方水槽中的药剂加入管道中,如图 2-34 所示。已知截面 1—1′ 处内径为 50mm,压力为 0.02MPa(表压),截面 2—2′ 内径为 15mm。当管中水的流量为 7m³/h 时,可否将药剂加入管道中?(忽略流动中的损失)

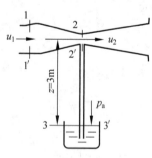

图 2-34 计算题(1)附图

(2) 常温下的水稳态流过一绝热的水平直管道,实验测得水通过管道时产生的压力降为 $p_1-p_2=40$kPa,其中 p_1 与 p_2 分别为进、出口处的压力。求由于压力降引起的水温升高值。

(3) 如图 2-35 所示,用泵将密度为 1100kg/m³ 的某液体以 25t/h 的流量从低位槽输送到吸收塔顶,经喷淋用作吸收剂。已知储槽液面比地面低 1.5m,塔内喷头比地面高出 13m,泵压出管内径为 53mm;液体喷出喷头时的压力(表压)为 30kPa,输送系统中液体的压头损失为 3m。若泵的效率为 75%,试求泵所需的轴功率。

(4) 如图 2-36 所示,水从水箱中经弯管流出。已知管径 $d=15$cm,$l_1=30$m,$l_2=60$m,$H_2=15$m。管道中沿程摩擦系数 $\lambda_{摩}=0.023$,弯头局部阻力系数 $\zeta=0.9$,40°开度蝶阀的 $\zeta=10.8$。问:

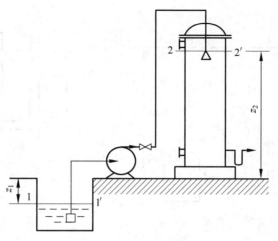

图 2-35 计算题(3)附图

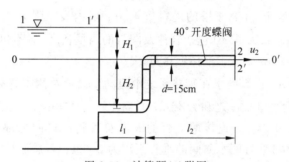

图 2-36 计算题(4)附图

① 当 $H_1=10\mathrm{m}$ 时,通过弯管的流量为多少?

② 如流量为 60L/s,箱中水头 H_1 应为多少?

(5) 图 2-37 为一输水管路,其中 p_a 为大气压。液面 1 至截面 3 全长 300m(包括局部阻力的当量长度),截面 3 至液面 2 间有一闸阀,其间的直管阻力可以忽略。输水管为 $\phi 60\mathrm{mm} \times 3.5\mathrm{mm}$ 的水煤气管,$\varepsilon/d=0.004$,水温 20℃(密度为 $1000\mathrm{kg/m}^3$,黏度为 $1\mathrm{mPa \cdot s}$)。在闸门全开时,试求:

① 管路的输水量 q_V;

② 截面 3 的表压 p_3(单位:$\mathrm{mH_2O}$)。

(6) 如图 2-38 所示,管路由 $\phi 57\mathrm{mm} \times 3.5\mathrm{mm}$ 钢管组成,管长 18m,有标准直角弯头两个($\zeta=0.75$),闸门阀一个($\zeta=0.17$),直管阻力系数为 0.029,高位槽内水面距管路出口的垂直距离为 9m。试求:

① 管路出口流速及流量;

② 若在管路出口安装一直径为 25mm 的喷嘴,喷嘴的局部阻力系数为 $\zeta=0.5$,管路出口流速和流量为多少?

③ 改变喷嘴尺寸,可能获得的最大喷出速度为多少?(设喷嘴 $\zeta=0.5$ 不变)

④ 若将流体视为理想流体,安装喷嘴前后流量各为多少?

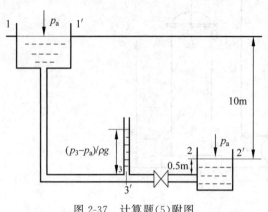

图 2-37 计算题(5)附图

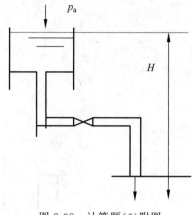

图 2-38 计算题(6)附图

(7) 如图 2-39 所示,密度为 950kg/m³、黏度为 1.24mPa·s 的料液从高位槽送入塔中,高位槽内的液面维持恒定,并高于塔的进料口 4.5m,塔内表压强为 3.82×10^3Pa。送液管道为 $\phi 45$mm×2.5mm,长为 35m(包括管件及阀门的当量长度,但不包括进、出口损失),管壁的绝对粗糙度为 0.2mm。试求液体输送量。

(8) 如图 2-40 所示,12℃的水在管路系统中流动。已知左侧支管为 $\phi 70$mm×2mm,直管长度及管件、阀门的当量长度之和为 42m;右侧支管为 $\phi 76$mm×2mm,直管长度及管件、阀门的当量长度之和为 84m。连接两支管的三通及管路出口的局部阻力可以忽略不计。a、b 两槽的水面维持恒定,且两水面间的垂直距离为 2.6m。若总流量为 55m³/h,试求流往两槽的水量。

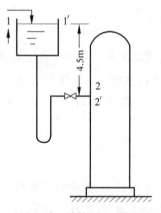

图 2-39 计算题(7)附图

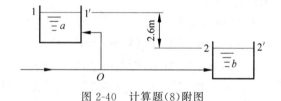

图 2-40 计算题(8)附图

(9) 某平壁厚度为 0.37m,内表面温度 T_1 为 1650℃,外表面温度 T_2 为 300℃,平壁材料导热系数 $\lambda=0.815+0.00076T$(T 的单位为℃,λ 的单位为 W/(m·℃))。若将导热系数分别按常量(取平均导热系数)和变量计算时,试求平壁的温度分布关系式和导热热通量。

(10) 燃烧炉的平壁由 3 种材料构成,最内层为耐火砖,厚度为 150mm,中间层为绝热砖,厚度为 290mm,最外层为普通砖,厚度为 228mm。已知炉内、外壁表面温度分别为 1016℃和 34℃,试求耐火砖和绝热砖间以及绝热砖和普通砖间界面的温度。(假设各层接

触良好)

(11) 某物料管路的管内、外直径分别为 160mm 和 170mm。管外包有两层绝热材料，内层绝热材料厚 20mm，外层绝热材料厚 40mm。管子及内、外层绝热材料的 λ 值分别为 58.2W/(m·℃)、0.174W/(m·℃) 及 0.093W/(m·℃)。已知管内壁温度为 300℃，外层绝热层的外表面温度为 50℃。求每米管长的热损失。

(12) 在一套管式换热器中，用温度为 90℃ 的热流体将冷流体由 20℃ 加热到 60℃，热流体则冷却至 65℃。试求冷热两种流体分别做逆流和并流时的对数平均温度差。

(13) 冷热两流体通过一内管为 ϕ54mm×2mm、外管为 ϕ116mm×4mm 的套管式换热器进行热交换。其中，苯以 0.64m/s 的速度流经内管，由 48℃ 加热至 80℃，套管内苯的对流传热系数为 933W/(m²·℃)；套管环隙为 120℃ 的饱和水蒸气冷凝，冷凝传热系数为 $1.1×10^4$ W/(m²·℃)，管壁热阻及污垢热阻均可忽略不计。苯在定性温度下的物性为：$c_p=1.86$kJ/(kg·℃)，$\rho=880$kg/m³。试求：

① 换热器的热负荷；
② 完成上述换热任务所需套管的有效长度。

(14) 在一传热外表面积 A_0 为 300m² 的单程列管换热器中，300℃ 的某种气体流过壳程并被加热到 430℃。另一种 560℃ 的气体作为加热介质，两气体逆流流动，流量均为 $1×10^4$ kg/h，平均比热容均为 1.05kJ/(kg·℃)，试求总传热系数。假设换热器的热损失为壳程气体传热量的 10%。

(15) 在管壳式换热器中，两流体进行换热。若已知管内、外流体的平均温度分别为 170℃ 和 135℃；管内、外流体的对流传热系数分别为 12000W/(m²·℃) 及 1100W/(m²·℃)，管内、外侧污垢热阻分别为 0.0002m²·℃/W 及 0.0005m²·℃/W，试估算管壁平均温度。假设管壁热传导热阻可忽略。

(16) 有一单壳程单管程列管换热器，管外用 120℃ 饱和蒸气加热。干空气以 12m/s 的流速在管内流过，管子规格为 ϕ38mm×2.5mm，总管数为 200 根。已知空气进口温度为 26℃，要求空气出口温度为 86℃，管壁和污垢热阻可以忽略。试求：

① 该换热器的管长应为多少？
② 若气体处理量、进口温度、管长均保持不变，而管径增大为 ϕ54mm×2mm，总管数减少 20%，此时的出口温度为多少？(不计出口温度变化对物性的影响，忽略热损失)

定性温度下空气的物性数据如下：$c_p=1.005$kJ/(kg·℃)，$\rho=1.07$kg/m³，$\mu=0.0199$cP，$\lambda=0.0287$W/(m·℃)，$Pr=0.697$。

(17) 某套管换热器中，用温度为 20℃，流量为 13200kg/h 的冷却水，冷却进口温度为 100℃ 的醋酸，两流体逆流流动。换热器刚投入使用时，冷却水出口温度为 45℃，醋酸出口温度为 40℃。运转一段时间后，冷热流体流量不变，进口温度不变，而冷却水出口温度降至 38℃，试求总传热系数下降的百分率。冷热流体的比热容可视为常数，热损失可以忽略不计。

已知：$m_2=13200$kg/h，$t_1=20$℃，$t_2=45$℃，$T_1=100$℃，$T_2=40$℃，$t_2'=38$℃。

求：$\dfrac{k-k'}{k}$。

第 3 章

非均相物系分离

第3章
思维导图

3.1 概述

自然界中的物质多为混合物,如空气、石油和岩石等。在环境污染控制工程领域,涉及的水体、大气、土壤和固体废物均为混合体系(均相和非均相)。对水体、空气、土壤进行净化,以及从固体废物中回收有用物质都涉及混合物的分离。分离的核心思想是将污染物与污染介质或其他种类的污染物进行分离,从而实现污染物的去除或对有用物质的回收。例如,水处理时,需对水中的悬浮颗粒、各种化学污染物和病原微生物等进行分离清除;废气净化时,需要对废气中的粉尘和各种气态污染物进行分离去除等。因此,分离技术对于去除污染物、净化环境具有十分重要的意义。

生产案例:以城市污水处理工艺为例,说明非均相混合物分离在工业生产上的具体运用。图3-1中城市污水按顺序经过沉降、过滤操作完成污水和污泥分离净化。在这种分离净化的处理过程中,多处用到了沉降、过滤及离心分离等方法,其中有气—固分离和液—固分离等。由此可见,非均相混合物的分离是环境工程中应用非常多的单元操作之一。

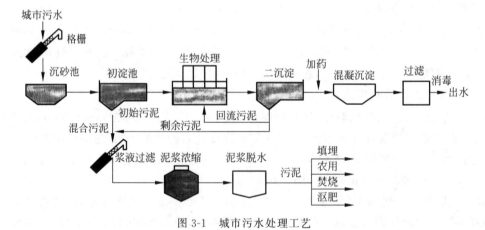

图 3-1 城市污水处理工艺

3.1.1 混合物系的分类

一般来说,混合物按相数可分为两类:均相混合物系和非均相混合物系。

(1) 均相混合物系

均相混合物系是指物系内部不存在相界面,各处物料性质均匀一致,如不同组分气体组成的混合气体、能相互溶解的液体所组成的各种溶液、气体溶解于液体得到的溶液等。

(2) 非均相混合物系

非均相混合物系是指存在两个或两个以上相的混合物,如雾(气相—液相)、烟尘(气相—固相)、悬浮液(液相—固相)、乳浊液(两种不相溶的液相)等。非均相物系中,通常有一相处于分散状态,称为分散相,如雾中的小水滴、烟尘中的尘粒、悬浮液中的固体颗粒、乳浊液中分散成小液滴的液相;另一相处于连续状态,称为连续相(或分散介质),如雾和烟尘中的气相、悬浮液中的液相。

3.1.2 非均相物系分离在生产中的应用

非均相物系分离在工业生产中的应用主要有以下几个方面。

(1) 收集分散物质以达到综合利用的目的。例如,在某些金属的冶炼过程中,有大量金属化合物或冷凝的金属烟尘悬浮在烟道气中,收集这些烟尘不仅能提高该金属的回收率,也是提炼其他金属的重要途径。再如,收集粉碎机、沸腾干燥器、喷雾干燥器等设备出口气流中夹带的物料;收集蒸发设备出口气流中带出的药液雾滴;回收结晶器晶浆中夹带的颗粒;回收催化反应器中气体夹带的催化剂,这些均属于回收有用物质以综合利用的分离应用。

(2) 净化分散介质以除去对下一工序有害的物质。气体在进压缩机前,必须除去其中的液滴或固体颗粒,在离开压缩机后也要除去油沫或水沫。某些催化反应的原料气中如果带有灰尘杂质,便会影响催化剂的活性,因此,必须在气体进入反应器之前清除其中的灰尘杂质,以保证催化剂的活性。再如,除去药液中无用的混悬颗粒得到澄清药液,除去空气中的尘粒得到洁净空气等。

(3) 减少对作业区的污染以保护环境。近年来,工业污染对环境的危害越来越明显,因而要求各工厂、企业必须清除废气、污水中的有害物质,使其达到规定的排放标准,以保护环境;去除容易构成危险隐患的漂浮粉尘以保证安全生产等。如在碳酸氢铵的生产过程中,通过旋风分离器已将产品基本回收,但为了不对作业区造成污染,在废气最终排放前,还要由袋式过滤器除去其中的粉尘。

3.1.3 非均相物系的分离方法

由于非均相物系中的分散相和连续相具有不同的物理性质,因此工业生产多采用机械方法进行两相分离,其方法是设法造成分散相和连续相之间发生相对运动,其分离遵循流体力学基本规律。常见的分离方法有以下几种。

(1) 沉降分离

沉降分离是利用连续相与分散相的密度差异,依靠某机械力的作用,使颗粒和流体发生相对运动而分离的过程。根据机械力的不同,沉降可分为重力沉降、离心沉降、电沉降、惯性沉降和扩散沉降。

(2) 过滤分离

过滤分离是利用两相对多孔介质穿透性的差异,在某种推动力作用下,使非均相物系得以分离。根据推动力的不同,过滤可分为重力过滤、加压(或真空)过滤和离心过滤。

(3) 静电分离

静电分离是利用两相带电性的差异,借助电场的作用使其得以分离,如电除雾器、电除尘器等。

（4）湿洗分离

湿洗分离是使气固混合物穿过液体，固体颗粒黏附于液体而被分离出来。工业上常用的湿洗分离设备有泡沫除尘器、湍球塔、文丘里洗涤器等。

此外，还有音波除尘和热除尘等方法。音波除尘法是利用音波使含尘气流产生振动，细小的颗粒相互碰撞而团聚变大，再由离心分离等方法加以分离。热除尘法是使含尘气体处于一个温度场(其中存在温度差)中，颗粒在热致迁移力的作用下从高温处迁移至低温处而被分离。在实验室内，已应用此原理制成热沉降器，但尚未运用到工业生产中。

在工业生产中，沉降与过滤是分离非均相物系最常用的两种操作，尤其在水污染控制与大气污染控制中广泛应用。本章重点介绍沉降和过滤两种机械分离操作的原理、设备结构及有关计算。

3.2 沉降分离

如前所述，沉降操作是借助某种外力的作用，利用分散物质与分散介质的密度差异，使之发生相对运动而分离的过程。根据外力不同，沉降又分为重力沉降、离心沉降、电沉降、惯性沉降和扩散沉降。

各种类型的沉降过程与作用力如表 3-1 所示。

表 3-1　各种类型的沉降过程与作用力

沉降过程	作用力	特征
重力沉降	重力	沉降速度小，适用于较大颗粒的分离
离心沉降	离心力	适用于不同大小颗粒的分离
电沉降	电场力	适用于带电微细颗粒直径小于 $0.1\mu m$ 的分离
惯性沉降	惯性力	适用于直径大于 $10\mu m$ 粉尘的分离
扩散沉降	热运动	适用于微细粒子直径小于 $0.01\mu m$ 的分离

3.2.1 重力沉降

重力沉降是利用非均匀混合物中待分离颗粒与流体之间的密度差，在重力作用下，分散相颗粒与流体之间发生相对运动，从而实现分离的过程。这种沉降是最简单的沉降分离方法，一般用于气、固混合物和混悬液的分离。例如，含尘气体中尘粒的预分离、污水处理厂对污水进行沉降处理、中药生产中药浸提液的静止澄清工艺等，都是利用重力沉降来实现分离的典型操作。重力沉降在环境领域中的应用十分广泛，既可用于水与废水中悬浮颗粒的分离，也可以用于气体净化，去除废气中的粉粒。在水处理中，利用重力沉降去除悬浮颗粒的处理构筑物包括沉砂池、沉淀池；气体净化中有重力沉降室。

1. 重力场中的沉降速率

以固体颗粒在流体中的沉降为例，颗粒的沉降速率是指相对于周围流体的沉降运动速率，与颗粒的形状、大小、密度，流体的种类、密度、黏度等有很大关系，为了便于理论推导，首先以一定直径的光滑球形颗粒作为研究对象，其形状和大小不随流动情况而变。颗粒在流体中仅受自身重力、流体浮力和二者相对运动时产生的阻力作用,而不受其他机械力的干扰。这种沉降过程称为自由沉降,较稀的混悬液或含尘气体中固体颗粒的沉降可视为自由沉降。

1) 球形颗粒的自由沉降速率

一个表面光滑的刚性球形颗粒放置在静止流体中,当颗粒密度大于流体密度时,颗粒将下沉。若颗粒做自由沉降运动,在沉降过程中,颗粒受 3 个力的作用:重力 F_g,方向垂直向下;浮力 F_b,方向向上;阻力 F_D,方向向上,如图 3-2 所示。

设球形颗粒的直径为 d_p,颗粒密度 ρ_p,流体的密度为 ρ,则颗粒所受的重力 F_g、浮力 F_b 和阻力 F_D 分别为

$$F_g = \frac{\pi}{6} d_p^3 \rho_p g, \quad F_b = \frac{\pi}{6} d_p^3 \rho g, \quad F_D = C_D A \frac{\rho u^2}{2}$$

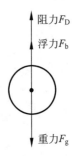

图 3-2 静止流体中颗粒受力情况

式中,A 为沉降颗粒沿沉降方向的投影面积,对于球形颗粒 $A = \frac{\pi}{4} d_p^2$,m^2;u 为颗粒相对于流体的降落速率,m/s;C_D 为沉降阻力系数,量纲为 1。

对于一定的颗粒与流体,重力与浮力的大小一定,而阻力随沉降速率而变。根据牛顿第二定律,有

$$F_g - F_b - F_D = ma \tag{3-1a}$$

式中,m 为颗粒的质量,kg;a 为加速度,m/s^2。

当颗粒开始沉降的瞬间,u 为零,阻力也为零,加速度 a 为最大值;颗粒开始沉降后,随着 u 逐渐增大,阻力也逐渐增大,直到速率增大到一定值 u_t 后,重力、浮力、阻力三者达到平衡,加速度为零,此时颗粒以恒速向下做匀速运动。此匀速运动时的速率即为颗粒的终端沉降速率或自由沉降速率,用 u_t 表示,单位为 m/s,即

$$F_g - F_b - F_D = 0 \tag{3-1b}$$

将重力 F_g、浮力 F_b 和阻力 F_D 分别代入式(3-1b)整理得

$$u_t = \sqrt{\frac{4 d_p g (\rho_p - \rho)}{3 \rho C_D}} \tag{3-2}$$

对于微小颗粒,沉降的加速阶段时间很短,在整个降落过程中往往可以忽略不计,因此,整个沉降过程可视为匀速沉降过程,加速度 a 为零。在这种情况下可直接将 u_t 用于重力沉降速率的计算。

2) 沉降阻力系数

用式(3-2)计算重力沉降速率时,必须确定沉降阻力系数 C_D,并且 C_D 是颗粒对流体做相对运动时的雷诺数 Re_p 和颗粒形状的函数,即

$$C_D = f(Re_p), \quad Re_p = \frac{u d_p \rho}{\mu} \tag{3-3}$$

C_D 与 Re_p 的关系一般由实验测定,如图 3-3 所示,球形颗粒($\varphi = 1$)的自由沉降曲线可分为 3 个区域,各区域中 C_D 与 Re_p 的函数关系分别表示为

(1) 层流区

$$C_D = \frac{24}{Re_p}, \quad Re_p \leqslant 2 \tag{3-4}$$

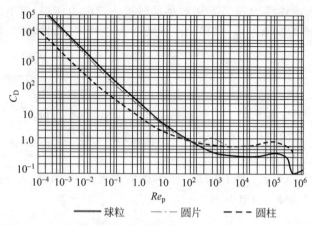

图 3-3 阻力系数与颗粒雷诺数之间的关系

(2) 过渡区

$$C_D = \frac{18.5}{Re_p^{0.6}}, \quad 2 < Re_p < 10^3 \tag{3-5}$$

(3) 湍流区

$$C_D \approx 0.44, \quad 10^3 \leqslant Re_p < 2 \times 10^5 \tag{3-6}$$

将式(3-4)、式(3-5)和式(3-6)分别代入式(3-2),可得各区域的沉降速率公式为

层流区 $\quad u_t = \dfrac{1}{18} \dfrac{\rho_p - \rho}{\mu} g d_p^2, \quad Re_p \leqslant 2 \tag{3-7}$

过渡区 $\quad u_t = 0.27 \sqrt{\dfrac{(\rho_p - \rho) g d_p Re_p^{0.6}}{\rho}}, \quad 2 < Re_p < 10^3 \tag{3-8}$

湍流区 $\quad u_t = 1.74 \sqrt{\dfrac{(\rho_p - \rho) g d_p}{\rho}}, \quad 10^3 \leqslant Re_p < 2 \times 10^5 \tag{3-9}$

式(3-7)、式(3-8)和式(3-9)分别称为斯托克斯公式、艾仑公式和牛顿公式。由这3个公式可以看出,在整个区域内,d_p 及($\rho_p - \rho$)越大则沉降速率 u_t 越大。在层流区由于流体黏性引起的表面摩擦阻力占主要地位,因此层流区的沉降速率与流体黏度 μ 成反比。从式(3-7)可以看出,影响颗粒分离的主要因素是颗粒与流体的密度差($\rho_p - \rho$)。

当 $\rho_p > \rho$ 时,u_t 为正值,表示颗粒下沉,u_t 值表示沉淀速率;

当 $\rho_p < \rho$ 时,u_t 为负值,表示颗粒上浮,u_t 值的绝对值表示上浮速率;

当 $\rho_p = \rho$ 时,u_t 为零,表示颗粒既不下沉也不上浮,说明这种颗粒不能用重力沉降分离法去除。

由式(3-7)还可以看出,层流区沉降速率 u_t 与颗粒直径 d_p 的平方成正比,说明颗粒的直径越大,u_t 越大,有助于提高沉淀效率。

流体的黏度 μ 与颗粒的沉淀速率成反比,而 μ 值与流体本身的性质(温度等条件)有关,水温是其主要决定因素。一般来说,水温上升,μ 值下降,因此,提高水温有助于提高颗粒的沉淀效率。液体黏度约为气体黏度的50倍,故颗粒在液体中的沉降速率比在气体中的小得多。

3）非球形颗粒的自由沉降速率

颗粒最基本的特性是形状和大小，由于形成的方法和原因的不同，使其具有不同的尺寸和形状。工业上遇到的固体颗粒大多是非球形颗粒，非球形颗粒虽然不像球形颗粒那样容易求出体积、表面积和比表面积，但可以用当量直径和球形度来表示其特性。

（1）当量直径

非球形颗粒的大小可用与它的某种几何量相等的球形颗粒的直径表示，该颗粒称为当量球形颗粒，其直径称为颗粒的当量直径。根据所采用几何量的不同，当量直径有下面三种表示方法。

① 等体积当量直径：体积等于不规则形状颗粒体积的当量球形颗粒的直径，表示为

$$d_{eV} = \sqrt[3]{\frac{6V_p}{\pi}} \tag{3-10}$$

式中，d_{eV} 为非球形颗粒的当量直径，m；V_p 为实际颗粒的体积，m³。

② 等表面积当量直径：表面积等于不规则形状颗粒表面积的当量球形颗粒的直径，表示为

$$d_{eS} = \sqrt{\frac{A}{\pi}} \tag{3-11}$$

式中，A 为颗粒的表面积，m²。

③ 等比表面积当量直径：比表面积等于不规则形状颗粒比表面积的当量球形颗粒的直径，表示为

$$d_{ea} = \frac{6}{a} \tag{3-12}$$

式中，a 为颗粒的比表面积，定义为单位体积颗粒所具有的表面积。

（2）球形度

球形度（形状系数）用 φ 表示，即非球形颗粒的几何形状与球形颗粒的差异程度，其定义为与非球形颗粒体积相等的球形颗粒的表面积与该颗粒表面积之比，即

$$\varphi = \left(\frac{d_{eV}}{d_{eS}}\right)^2 = \frac{与非球形颗粒体积相同的球形颗粒表面积}{非球形颗粒表面积} \leqslant 1 \tag{3-13}$$

由于体积相同、形状不同的颗粒中球形颗粒的表面积最小，所以任何非球形颗粒的球形度均小于1，而且颗粒形状与球形颗粒差别越大，球形度越小。对于球形颗粒，$\varphi=1$；对于非球形颗粒，$\varphi<1$。正方体，$\varphi=0.805$；直径与高相等的圆柱，$\varphi=0.874$；对于大多数粉碎得到的颗粒，$\varphi=0.6\sim0.7$。

根据球形度的定义，等体积当量直径、等表面积当量直径和等比表面积当量直径之间的关系式为

$$d_{ea} = \varphi d_{eV}, \quad d_{eS} = \frac{d_{eV}}{\sqrt{\varphi}} \tag{3-14}$$

综上所述，形状不规则颗粒可以用颗粒当量直径和球形度来表征，即

$$V_p = \frac{\pi}{6} d_{eV}^3, \quad A = \frac{\pi d_{eV}^2}{\varphi}, \quad a = \frac{6}{\varphi d_{eV}} \tag{3-15}$$

非球形颗粒的几何形状及投影面积 A 对沉降速率都有影响。颗粒向沉降方向的投影面积 A 越大，沉降阻力越大，沉降速率越慢。一般情况下，相同密度的颗粒，球形或接近球

形颗粒的沉降速率大于同体积非球形颗粒的沉降速率。

4) 实际沉降及其影响因素

实际沉降即为干扰沉降,如前所述,颗粒在沉降过程中将受到周围颗粒、流体、器壁等因素的影响,一般来说,实际沉降速率小于自由沉降速率。

(1) 颗粒含量的影响

在实际沉降过程中,颗粒含量较大,周围颗粒的存在和运动将改变原来单个颗粒的沉降过程,使颗粒的沉降速率较自由沉降速率小,达到一定沉降要求所需的沉降时间变长。

(2) 颗粒形状的影响

对于同一性质的固体颗粒,非球形颗粒的沉降阻力比球形颗粒大得多,因此其沉降速率较球形颗粒要小些。

(3) 颗粒大小的影响

从斯托克斯公式可以看出:其他条件相同时,直径越大,沉降速率越大,越容易分离,如果颗粒大小不一,大颗粒将对小颗粒产生撞击,其结果是大颗粒的沉降速率减小,而对沉降起控制作用的小颗粒的沉降速率加快,甚至因撞击导致颗粒聚集而进一步加快沉降。

(4) 流体性质的影响

流体与颗粒的密度差越大,沉降速率越大;流体黏度越大,沉降速率越小。因此,高温含尘气体沉降时,通常需先散热降温,以便获得更好的沉降效果。

(5) 流体流动的影响

流体的流动会对颗粒沉降产生干扰,为减少干扰,进行沉降时要尽可能控制流体处于稳定的低速流动。因此,工业上的重力沉降设备,通常尺寸很大,其目的之一就是降低流速,消除流体流动对颗粒沉降的干扰。

(6) 器壁的影响

器壁对沉降的干扰主要有两个方面:①因摩擦干扰,颗粒的沉降速率下降;②因吸附干扰,颗粒的沉降距离缩短。当容器较小时,容器的壁面和底面均能增加颗粒沉降时的曳力,使颗粒的实际沉降速率较自由沉降速率低。因此,器壁的影响是双重的。

为简化计算,实际沉降可近似按自由沉降处理,由此引起的误差在工程上是可以接受的。只有当颗粒含量很大时,才需要考虑颗粒之间的相互干扰。

5) 沉降速率的计算方法

(1) 试差法

由于流体的阻力系数与颗粒的雷诺数有关,因此在应用式(3-7)~式(3-9)进行颗粒沉降速率计算时,首先要判断颗粒沉降属于哪一个区域。但在不知道颗粒沉降速率的情况下,难以判断沉降属于哪个区域。因此,通常采用试差法,即先假设沉降属于某一区域,再按与该区域相适应的沉降速率计算式进行颗粒沉降速率计算,然后按求出的颗粒沉降速率 u_t 计算 Re_p,验证 Re_p 是否在所属的假设区域。如果在,假设正确,计算所得的颗粒沉降速率即为正确结果;否则,需要重新假设和试算,直到按求得的 u_t 所计算的 Re_p 值恰好与所用公式计算的 Re_p 范围相符合为止。

如果不采用试差法,也可以采用摩擦数群法和无量纲判据 K 进行计算。

(2) 摩擦数群法

在图3-3的 C_D 与 Re_p 的关系曲线中,由于两坐标都含有未知数 u_t,所以不能直接用该

图求解 u_t，而需要采用试差法。但如果把图 3-3 加以转换，使其两坐标之一变成不包含 u_t 的已知数群，则可以直接求解 u_t。

由式(3-2)可以解得与沉降速率 u_t 相对应的阻力系数

$$C_D = \frac{4d_p(\rho_p - \rho)g}{3\rho u_t^2}$$

将 C_D 与 Re_p^2 相乘，即可消去 u_t，得

$$C_D Re_p^2 = \frac{4d_p^3 \rho (\rho_p - \rho)g}{3\mu^2} \tag{3-16}$$

式中，$C_D Re_p^2$ 为不包含沉降速率 u_t 的摩擦数群，量纲为 1。

C_D 是 Re_p 的函数，因此 $C_D Re_p^2$ 也是 Re_p 的函数。为此，可将图 3-3 中的 C_D-Re_p 关系曲线转换成 $C_D Re_p^2$-Re_p 关系曲线，如图 3-4 所示。

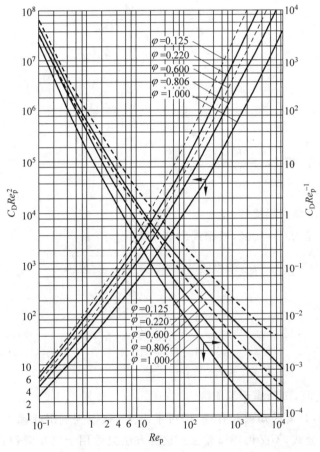

图 3-4 $C_D Re_p^2$-Re_p 关系曲线及 $C_D Re_p^{-1}$-Re_p 关系曲线

如果颗粒直径和其他参数已知，先按式(3-16)计算摩擦数群，再根据图 3-4 的 $C_D Re_p^2$-Re_p 曲线，查出相应的 Re_p 值，根据 Re_p 的定义反算出 u_t，即

$$u_t = \frac{Re_p \mu}{d_p \rho}$$

若需要计算在一定流体介质中具有一定沉降速率的某种颗粒的直径，也可以采用类似

的处理方法，将 C_D 与 Re_p^{-1} 相乘，得

$$C_D Re_p^{-1} = \frac{4\mu g(\rho_p - \rho)}{3\rho^2 u_t^3} \tag{3-17}$$

式中，$C_D Re_p^{-1}$ 为不包含颗粒直径的摩擦数群，量纲为1。

同理，可将图 3-3 中的 C_D-Re_p 关系曲线转换成 $C_D Re_p^{-1}$-Re_p 关系曲线，如图 3-4 所示，用以根据沉降速率图解计算颗粒直径。

（3）无量纲判据 K

无量纲判据 K 用于判别沉降属于什么区域。因为层流区的上限是 $Re_p = 2$，根据式(3-7)，得

$$u_t = \frac{1}{18} \frac{\rho_p - \rho}{\mu} g d_p^2$$

$$Re_p = \frac{d_p \rho u_t}{\mu} = \frac{d_p \rho}{\mu} \cdot \frac{g d_p^2 (\rho_p - \rho)}{18\mu}$$

$$= \frac{1}{18} \frac{\rho_p - \rho}{\mu^2} g d_p^3 \rho \leqslant 2$$

令

$$\frac{\rho_p - \rho}{\mu^2} g d_p^3 \rho = K$$

作为无量纲判据，则 $Re_p = \frac{K}{18} \leqslant 2$

$$K \leqslant 36 \tag{3-18}$$

即当 $K \leqslant 36$ 时，沉降属于层流区。

湍流区的下限是 $Re_p = 1000$，根据式(3-8)，得

$$Re_p = \frac{d_p \rho}{\mu} \times 1.74 \sqrt{\frac{(\rho_p - \rho) g d_p}{\rho}}$$

$$= 1.74 \sqrt{\frac{(\rho_p - \rho) g \rho d_p^3}{\mu^2}}$$

$$= 1.74 \sqrt{K} \geqslant 1000$$

$$K \geqslant 3.3 \times 10^5 \tag{3-19}$$

即当 $K \geqslant 3.3 \times 10^5$ 时，沉降属于湍流区。

应用这种方法，只要已知颗粒直径，即可求出 K，就能判别沉降属于什么区，因而可直接选用正确的计算公式，不必再用试差法。这种方法只适用于已知颗粒直径求其沉降速率的情况。

例 3-1 直径为 $40\mu m$ 的固体颗粒，密度为 $2700 kg/m^3$，求其在常压下，20℃ 的空气中的自由沉降速率。已知 20℃，常压状态下空气密度为 $1.205 kg/m^3$，黏度为 $1.81 \times 10^{-5} Pa \cdot s$。

解 （1）试差法：假设颗粒的沉降处于层流区，由于 $\rho_p \gg \rho$，由式(3-7)，得

$$u_t = \frac{1}{18} \frac{\rho_p - \rho}{\mu} g d_p^2 \approx \left(\frac{2700 \times 9.81 \times (40 \times 10^{-6})^2}{18 \times 1.81 \times 10^{-5}} \right) m/s = 0.13 m/s$$

检验：$Re_p = \dfrac{d_p \rho u_t}{\mu} = \dfrac{40 \times 10^{-6} \times 1.205 \times 0.13}{1.81 \times 10^{-5}} = 0.346 < 2$

沉降处在层流区，与假设相符，计算正确。

(2) 摩擦数群法：首先计算摩擦数群 $C_D Re_p^2$

$$C_D Re_p^2 = \dfrac{4 d_p^3 \rho (\rho_p - \rho) g}{3 \mu^2} = \dfrac{4 \times (40 \times 10^{-6})^3 \times 1.205 \times 2700 \times 9.81}{3 \times (1.81 \times 10^{-5})^2} = 8.31$$

假设颗粒的球形度为1，则由 $C_D Re_p^2$ 与 Re_p 的关系曲线，可以查得 $Re_p = 0.32$。因此，可得

$$u_t = \dfrac{Re_p \mu}{d_p \rho} = \left(\dfrac{0.32 \times 1.81 \times 10^{-5}}{40 \times 10^{-6} \times 1.205} \right) \text{m/s} = 0.12 \text{m/s}$$

由于查图得到的 Re_p 误差较大，一般只作为判断颗粒沉降所处区域的依据，而 u_t 的计算仍然采用式(3-7)，即

$$u_t = \dfrac{1}{18} \dfrac{\rho_p - \rho}{\mu} g d_p^2 \approx \dfrac{2700 \times 9.81 \times (40 \times 10^{-6})^2}{18 \times 1.81 \times 10^{-5}} \text{m/s} = 0.13 \text{m/s}$$

(3) 判据法：计算 K 判据得

$$K = \dfrac{\rho_p - \rho}{\mu^2} g d_p^3 \rho \approx \dfrac{2700 \times 9.81 \times (40 \times 10^{-6})^3 \times 1.205}{(1.81 \times 10^{-5})^2} = 6.24 < 36$$

故可判断沉降位于层流区，由斯托克斯公式，可得

$$u_t = \dfrac{1}{18} \dfrac{\rho_p - \rho}{\mu} g d_p^2 \approx \left(\dfrac{2700 \times 9.81 \times (40 \times 10^{-6})^2}{18 \times 1.81 \times 10^{-5}} \right) \text{m/s} = 0.13 \text{m/s}$$

例 3-2 密度为 2000kg/m^3 的球状颗粒在 20℃ 的水中自由沉降，计算符合斯托克斯公式的情况下，颗粒的最大直径和最大沉降速率。(已知该条件下，水的密度为 998.2kg/m^3，黏度为 $1.005 \times 10^{-3} \text{Pa} \cdot \text{s}$)

解 由斯托克斯公式，可得颗粒的沉降速率为

$$u_t = \dfrac{1}{18} \dfrac{\rho_p - \rho}{\mu} g d_p^2$$

将上式代入 $Re_p = \dfrac{d_p \rho u_t}{\mu}$，并令 $Re_p = 2$，得

$$Re_p = \dfrac{d_p \rho u_t}{\mu} = \dfrac{\rho_p - \rho}{18 \mu^2} g \rho d_p^3$$

$$d_p = \sqrt[3]{\dfrac{36 \mu^2}{g \rho (\rho_p - \rho)}} = \left(\sqrt[3]{\dfrac{36 \times (1.005 \times 10^{-3})^2}{9.81 \times 998.2 \times (2000 - 998.2)}} \right) \text{m} = 1.55 \times 10^{-4} \text{m}$$

所以，颗粒的最大直径为 $155 \mu m$，最大沉降速率为

$$u_t = \dfrac{1}{18} \dfrac{\rho_p - \rho}{\mu} g d_p^2 = \left(\dfrac{(2000 - 998.2) \times 9.81 \times (1.55 \times 10^{-4})^2}{18 \times 1.005 \times 10^{-3}} \right) \text{m/s} = 1.3 \times 10^{-2} \text{m/s}$$

2. 沉降分离设备

1) 降尘室

凭借重力沉降除去气体中尘粒的设备称为降尘室。如图 3-5 所示，降尘室是一个封闭设备，内部是一个空室，含尘气体沿水平方向缓慢通过降尘室，在流向出口的过程中，气体中的尘粒在随气体向出口流动的同时向下沉降，最终落入底部的集尘斗中，气体得到净化。

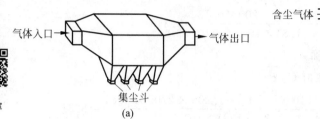
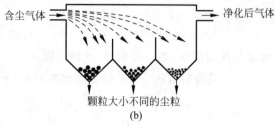

图 3-5　降尘室结构及工作原理
(a) 降尘室结构；(b) 尘粒在降尘室的运动情况

气流中的尘粒除与气体一样具有水平速率 u_i 外，因受重力作用还具有向下的沉降速率 u_t。设降尘室的高为 h、长为 l、宽为 b，三者的单位均为 m。

若气流在整个流动截面上分布均匀，并使气体在降尘室内有一定的停留时间，在这个时间内颗粒若沉到室底，则颗粒就能从气体中除去。为保证尘粒从气体中分离出来，颗粒沉降至底部所用的沉降时间必须小于或等于气体通过沉降室的停留时间。

含尘气体的停留时间

$$t_{停} = \frac{l}{u_i} = \frac{V}{q_V} \tag{3-20}$$

式中，V 为沉淀池或降尘室的容积，m^3；q_V 为流体的体积流量，m^3/s。

颗粒沉降到池底所需要的沉降时间

$$t_{沉} = \frac{h}{u_t} \tag{3-21}$$

颗粒在沉淀池或降尘室中能够被分离的条件为 $t_{停} \geqslant t_{沉}$，即

$$\frac{V}{q_V} \geqslant \frac{h}{u_t}, \quad q_V \leqslant \frac{V u_t}{h} = u_t l b \tag{3-22}$$

显然，若处于入口顶部的颗粒在沉淀池或降尘室中能够除掉，则处于其他位置的直径为 d_c 的颗粒都能被除掉。因此，式(3-22)是流体中直径为 d_c 的颗粒完全去除的条件。

式(3-22)表明，降尘室生产能力只与降尘室的底面积 bl 及颗粒的沉降速率 u_t 有关，与降尘室高度 h 无关，所以降尘室一般采用扁平的几何形状，或在室内加多层隔板，形成多层降尘室，如图 3-6 所示，以提高其生产能力和除尘效率。若降尘室内设置 n 层水平隔板，则

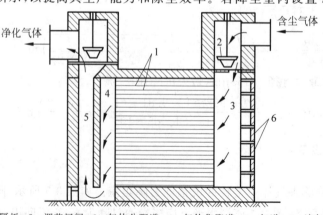

1—隔板；2—调节闸阀；3—气体分配道；4—气体集聚道；5—气道；6—清灰口

图 3-6　多层隔板降尘室

n 层降尘室的生产能力为

$$q_V = (n+1)lbu_t \tag{3-23}$$

降尘室结构简单,流动阻力小,但设备庞大、效率低,通常只适用于分离粗颗粒(一般指直径大于 $50\mu m$ 的颗粒),一般作为预分离除尘设备使用。多层降尘室虽能分离较细的颗粒,且节省占地面积,但清灰比较麻烦。

例 3-3 拟采用降尘室回收常压炉气中所含的球形固体颗粒。降尘室底面积为 $10m^2$;宽和高均为 $2m$。操作条件下,气体密度为 $0.75kg/m^3$,黏度为 $2.6 \times 10^{-5} Pa \cdot s$;固体密度为 $3000kg/m^3$;降尘室的生产能力为 $3m^3/s$。试求:

(1) 理论上能完全捕集下来的最小颗粒直径;
(2) 直径为 $40\mu m$ 颗粒的回收百分率;
(3) 如欲完全回收直径为 $10\mu m$ 的尘粒,在原降尘室内需设置多少层水平隔板?

解 (1) 由式(3-22)可知,在降尘室中能够完全被分离出来的最小颗粒的沉降速率为

$$u_t = \frac{q_V}{lb} = \left(\frac{3}{10}\right) m/s = 0.3 m/s$$

由于直径为待求参数,沉降雷诺数 Re_p 无法计算,故需采用试差法。假设颗粒沉降在层流区,则可用斯托克斯公式求最小颗粒直径,即

$$d_{min} = \sqrt{\frac{18\mu u_t}{(\rho_p - \rho)g}} = \left(\sqrt{\frac{18 \times 2.6 \times 10^{-5} \times 0.3}{(3000 - 0.75) \times 9.81}}\right) m = 6.91 \times 10^{-5} m = 69.1\mu m$$

核算沉降流型

$$Re_p = \frac{d_{min}\rho u_t}{\mu} = \frac{6.91 \times 10^{-5} \times 0.75 \times 0.3}{2.6 \times 10^{-5}} = 0.598 < 1$$

在层流范围内,因此假设正确,求得的最小直径有效。

(2) $40\mu m$ 颗粒的回收百分率

假设颗粒在炉气中的分布是均匀的,则所有颗粒随气体在降尘室内的停留时间均相同。因此,某一尺寸在气体的停留时间内颗粒的沉降高度与降尘室高度之比即为该尺寸颗粒被分离下来的百分率,故 $40\mu m$ 颗粒的回收率可用其沉降速率 u_t' 与 $69.1\mu m$ 颗粒的沉降速率 u_t 之比来确定,在层流区则为

$$\frac{u_t'}{u_t} = \left(\frac{d'}{d_{min}}\right)^2 = \left(\frac{40}{69.1}\right)^2 = 0.335 = 33.5\%$$

即回收率为 33.5%。

(3) 需设置的水平隔板层数

由上面计算可知,$10\mu m$ 颗粒的沉降必在层流区,可用斯托克斯公式计算沉降速率,即

$$u_t = \frac{1}{18}\frac{\rho_p - \rho}{\mu}gd_p^2 = \left(\frac{(10 \times 10^{-6})^2 \times (3000 - 0.75) \times 9.81}{18 \times 2.6 \times 10^{-5}}\right) m/s = 6.29 \times 10^{-3} m/s$$

所以,多层降尘室中需设置的水平隔板层数用式(3-23)计算

$$n = \frac{q_V}{lbu_t} - 1 = \frac{3}{10 \times 6.29 \times 10^{-3}} - 1 = 46.69$$

取 47 层,隔板间距为

$$h' = \frac{h}{n+1} = \left(\frac{2}{47+1}\right) m = 0.042 m$$

核算气体在多层降尘室内的流型 Re_p，若忽略隔板厚度所占的空间，则气体的流速为

$$u = \frac{q_V}{bh} = \left(\frac{3}{2 \times 2}\right) \text{m/s} = 0.75 \text{m/s}$$

$$d_{eV} = \frac{4 \times bh'}{2(b+h')} = \left(\frac{4 \times 2 \times 0.042}{2 \times (2+0.042)}\right) \text{m} = 0.082 \text{m}$$

所以

$$Re_p = \frac{d_{eV}\rho u}{\mu} = \frac{0.082 \times 0.75 \times 0.75}{2.6 \times 10^{-5}} = 1774 < 2000$$

即气体在降尘室的流动为层流，设计合理。

2) 沉降槽

依靠重力沉降从悬浮液中分离出固体颗粒的设备称为沉降槽或增浓器，用于低浓度悬浮液分离时亦称为澄清器，用于中等浓度悬浮液的浓缩时常称为浓缩器或增浓器。沉降槽可分为间歇式、半连续式和连续式三种。

如图 3-7 所示，连续式操作的沉降槽是带锥形底的圆池，悬浮液由位于中央的进料口加至液面以下，经一水平挡板折流后沿径向扩展，随着颗粒的沉降，液体缓慢向上流动，经溢流堰流出，从而得到清液，颗粒则下沉至底部形成沉淀层，由缓慢转动的耙将沉渣移至中心，从底部出口排出。间歇式沉降槽的操作过程是将装入的料浆静置足够时间后，上部清液使用虹吸管或泵抽出，下部沉渣从底部出口排出。

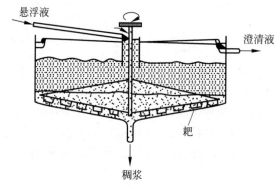

图 3-7 连续式沉降槽

沉降槽具有澄清液体和增稠悬浮液的双重作用，与降尘室类似，沉降槽的生产能力与深度无关，只与底面积及颗粒的沉降速率有关，故沉降槽一般均截面大、深度低。大的沉降槽直径可达 10~100m、深 2.5~4m。

沉降槽一般适用于处理颗粒不太小、浓度不太高，但处理量较大的悬浮液。经该设备处理后的沉渣中仍含有大约 50% 的液体，必要时再用过滤机等做进一步处理。沉降槽具有结构简单、可连续操作且增稠物浓度较均匀的优点，缺点是设备庞大、占地面积大、分离效率较低。

对于含有颗粒直径小于 $1\mu m$ 的液体，一般称为溶胶，由于颗粒直径小，较难分离。为使小颗粒增大，常加电解质混凝剂或絮凝剂使小粒子变成大粒子，提高沉降速率。例如，净化河水时加明矾（$KAl(SO_4)_2 \cdot 12H_2O$）使水中细小污物沉降。常用的电解质，除了明矾还有三氧化铝、绿矾、三氯化铁等，一般用量为 40~200mg/kg。近年来，也研究出了一些高分子

絮凝剂。

3）沉淀池

生产上用来对污水进行沉淀处理的设备称为沉淀池。沉淀池可分为普通沉淀池和浅层沉淀池两大类。按照池内水流方向的不同，普通沉淀池又有平流式、辐流式和竖流式三种，如图3-8所示。

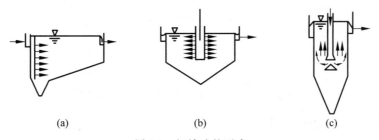

图3-8　沉淀池的型式
（a）平流式沉淀池；（b）辐流式沉淀池；（c）竖流式沉淀池

在平流式沉淀池中，原水从进水区流入沉淀池，沿沉淀池向出水口方向水平流动。原水中的颗粒物在流动过程中发生沉降，沉淀到池底，经刮泥机汇入排泥斗排出。与颗粒物分离后的处理水经出水堰收集排出。

3.2.2　离心沉降

将流体置于离心力场中，依靠离心力的作用来实现颗粒物从流体中沉降分离的过程称为离心沉降。在3.2.1节重力沉降的介绍中已经得知，颗粒的重力沉降速率与颗粒的直径d_p及流体与颗粒的密度差$(\rho_p-\rho)$成正比，与重力加速度g成正比。d_p越大，两相密度差越大，则u_t越大。换言之，对一定的非均相物系，其重力沉降速率是恒定的，人们无法改变其大小，因此，在分离要求较高时，用重力沉降很难达到要求。此时，若采用离心沉降，由于离心加速度远大于重力加速度，沉降速率将大幅提高，可提高分离效率，缩小沉降设备的尺寸。

1. 离心沉降速率

图3-9为离心力场中颗粒的沉降分析图。假设含有颗粒物的非均相流体处于离心力场中，颗粒与流体一起以角速度ω围绕中心轴旋转。设某一质量为m、密度为ρ_p、粒径为d_p的球形颗粒处于与中心轴的距离为r的离心场中，则该颗粒受到的惯性离心力F_c可用式(3-24)计算

$$F_c = m r \omega^2 = \frac{1}{6}\pi d_p^3 \rho_p r \omega^2 \quad (3-24)$$

惯性离心力的作用方向为沿径向向外。同时颗粒受到来自周围流体的浮力F_b，其大小等于密度为ρ的同体积流体在该位置所受的惯性离心力，其方向指向中心轴。

$$F_b = \frac{\pi}{6} d_p^3 \rho r \omega^2 \quad (3-25)$$

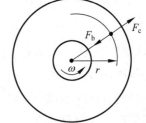

图3-9　离心力场中颗粒的沉降分析图

如果颗粒的密度大于流体的密度，则颗粒在(F_c-F_b)的作

用下沿径向向外运行；反之，则向中心轴运动。

由于颗粒与流体之间的相对运动，颗粒还会在运动过程中受到流体阻力 F_D 的作用。设颗粒所受的净作用力为 F，并产生加速度 $\dfrac{du}{dt}$，则

$$F = F_c - F_b - F_D$$

$$= \frac{1}{6}\pi d_p^3(\rho_p - \rho)r\omega^2 - C_D \frac{\pi}{4}d_p^2 \frac{\rho u^2}{2}$$

$$= m\frac{du}{dt}$$

如果这三项力能达到平衡，即 $\dfrac{du}{dt}=0$，则平衡时颗粒在径向上相对于流体的速率 u_{tc}，即为它在此位置上的离心沉降速率，

$$u_{tc} = \sqrt{\frac{4d_p r\omega^2(\rho_p - \rho)}{3\rho C_D}} \tag{3-26}$$

由式(3-26)可知，离心沉降速率与重力沉降速率计算式形式相同，只是将重力加速度 g 换成了离心加速度 $r\omega^2$。因此，将式(3-2)中的 g 改为 $r\omega^2$，即可计算离心沉降速率。若颗粒与流体的相对运动处于层流区，则阻力系数 C_D 也符合斯托克斯定律。将 $C_D = \dfrac{24}{Re_p}$ 代入式(3-26)，可得

$$u_{tc} = \frac{d_p^2(\rho_p - \rho)r\omega^2}{18\mu} \tag{3-27}$$

与重力沉降相比，离心沉降有如下特征：

(1) 沉降方向不是向下，而是向外，即背离旋转中心。

(2) 由于离心力随旋转半径而变化，致使离心沉降速率也随颗粒所处的位置改变，所以颗粒的离心沉降速率不是恒定的，而重力沉降速率则是不变的。

(3) 离心沉降速率在数值上远大于重力沉降速率，对于细小颗粒以及密度与流体相近的颗粒的分离，利用离心沉降要比重力沉降有效得多。

2. 离心分离因数

离心分离因数是离心分离设备的重要性能指标。工程上，常将离心加速度与重力加速度的比值称为离心分离因数，即

$$K_c = \frac{r\omega^2}{g} \tag{3-28}$$

与重力沉降速率相比，离心沉降速率可以提高的倍数取决于 K_c。若沉降区域为层流区，则根据式(3-7)，离心沉降速率将是重力沉降速率的 K_c 倍；若沉降属湍流，根据式(3-9)，离心沉降速率是重力沉降速率的 $\sqrt{K_c}$ 倍。K_c 的大小可以根据需要人为调节。为了提高极细颗粒的沉降速率，某些高速离心机分离因数的数值可以高达数十万。旋风分离器和旋流分离器的分离因数一般为 5～2500。

例 3-4 密度为 2650kg/m^3，直径为 $10\mu\text{m}$ 的石英颗粒随 20℃ 的水做旋转运动，在旋转半径 $r=5\text{cm}$ 处的切向速率为 12m/s，求该处的离心沉降速率和离心分离因数。

解 20℃水的物性参数如下：密度为 998kg/m^3，黏度为 $1.01\times10^{-3}\text{Pa·s}$。已知 $d_p=10\mu\text{m}, r=0.05\text{m}, u_i=12\text{m/s}$，设沉降在层流区，根据式(3-27)，有

$$u_{tc}=\frac{d_p^2(\rho_p-\rho)r\omega^2}{18\mu}=\frac{d_p^2(\rho_p-\rho)u_i^2}{18\mu r}$$

$$=\left(\frac{(10\times10^{-6})^2\times(2650-998)\times12^2}{18\times1.01\times10^{-3}\times0.05}\right)\text{m/s}$$

$$=0.0262\text{m/s}$$

校核流型 $Re_p=\dfrac{d_p\rho u_{tc}}{\mu}=\dfrac{(10\times10^{-6})\times998\times0.0262}{1.01\times10^{-3}}=0.259<2$

$u_{tc}=0.0262\text{m/s}$ 为所求。

所以

$$K_c=\frac{r\omega^2}{g}=\frac{u_i^2}{rg}=\frac{12^2}{0.05\times9.81}=294$$

旋风除尘器

3. 离心沉降设备

通常，根据设备在操作时是否转动，将离心沉降设备分为两类：一类是设备静止不动，悬浮物做旋转运动的离心沉降设备，如旋风分离器和旋液分离器；另一类是设备本身旋转的离心沉降设备，称为沉降式离心机。

一般地，用于气体非均相混合物分离的旋流器通常称为旋风分离器，用于液体非均相混合物分离的旋流器则称为旋流分离器。用于悬浮液、固液分离的设备称为沉降式离心机。

1) 旋风分离器

旋风分离器在工业上的应用已有近百年的历史。由于其结构简单、操作方便，在环境工程领域也得到广泛应用。在大气污染控制工程中，作为一种常用的除尘装置，旋风分离器主要用于去除气体中粒径在 $5\mu\text{m}$ 以上的粉尘，常称为旋风除尘器。

(1) 基本操作原理

旋风分离器的形式有多种，其基本结构和操作原理如图 3-10 所示。

普通旋风分离器主体的上部为圆筒形，下部为圆锥形，中央有一升气管，进气筒位于圆筒的上部，与圆筒切向连接。含尘气体从侧面的矩形进气管切向进入分离器内，然后在圆筒内做自上而下的螺旋运动。气体中的粉尘颗粒在随气流旋转向下的过程中受惯性离心力的作用，被抛向器壁，沿器壁落下，自锥底排出。由于操作时旋风分离器底部处于密封状态，所以，被净化的气体到达底部后折向上，沿中心轴旋转着从顶部的中央排气管排出。这样在筒内部形成了旋转向下的外旋流和旋转向上的内旋流，外旋流是旋风分离器的主要除尘区。气体中的粉尘只要在气体旋转向上进入排气筒

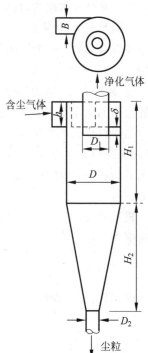

H_1—圆筒筒体长度；H_2—锥体长度；D—圆筒筒体部分直径；D_1—排气管直径；D_2—排灰口直径；B—进气筒宽度；h—进气筒高度

图 3-10 旋风分离器的基本结构和操作原理

之前能够沉到器壁,就能够与气体分离。

旋风分离器中的惯性离心力是由气体进入口的切向速率 u_i 产生的。

离心加速度大小为

$$\omega^2 r_m = \frac{u_i^2}{r_m}$$

式中,r_m 为平均旋转半径,可用下式求得

$$r_m = \frac{D-B}{2}$$

其中,D 为旋风分离器圆筒直径;B 为进气筒宽度。

惯性离心力大小为

$$F_c = m r_m \omega^2 = \frac{\pi d_p^3 \rho_p u_i^2}{6 r_m}$$

分离因数为

$$K_c = \frac{r_m \omega^2}{g} = \frac{u_i^2}{r_m g}$$

旋风分离器构造简单,分离效率较高,操作不受温度、压强的限制,分离因数大小为 5~2500,一般可分离气体中直径为 5~75μm 的粉尘。

(2) 主要分离性能指标

在满足气体处理量(即生产能力)的前提下,临界直径、分离效率、压力降是旋风分离器的主要性能参数,一般作为选型和操作控制的依据,也作为评价旋风分离器性能好坏的主要指标。

① 临界直径,即旋风分离器中能够从气体中全部分离出的最小颗粒直径,用 d_c 表示。临界直径的大小是判断旋风分离器分离效率高低的重要依据。

临界直径的大小可根据下列假设推导而得:①气体进入旋风分离器后,规则地在筒内旋转 N 圈后进入排气筒,旋转的平均切线速率等于入口气体速率 u_i。②颗粒在筒内与气体之间的相对运动为层流。③颗粒在沉降过程中所穿过气流的最大厚度等于进气筒宽度 B。

根据式(3-26)和式(3-4),假设气体密度 $\rho \ll$ 颗粒密度 ρ_p,相应的临界直径 d_c 的颗粒沉降速率为

$$u_{tc} = \frac{d_p^2(\rho_p - \rho) r_m \omega^2}{18\mu} = \frac{\rho_p d_c^2 u_i^2}{18\mu r_m} \tag{3-29}$$

根据假设③,颗粒最大沉降时间为

$$t_{沉} = \frac{B}{u_{tc}} = \frac{18\mu r_m B}{\rho_p d_c^2 u_i^2} \tag{3-30}$$

若气体进入排气管之前在筒内旋转圈数为 N,则运行的距离为 $2\pi N r_m$,故气体在筒内的停留时间为

$$t_{停} = \frac{2\pi N r_m}{u_i} \tag{3-31}$$

令 $t_沉 = t_停$，得

$$d_c = \sqrt{\frac{9\mu B}{\pi N \rho_p u_i}} \tag{3-32}$$

式(3-32)表示旋风分离器能完全去除的最小颗粒粒径 d_c 与旋风分离器结构和操作参数等的关系。该临界直径是判断旋风分离器分离效率高低的重要依据，d_c 越小，分离效果越高。

一般旋风分离器以圆筒直径 D 为参数，其他尺寸与 D 成一定比例，如在标准旋风分离器中，矩形进气筒宽度 $B=D/4$，高度 $h_i=D/2$。由式(3-32)可见，临界直径 d_c 随分离器尺寸增大而增加，由此导致旋风分离效率的降低。入口气速越大，d_c 越小。但入口气速过高会引起局部涡流的增加，使已沉降下来的颗粒重新扬起，导致分离效率下降。气体在旋风分离器中的旋转圈数 N 与进口气速和旋风分离器结构形式有关，对标准旋风分离器，N 可取 5。

② 分离效率。旋风分离器的分离效率通常有两种表示方法：总效率和分效率(或称粒级效率)。

总效率是指进入旋风分离器的全部粉尘中被分离下来粉尘的比例，即

$$\eta_0 = \frac{\rho_1 - \rho_2}{\rho_1} \times 100\% \tag{3-33}$$

式中，ρ_1、ρ_2 分别为旋风分离器进、出口气体含尘浓度，kg/m^3。

粒级效率表示进入旋风分离器的直径为 d_i 的颗粒被分离下来的比例，即

$$\eta_i = \frac{\rho_{i1} - \rho_{i2}}{\rho_{i1}} \times 100\% \tag{3-34}$$

式中，ρ_{i1}、ρ_{i2} 分别为直径 d_i 的颗粒在旋风分离器进口和出口气体的浓度，kg/m^3。

总效率与粒级效率之间的关系如下

$$\eta_0 = \sum_{i=1}^{n} x_{mi} \eta_i \tag{3-35}$$

式中，x_{mi} 为直径为 d_i 的颗粒占总颗粒的质量分数。

总效率是工程计算中常用的，也是最容易测定的，它表示总的除尘效果，但不能准确代表该旋风分离器的分离性能。即使总效率相同的两台旋风分离器，其分离性能也有可能相差很大。因为含尘气体中的颗粒直径通常是大小不均的，不同直径的颗粒通过旋风分离器分离的百分率不同。因此，只有对相同直径范围的颗粒分离效果进行比较，才能得知该分离器分离性能的好坏。特别是对细小颗粒的分离，用粒级效率更有意义。

如果已知粒级效率，并且已知含尘气体中直径分布数据，则可根据式(3-35)计算其总效率。粒级效率与颗粒的对应关系可用曲线表示，称为粒级效率曲线，这种曲线可通过实测进出气流中所含尘粒的浓度及粒度分布而获得，也可以进行理论计算。理论上 $d_p \geq d_c$ 的颗粒，粒级效率均为 100%，而 $d_p < d_c$ 的颗粒粒级效率在 0~100%。但实际上，$d_p \geq d_c$ 的颗粒中有一部分由于气体涡流的影响，在没有到达器壁时就被气流带出了分离器，导致其粒级效率小于 100%，如图 3-11 所示。只有当颗粒的直径大于 d_c 很多时，其粒级效率才为 100%。

有时也把旋风分离器的粒级效率绘成 d_p/d_{50} 的函数曲线。d_{50} 是粒级效率为 50% 时的颗粒直径，称为分割直径。对于标准旋风分离器来说，d_{50} 可用下式估算

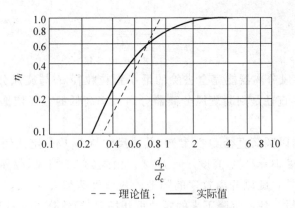

——— 理论值； —— 实际值

图 3-11 旋风分离器的粒级效率曲线

$$d_{50} \approx 0.27\sqrt{\frac{\mu D}{u_i \rho_p}} \tag{3-36}$$

式中，D 为旋风分离器圆筒直径。

粒级效率 η_i 与直径比 d_p/d_{50} 的关系曲线如图 3-12 所示。对于同一形式且尺寸比例相同的旋风分离器，无论大小，皆可用同一条 η_i-d_p/d_{50} 曲线，方便旋风分离器效率的估算。

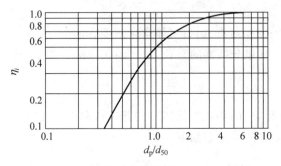

图 3-12 标准旋风分离器的 η_i-d_p/d_{50} 曲线

③ 压力降。压力降是评价旋风分离器性能的重要指标。分离设备压力降的大小是决定分离过程能耗和合理选择风机的依据。气体经旋风分离器时受器壁的摩擦阻力、流动时的局部阻力以及气体旋转运动所产生的动能损失影响，造成气体的压降。气体通过旋风分离器的压力损失可用进口气体动压头的某一倍数表示，即

$$\Delta p = \zeta \frac{\rho u_i^2}{2} \tag{3-37}$$

式中，ζ 为阻力系数。

对于同一结构及尺寸比例的旋风分离器，ζ 为常数，不因尺寸大小而变。由于旋风分离器各部分的尺寸都是 D 的倍数，所以只要进口气速 u_i 相同，不管多大的旋风分离器，其压力损失都相同。压力损失相同时，小型分离器的 B 值较小，则小型分离器的临界直径较小。压力降相同时，可用若干个小旋风分离器并联来代替一个大旋风分离器，以提高分离效率。标准旋风分离器，其阻力系数 $\zeta=8.0$ 时分离器的压力降一般为 500~2000Pa。

影响旋风分离器性能的因素多而复杂，物系情况及操作条件是其中的重要方面。一般来说，颗粒密度大、直径大、进口气速高及粉尘浓度高等情况均有利于分离。例如，含尘浓度

高有利于颗粒的聚结,可以提高效率,而且颗粒浓度增大可以抑制气体混流,从而使阻力下降,所以较高的含尘浓度对压力降与效率两个方面都是有利的。但有些因素则对这两个方面有相互矛盾的影响,如进口气体流速稍高有利于分离,但过高则导致涡流加剧,反而不利于分离,陡然增大压力降。因此,旋风分离器的进口气体流速以保持在 $10\sim25\mathrm{m/s}$ 范围内为宜,最高不超过 $35\mathrm{m/s}$,同时压力降应控制在 $2\mathrm{kPa}$ 以下。

旋风分离器一般可分离 $5\sim75\mu\mathrm{m}$ 的非纤维、非黏性干燥粉尘,对 $5\mu\mathrm{m}$ 以下的细微颗粒分离效率较低。旋风分离器结构简单紧凑、无运动部件,操作不受温度和压强的限制,价格低廉、性能稳定,可满足中等粉尘捕集要求,故广泛应用于多种工业部门。

选用旋风分离器时,一般是先确定其类型,然后根据气体的处理量和允许压降,选定具体型号。如果气体处理量较大,可以采用多个旋风分离器并联操作。

2）旋流分离器

旋流分离器是利用离心沉降原理分离液—固混合物的设备,在结构和操作原理上与旋风分离器类似。如图 3-13 所示,设备主体也是由圆筒和圆锥两部分组成。悬浮液由顶部入流管沿切向进入圆筒,向下做螺旋运动。固体颗粒受惯性离心力作用被甩向器壁,随旋流沉降至锥底的出口。从底部排出的浓缩液称为底流;清液或含有微细颗粒的液体则形成内旋流螺旋上升,从顶部的中心管排出,称为溢流。内旋流中心为处于负压的气柱,这些气体是由料浆中释放出来或由于溢流管口暴露于大气时将空气吸入器内的,气柱有利于提高分离效果。

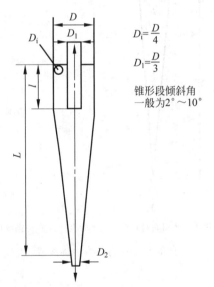

D—圆筒直径;D_1—溢流管直径;D_2—底流管直径;D_i—入流管直径;l—筒体长度;L—主体总长度

图 3-13 旋流分离器

旋流分离器的结构特点是直径小而圆锥部分长,其进料速度为 $2\sim10\mathrm{m/s}$,可分离的直径为 $5\sim200\mu\mathrm{m}$。若料浆中含有不同密度或不同粒度的颗粒,可令大直径或大密度的颗粒从底流送出,通过调节底流量与溢流量的比例,可控制两股流中的颗粒大小,这种操作称为分级。用于分级的旋流分离器称为水力分离器。

旋流分离器还可用于不互溶液体的分离、气液分离以及传热、传质及雾化等操作中,因而广泛应用于多种工业领域。与旋风分离器相比,其压力降较大,且随着悬浮液平均密度的增大而增大。在使用中设备磨损较严重,应考虑采用耐磨材料做内衬。

在水处理中,旋流分离器又称为水力旋流器,分为压力式水力旋流器和重力式水力旋流器两种。可用于高浊水泥沙的分离、暴雨径流泥沙分离、矿厂废水矿渣的分离等。

(1) 压力式水力旋流器如图 3-14 所示,用于分离密度较大的悬浮颗粒。整个设备由钢板焊接制成,上部是直径为 D 的圆筒,下部则为锥体。进水管以逐渐收缩的形式,按切线方向与圆筒相接,通过水泵将进液以切线方向送入旋流器内,在进口处的流速可达 6~10m/s,并在旋流器内沿器壁向下运动(一次涡流),然后再向上旋转(二次涡流),澄清液通过清液排出中心管流到旋流器的上部,然后由出水管排出旋流器外。在离心力的作用下,水中较大的悬浮固体被甩向旋流器壁,并在其本身重力的作用下,沿旋流器壁向下滑动,在底部形成的固体颗粒浓液经排出管连续排出。

(2) 重力式水力旋流器又称水力旋流沉淀池。进液以切线方向进入器内,借进、出水的水头差在器内呈旋转流动。与压力式水力旋流器相比,容积更大,电能消耗更低。

水力旋流器

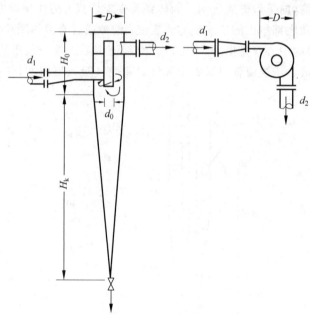

d_0—中心管直径;d_1—进入管入口直径;d_2—出水管直径;H_0—圆筒体长度;H_k—锥体长度

图 3-14 压力式水力旋流器

3) 沉降式离心机

沉降式离心机的主体为一无孔的转鼓,混悬液或乳浊液自转鼓中心进入后被转鼓带动高速旋转,密度较大的物相向转鼓内壁沉降,密度较小的物相趋向旋转中心自转鼓端部溢出从而使两相分离。

沉降式离心机中的离心分离原理与前面所述的离心沉降原理相同,不同的是在旋风分离器或旋流分离器中的离心力场是靠高速流体自身旋转产生的,而离心机中的离心力场是由离心机的转鼓高速旋转带动液体旋转产生的。

(1) 管式离心机。如图 3-15 所示,悬浮液由空心轴下端进入,在转鼓带动下,密度小的液体最终由顶端溢流而出,固体颗粒则被甩向器壁实现分离。管式离心机有实验室型和工业型两种。实验室型的管式离心机转速大,处理能力小;工业型的管式离心机转速较小,处理能力大,是工业上分离效率较高的沉降离心机。管式离心机的结构简单,长度和直径比大(一般为4～8),转速高,通常用来处理固体浓度低于1%的悬浮液,可以避免过于频繁的除渣和清洗。

(2) 管式高速离心机。管式高速离心机也是沉降式离心机。如图3-16所示,主要结构为细长的管状机壳和转鼓等部件。常见的转鼓直径为0.1～0.15m,长度约1.5m,转速为8000～50000r/min,其分离因数K_c为15000～65000。这种离心机可用于分离乳浊液及含细颗粒的稀悬浮液。当用于分离乳浊液时,乳浊液从底部进口引入,在管内自下而上运行的过程中,因离心力作用,依密度不同而分成内外两个同心层。外层为重液层,内层为轻液层。到达顶部后,分别自轻液溢流口与重液溢流口送出管外。当用于分离混悬液时,则将重液出口关闭,只留轻液出口,而固体颗粒沉降在转鼓的鼓壁上,可间歇地将管取出加以清除。此离心机分离因数大,分离效率高,故能分离一般离心机难以分离的物料,如两相密度差较小的乳浊液或含微细混悬颗粒的混悬液。

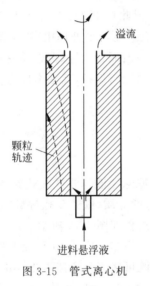

图3-15 管式离心机

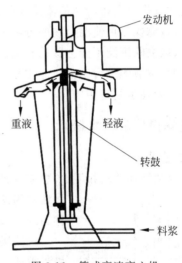

图3-16 管式高速离心机

(3) 无孔转鼓沉降离心机。这种离心机的外形与管式离心机相似,但长度和直径比较小。因为转鼓澄清区长度比进料区短,因此分离效率较管式离心机低。转鼓离心机按设备主轴的方位分为立式和卧式,图3-17所示为立式无孔转鼓离心机。这种离心机的转速为450～3500r/min,处理能力大于管式离心机,适于处理固含量在3%～5%的悬浮液,主要用于泥浆脱水及从废液中回收固体,常用于间歇操作。

(4) 螺旋形沉降离心机。这种离心机的特点是可连续操作,如图3-18所示,转鼓可分为柱锥形或圆锥形,长度与直径比为1.5～3.5。悬浮液由轴心进料管连续进入,鼓中螺旋卸料器的转动方向与转鼓旋转方向相同,但转速相差5～100r/min。当固体颗粒在离心机作用下甩向转鼓内壁并沉积下来后,被螺旋卸料器推至锥端排渣口排出。螺旋形沉降离心机转速可达1600～6000r/min,可从固体浓度为2%～50%的悬浮液中分离中等和较粗颗粒。它广泛用于工业上回收晶体和聚合物、城市污泥及工业污泥脱水等方面。

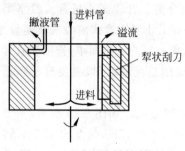
图 3-17 立式无孔转鼓离心机

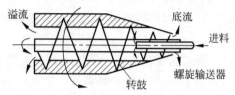
图 3-18 螺旋形沉降离心机

3.3 过滤分离

过滤是分离液体非均相混合物和气体非均相混合物最常用的方法,其基本过程是混合物中的流体在推动力(重力、压力、离心力等)的作用下通过过滤介质时,流体中的固体颗粒被截留,而流体通过过滤介质,从而实现流体与颗粒物的分离。

通过过滤操作可获得清洁的流体或固相产品体系,因此在工业上应用非常广泛。与沉降分离相比,过滤操作可使混合物的分离更迅速、更彻底。在给水处理中,过滤常作为沉淀的后续操作,以去除沉淀不能去除的微细悬浮颗粒物。一般而言,过滤在悬浮液的分离中用的更多。因此,本节侧重讨论液体非均相混合物的过滤理论与设备,其基本理论对气体非均相物系的过滤处理也是适用的。

过滤原理

3.3.1 过滤操作的基本概念

1. 过滤过程

用过滤分离液体非均相混合物(悬浮液)时,通常称原悬浮液为滤浆或料浆,分离得到的清液称为滤液,截留在过滤介质(细微多孔材料)上的颗粒层称为滤饼或滤渣。过滤过程如图 3-19 所示。

过滤操作在工业上应用非常广泛,在环境工程领域也是极为重要的分离手段。既可用于分离液体非均相混合物,实现液—固分离,如水处理中的滤池、污泥脱水用的真空过滤机和板框式压滤机等;也可用于分离气体非均相混合物,实现气—固分离,如袋式除尘器、颗粒层除尘器等。过滤操作可分离颗粒物的范围很广,可以分离粗大的颗粒、细微粒子,也可以分离细菌、病毒和高分子物质;既可以用来从流体中除去颗粒,也可以分离不同大小的颗粒。

图 3-19 过滤过程

2. 过滤推动力

过滤推动力是过滤介质两侧的压力差。压力差产生的方式有滤液自身重力、离心力和外加压力等,过滤设备中常以后两种方式产生的压力差作为过滤操作的推动力。

用沉降法(重力、离心力)处理悬浮液,往往需要较长时间,而且沉渣中液体含量较多,而过滤操作可使悬浮液得到迅速分离,滤渣中的液体含量也较低。当被处理的悬浮液含固体颗粒较少时,一般先在增稠器中进行沉降,然后将沉渣送至过滤机,此种情况下过滤是沉降的后续操作。

3. 过滤介质

过滤操作中,能使工作介质通过又将其中固体颗粒截留以达到分离或净化目的的多孔物质称为过滤介质。过滤介质是过滤设备上的关键组成部分,它决定过滤操作的分离精度和效率,也影响过滤机的生产强度及动力消耗。过滤介质起支撑滤饼或截留颗粒、通过滤液的作用。

1) 对过滤介质的要求

根据过滤介质的作用及使用环境,工业用过滤介质应满足以下要求:

(1) 多孔性,孔道大小适当,能发生架桥现象,孔径的大小应满足既能截留住要分离的颗粒,又使流体通过时的阻力小的要求;

(2) 物理化学性质稳定,耐热、耐化学腐蚀;

(3) 具有足够的机械强度,使用寿命长;

(4) 价格低。

2) 过滤介质的种类

过滤介质有很多种,在工业应用中常用的过滤介质包括以下几类:

(1) 织物介质,又称滤布,是由天然或合成纤维、金属丝等编织而成的筛网、滤布,适用于滤饼过滤。根据编织方法和网孔疏密程度的不同,滤布所能截留的颗粒直径范围很广,能截留颗粒的直径为 $5\sim 65\mu m$。

(2) 多孔性固体介质,具有很多微细孔道的固体材料,如素烧陶瓷、多孔塑料及多孔金属制成的管或板。这类过滤介质较厚,孔道细,过滤阻力较大。适用于含黏软性絮状悬浮颗粒或腐蚀性混悬液的过滤,一般可截留直径为 $1\sim 3\mu m$ 的微细粒子。

(3) 固体颗粒,由具有一定形状的固体颗粒堆积而成,包括天然的和人工合成的,前者如石英砂、无烟煤、磁铁矿粒等,后者如聚苯乙烯发泡塑料球等。固体颗粒过滤介质在水处理各类滤池中应用广泛,通常称为滤料。

(4) 微孔滤膜,由高分子有机材料或无机材料制成的薄膜状多孔介质,根据分离孔径的大小,可分为微滤、超滤等。适用于精滤,可截留直径 $0.01\mu m$ 以上的微粒,尤其适用于滤除 $0.02\sim 10\mu m$ 的混悬微粒。

选择过滤介质时,既要考虑待分离混合物中颗粒含量、粒度分布、性质和分离要求,也要考虑悬浮液的性质(酸、碱等)、过滤设备的形式等。

4. 过滤的分类

工业上可用过滤分离的非均相混合物多种多样,分离要求也各不相同。为了适应不同分离对象的不同分离要求,过滤方法和设备也多种多样。为了更好地掌握过滤技术,有必要对其进行适当的分类。

1) 按过滤的推动力分类

(1) 重力过滤:操作推动力是悬浮液本身的液柱静压,即滤液在本身重力作用下透过过滤介质而被排出,仅适用于处理颗粒粒度大、含量少的滤浆。

(2) 真空过滤:利用真空泵造成的真空吸力,在真空条件下使滤液透过过滤介质,适用于含有矿粒或晶体颗粒的滤浆处理,且便于洗涤滤饼。例如,水处理中的转筒真空过滤机、大气除尘用的袋滤器等。

(3) 加压过滤(压差过滤):用泵或其他方式将滤浆加压,迫使液体透过过滤介质,可产生较高的操作压力,能有效处理难分离的滤浆。如加压砂滤池,不仅可用于水处理,也可用于气体除尘,气固混合物的过滤一般在压差作用下进行。

(4) 离心过滤:使被分离的悬浮液旋转,利用旋转所产生的惯性"离心力"的作用,使液体通过过滤介质或滤饼,所得滤饼的含液量少,适用于晶体物料和纤维物料的过滤。

2) 按过滤机理分类

按过滤介质拦截固体颗粒的机理,可将过滤分为表面过滤和深层过滤。

(1) 表面过滤

表面过滤是利用过滤介质表面或过滤过程中所生成的滤饼表面来拦截固体颗粒,使固体与液体分离的操作过程。采用的过滤介质一般是织物、多孔固体等,其孔径一般要比待过滤流体中的固体颗粒的直径小,过滤时这些固体颗粒被过滤介质截留,并在其表面逐渐积累成滤饼,如图 3-20(a)所示,此时沉积的滤饼亦起过滤作用,因此表面过滤又称滤饼过滤。

实际上,表面过滤所用过滤介质的孔不一定都小于待过滤流体中所有的颗粒物粒径。在刚开始过滤时,小颗粒可能会进入过滤介质孔道内,但随着过滤的进行,细小的颗粒会在过滤介质的孔道内发生架桥,从而形成滤饼,如图 3-20(b)所示。其后,逐渐增厚的滤饼层成为真正有效的过滤介质。

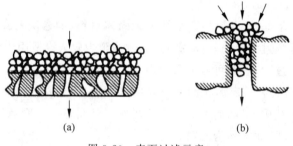

图 3-20　表面过滤示意
(a) 滤饼过滤; (b) 架桥现象

表面过滤(滤饼过滤)通常发生在过滤流体中颗粒物浓度较高或过滤速率较慢、滤饼层容易形成的情况下。污泥脱水中使用的各类脱水机(如真空过滤机、板框式压滤机等)、给水处理中的慢滤池、大气除尘中的袋滤器等均为表面过滤设备。

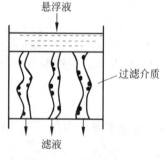

图 3-21　深层过滤示意

(2) 深层过滤

深层过滤的现象通常发生在以固体颗粒为过滤介质的过滤操作中。由固体颗粒堆积而成的过滤介质层通常都较厚,过滤通道长而曲折,过滤介质层的空隙大于待过滤流体中的颗粒物的直径。如图 3-21 所示,在过滤时,颗粒物随流体可以进入过滤介质层,在拦截、惯性碰撞、扩散沉淀等作用下附着在介质表面上而与流体分开。

在水处理常用的快滤池中发生的主要过滤现象为典型的深层过滤。深层过滤一般适用于待过滤流体中颗粒物含量少的场合,如自来水厂的饮水净化、烟气除尘、合成纤维纺丝液中固体物质的去除、中药生产中药液的澄清过滤等。

5. 滤饼的压缩性和助滤剂

1) 滤饼的压缩性

若构成滤饼的颗粒是不易变形的坚硬固体颗粒(如硅藻土、碳酸钙等),则当滤饼两侧压力差增大时,颗粒形状和颗粒间空隙不发生明显变化,即滤饼内部空隙结构不变形,单位厚度滤饼的流动阻力可视为恒定,这类滤饼称为不可压缩滤饼。有的悬浮颗粒比较软,形成的滤饼刚性不足,当滤饼两侧压力差增大时,滤饼被压紧,其内部空隙结构将随着滤饼的增厚或压差的增大而变形,空隙率减小,使单位厚度滤饼的流动阻力增大,此类滤饼称为可压缩滤饼。

滤饼的压缩性对过滤效率及滤料的寿命影响很大,常作为设计过滤工艺和选择过滤介质的依据。

2) 助滤剂

若滤浆中所含固体颗粒很小,过滤时很容易堵塞过滤介质的空隙,所形成通道很小;或者滤饼可压缩,随着过滤过程的进行,滤饼受压变形,孔隙变小,使过滤阻力很大而导致过滤困难。此时可考虑采用助滤剂以防止过滤介质孔道堵塞,或降低可压缩滤饼的过滤阻力。

可添加助滤剂以改变滤饼结构,提高滤饼的刚性和孔隙率。助滤剂通常是一些不可压缩的粉状或纤维状固体,能形成结构疏松的固体层,将其混入悬浮液或预涂于过滤介质上,可以很好地改善饼层的性能,使滤液得以畅流。

对助滤剂的基本要求如下:形成多孔饼层的颗粒应是具有较好刚性的颗粒,以使滤饼有良好的渗透性及较低的流动阻力;应具有化学稳定性,不与悬浮液发生化学反应,也不溶解于液相中。在过滤操作的压力差范围内,应具有不可压缩性,以保持较高的孔隙率。

助滤剂的使用方法有两种:①把助滤剂单独配成悬浮液,过滤,使其在过滤介质表面形成一层助滤剂层,再正式过滤;②在悬浮液中加入助滤剂,一起过滤,可得到较为疏松、可压缩性较小的滤饼,滤液容易通过。比如对于可压缩滤饼,为了使过滤顺利进行,可以将质地坚硬而能形成疏松滤饼的另一种固体颗粒混入悬浮液或预涂于过滤介质上,以形成疏松饼层,使得滤液畅流。常用的助滤剂有硅藻土、活性炭、纤维粉、珍珠岩粉等。由于助滤剂混在滤饼中不易分离,所以当滤饼为产品时一般不使用助滤剂。

3.3.2 表面过滤的基本理论

1. 表面过滤的基本方程

随着表面过滤过程的进行,悬浮液中的颗粒物被截留在介质表面并形成滤饼层。由于滤饼层的厚度增加,过滤速率随之变化。表面过滤的基本方程是表示某一时刻过滤速率与推动力、滤饼厚度、滤饼结构、过滤介质特性以及滤液物理性质的方程,是计算过滤过程最基本的关系式。为了得到表面过滤的基本方程,必须先了解过滤速率、过滤总阻力、Ruth 过滤方程、过滤的基本方程等知识内容。

1) 过滤速率

过滤速率是指单位时间通过单位过滤面积的滤液量,单位为 $m^3/(m^2 \cdot s)$,常用 u 表示。由此可见,过滤速率实质上为滤液通过过滤面的表观流速。若过滤过程中其他因素维

持不变,则由于滤饼厚度不断增加而使过滤速率逐渐变小。因此,任一瞬间的过滤速率 u 为

$$u = \frac{dV}{A dt} \tag{3-38}$$

式中,dt 为微分过滤时间,s;dV 为 dt 时间内通过过滤介质的滤液量,m^3;A 为过滤面积,m^2。

过滤速率是过滤过程的关键参数,只要求得过滤速率与推动力和其他有关因素的关系就可以进行过滤过程的各种设计计算。

2) 过滤总阻力

随着过滤操作的进行,滤饼厚度逐渐增加,过滤的阻力也会增大。若过滤在一定的压力下进行,过滤速率必然逐渐减小。

过滤速率与过滤推动力和过滤阻力之间的关系式(达西定律)为

$$u = \frac{\Delta p}{(R_m + R_c)\mu} \tag{3-39}$$

式中,Δp 为过滤压差,即过滤推动力,Pa;R_m、R_c 分别为过滤介质层和滤饼层的过滤阻力,m^{-1};μ 为滤液的黏度,Pa·s。

过滤推动力为压差 Δp,由滤浆流经滤饼层的压降和流经介质层的压降两部分组成,即

$$\Delta p = \Delta p_c + \Delta p_m$$

式中,Δp_c、Δp_m 分别为滤饼层和过滤介质层的压降,Pa。

过滤总阻力包括滤饼的阻力和过滤介质的阻力。

(1) 滤饼的阻力

滤饼是由截留下的固体颗粒堆积而成的床层。随着操作的进行,滤饼的厚度与流动阻力都逐渐增加。构成滤饼的颗粒特性对流动阻力的影响差异很大。滤饼厚度的增加导致滤饼两边的压差增大,滤饼的压缩性对压差有较大影响。

滤饼的阻力 R_c 是滤饼结构与滤饼厚度的函数,其计算式为

$$R_c = rL \tag{3-40}$$

式中,r 为滤饼层的过滤比阻,m^{-2};L 为滤饼的厚度,m。

滤饼层的过滤比阻 r 是单位厚度滤饼的阻力,它在数值上等于黏度为 1Pa·s 的滤液以 1m/s 的平均流速通过厚度为 1m 的滤饼层时所产生的压降。它反映了颗粒形状、尺寸及床层空隙率等颗粒特性对滤液流动的影响,是表示滤饼层结构特性的参数。

滤液通过饼层流动,因为滤液通道不规则,可以将其简化成一组当量直径为 d_e 的细管,而细管的当量直径可由床层的空隙率 ε 和颗粒的比表面积 a 来计算。单位体积床层中的空隙体积称为空隙率(ε)。单位体积颗粒所具有的表面积即为比表面积(a)。床层空隙率 ε 越小,颗粒比表面积 a 越大,则床层越致密,对流体流动的阻滞作用也越大。

对于不可压缩滤饼,滤饼层的颗粒结构稳定,r 与 Δp 无关。对于可压缩滤饼,在压力作用下滤饼层的颗粒结构容易发生变形,r 与 Δp 有关。

根据经验,在大多数情况下,r 与 Δp 的关系可以表示成以下关系式

$$r = r_0 \Delta p^s \tag{3-41}$$

式中,r_0 为单位压差下滤饼的过滤比阻,$m^{-2} \cdot Pa^{-1}$;s 为滤饼的压缩指数,无因次,对于可压缩滤饼,$s = 0.2 \sim 0.8$,对于不可压缩滤饼,$s = 0$。

(2) 过滤介质的阻力

在表面过滤中,过滤介质的阻力一般比较小,但有时不能忽略,尤其在过滤初始滤饼尚薄时。过滤介质的阻力当然也与其厚度及本身的致密程度有关,其计算式为

$$R_m = r_m L_m \tag{3-42a}$$

式中,R_m 为过滤介质的过滤阻力,m^{-1};r_m 为过滤介质的过滤比阻,m^{-2};L_m 为过滤介质的厚度,m。

在实际当中,为处理方便,设想以一层厚度为 L_e 的滤饼来代替过滤介质,而过程仍能完全按照原来的速率进行,则这层设想中的滤饼就具有与过滤介质相同的阻力,即

$$R_m = r_m L_m = r L_e \tag{3-42b}$$

式中,L_e 为过滤介质的当量滤饼厚度,或称虚拟滤饼厚度,m。

在一定的操作条件下,以一定的过滤介质过滤一定的悬浮液时,L_e 为定值,但同一介质在不同的过滤操作中,L_e 值不同。

3) Ruth 过滤方程

假设某一过滤时刻 t 对应的过滤状态为:形成的滤饼层厚度为 L,相应的滤液量为 V,过滤压差(即过滤推动力)为 Δp。

将式(3-40)和式(3-42a)代入式(3-39)中,可得

$$u = \frac{dV}{A dt} = \frac{\Delta p}{\mu(r_m L_m + rL)} \tag{3-43}$$

式(3-43)称为 Ruth 过滤方程,反映了过滤速率与推动力、过滤总阻力之间的关系。将式(3-42b)代入式(3-43)中,则式(3-43)可写为

$$u = \frac{dV}{A dt} = \frac{\Delta p}{\mu(rL_e + rL)} = \frac{\Delta p}{\mu r(L_e + L)} \tag{3-44}$$

4) 过滤的基本方程

滤饼层的厚度 L 与滤液量有关,在过滤过程中是一个变量。若获得单位体积滤液所产生的滤饼体积为 f(单位:m^3),则任一瞬间的滤饼厚度 L 与当时已获得的滤液体积 V 之间的关系为

$$fV = LA$$

则

$$L = \frac{fV}{A} \tag{3-45}$$

式中,f 为滤饼体积与相应的滤液体积之比,量纲为 1;A 为过滤面积,m^2。

为了处理方便,可以把过滤介质的阻力折算为厚度为 L_e 的滤饼层,即

$$r_m L_m = r L_e$$

若生成厚度为 L_e 的滤饼所应获得的滤液体积以 V_e 表示,则

$$L_e = \frac{fV_e}{A} \tag{3-46}$$

式中,V_e 为过滤介质的当量滤液体积,或称虚拟滤液体积,m^3。

在一定的操作条件下,以一定介质过滤一定的悬浮液时,V_e 为定值,但同一介质在不同的过滤操作中,V_e 值不同。

将式(3-45)、式(3-46)代入式(3-44)中,可得

$$u = \frac{dV}{Adt} = \frac{A\Delta p}{\mu r f(V+V_e)} \tag{3-47}$$

考虑滤饼的可压缩性,将式(3-41)代入式(3-44),得

$$\frac{dV}{Adt} = \frac{A\Delta p^{1-s}}{\mu r_0 f(V+V_e)} \tag{3-48}$$

令 $K = \dfrac{2\Delta p^{1-s}}{r_0 \mu f}$,则

$$\frac{dV}{Adt} = \frac{KA}{2(V+V_e)} \tag{3-49}$$

为了简化表达式,令 $q=V/A$,$q_e=V_e/A$ 分别表示单位过滤面积的滤液量和过滤介质的虚拟滤液量。则式(3-49)变为

$$\frac{dq}{dt} = \frac{K}{2(q+q_e)} \tag{3-50}$$

式(3-49)或式(3-50)即为表面过滤的基本方程,表示某一时刻过滤速率与推动力、滤饼厚度、滤饼结构、过滤介质特性以及滤液物理性质的关系,是计算过滤过程最基本的关系式。式中,K 称为过滤常数,单位为 m^2/s,反映了悬浮液的过滤特性,与悬浮液浓度、滤液黏度以及滤饼层的颗粒性质和可压缩性有关,其数值需要通过实验测定。

2. 过滤过程的计算

过滤过程计算的基本内容是确定过滤所得滤液量与过滤时间和压降等的关系。应用的基本关系式是过滤基本方程。过滤操作有两种典型的方式:恒压过滤和恒速过滤,一般分这两种情况进行计算。过滤基本方程表示的是某一瞬间的过滤速率与各种因素之间的关系,因此,在计算时需要对过滤基本方程进行积分。

1) 恒压过滤

恒压过滤是指在恒定压差下进行的过滤操作,是最常用的过滤方式。连续过滤机内进行的过滤都是恒压过滤,间歇机内进行的过滤操作也多为恒压过滤。恒压过滤时,滤饼不断增厚,致使阻力逐渐增加,但过滤压差即推动力 Δp 始终保持恒定,因而过滤速率逐渐变小。

对于指定悬浮液的恒压过滤,K 为常数(m^2/s),若恒压过滤是从过滤介质上没有滤饼的条件下开始的,按照过滤时间从 0 到 t,相应的滤液量从 0 到 V(或 q)的边界条件对式(3-49)及式(3-50)进行积分,即

$$\int_0^V 2(V+V_e)dV = \int_0^t KA^2 dt$$

$$\int_0^q 2(q+q_e)dq = \int_0^t K dt$$

得

$$V^2 + 2VV_e = KA^2 t \tag{3-51}$$

$$q^2 + 2qq_e = Kt \tag{3-52}$$

式(3-51)或式(3-52)称为恒压过滤方程,它表明了恒压过滤时滤液量 V(或 q)与过滤时间的关系。恒压过滤时,压差 Δp 不变,K、A、V_e 均为常数。K、V_e 与 q_e 均是反映过滤介质阻力大小的常数,是进行过滤过程设计计算的基础,一般需由实验进行确定。

若过滤介质阻力可忽略不计,则上面两式简化为

$$V^2 = KA^2 t \tag{3-53}$$

$$q^2 = Kt \tag{3-54}$$

若恒压过滤是在滤液量已达到 V_1,即滤饼层厚度已累积到 L_1 的条件下开始的,则对式(3-49)进行积分时,边界条件为时间从 0 到 t,相应的滤液量应从 V_1 到 V,此时,积分式应写为

$$\int_{V_1}^{V} 2(V + V_e) dV = \int_0^t KA^2 dt \tag{3-55}$$

可得初始滤液量为 V_1 时的恒压过滤方程

$$(V^2 - V_1^2) + 2V_e(V - V_1) = KA^2 t \tag{3-56}$$

此处 t 为恒压过滤的时间,V 为得到的总滤液量,即恒压过滤和其前一段过滤得到的滤液量之和。恒压过滤阶段得到的滤液量为 $V - V_1$。

若忽略过滤介质的阻力,即有 $V_e = 0$,则式(3-56)可简化为

$$V^2 - V_1^2 = KA^2 t \tag{3-57}$$

例 3-5 实验室进行以下实验,在恒定压差下,用过滤面积为 0.1m^2 的滤布对某种悬浮液进行过滤。过滤 5min 得到滤液 1L,再过滤 5min 得到滤液 0.6L。如果再过滤 5min,可以再得到多少滤液?

解 在恒压过滤条件下,过滤方程为

$$q^2 + 2qq_e = Kt$$

$$t_1 = 5 \times 60 \text{s} = 300 \text{s}, \quad q_1 = \left(\frac{1 \times 10^{-3}}{0.1}\right) \text{m}^3/\text{m}^2 = 1 \times 10^{-2} \text{m}^3/\text{m}^2$$

$$t_2 = 600 \text{s}, \quad q_2 = \left(\frac{(1+0.6) \times 10^{-3}}{0.1}\right) \text{m}^3/\text{m}^2 = 1.6 \times 10^{-2} \text{m}^3/\text{m}^2$$

代入过滤方程,得

$$(1 \times 10^{-2})^2 + 2 \times 1 \times 10^{-2} q_e = 300K$$

$$(1.6 \times 10^{-2})^2 + 2 \times 1.6 \times 10^{-2} q_e = 600K$$

联立上面两式,可以求得

$$q_e = 0.7 \times 10^{-2} \text{m}^3/\text{m}^2, \quad K = 0.8 \times 10^{-6} \text{m}^2/\text{s}$$

因此,过滤方程为

$$q^2 + 2 \times 0.7 \times 10^{-2} q = 0.8 \times 10^{-6} t$$

当 $t_3 = 15 \times 60 \text{s} = 900 \text{s}$ 时,有

$$q_3^2 + 2 \times 0.7 \times 10^{-2} q_3 = 0.8 \times 10^{-6} \times 900$$

解得

$$q_3 = 2.073 \times 10^{-2} \text{m}^3/\text{m}^2$$

所以

$$(q_3 - q_2) \times 0.1 \text{m}^2 = (2.073 \times 10^{-2} - 1.6 \times 10^{-2}) \times 0.1 \text{m}^3 = 0.473 \times 10^{-3} \text{m}^3$$

因此可再得到滤液 0.473L。

2)恒速过滤

恒速过滤是指在过滤过程中过滤速率 u 保持不变的过滤操作方式。根据过滤速率表

达式,恒速过滤速率为

$$u = \frac{dV}{A\,dt} = \frac{V}{At} = \frac{q}{t} = 常数 \tag{3-58}$$

则
$$V = Aut \tag{3-59}$$

或
$$q = ut \tag{3-60}$$

式(3-59)和式(3-60)表明,恒速过滤时,滤液量 V(或 q)与 t 成正比,即滤液量与过滤时间成正比。

将式(3-58)代入过滤方程(3-49)或式(3-50)中,得

$$V^2 + VV_e = \frac{1}{2}KA^2 t \tag{3-61}$$

$$q^2 + qq_e = \frac{1}{2}Kt \tag{3-62}$$

式(3-61)和式(3-62)即为恒速过滤方程,表明了恒速过滤时滤液体积与过滤时间的关系。在恒速过滤操作中,压差随时间变化而变化,所以此式中的过滤常数 K 也随时间变化而变化。

若忽略过滤介质阻力,则式(3-61)或式(3-62)可简化为

$$V^2 = \frac{1}{2}KA^2 t \tag{3-63}$$

$$q^2 = \frac{1}{2}Kt \tag{3-64}$$

在恒速过滤操作中,为了维持过滤速率恒定,需要不断增大压差。尤其对不可压缩滤饼,操作压差随过滤时间呈直线增加。过滤压差和时间的关系式为

$$\Delta p = at + b \tag{3-65}$$

因此,实际上很少采用把恒速过滤进行到底的操作方式,而是采用先恒速后恒压的复合操作方式。另外,对于恒压过滤操作,有时为避免初期因压差过高而引起滤液浑浊或滤布堵塞,也是采用先恒速后恒压的复合操作方式,即各过滤开始时以较低的恒定速率操作,当表压升至给定数值后,再转入恒压操作。

对于先恒速后恒压的复合操作方式,可将其分为恒速和恒压两个过程分别计算,具体计算方法同上,只是恒压过程要采用初始滤液体积不为零的过滤方程。其过滤方程的表达式为

$$(V^2 - V_1^2) + 2V_e(V - V_1) = \frac{1}{2}KA^2(t - t_1) \tag{3-66}$$

$$(q^2 - q_1^2) + 2q_e(q - q_1) = K(t - t_1) \tag{3-67}$$

例 3-6 用过滤机过滤某种悬浮液,过滤面积为 $10\,m^2$。悬浮液中固体颗粒的含量为 $60\,kg/m^3$,颗粒密度为 $1800\,kg/m^3$。已知单位压差滤饼的比阻为 $4 \times 10^{11}\,m^{-2} \cdot Pa^{-1}$,压缩指数为 0.3,滤饼含水的质量分数为 0.3,忽略过滤介质的阻力,滤液的物性接近 20℃ 的水。采用先恒速后恒压的操作方式,恒速过滤 10min 后,再恒压过滤 30min,得到的总滤液量为 $8\,m^3$。试求最后的操作压差和恒速过滤阶段得到的滤液量。

解 设恒速过滤阶段得到的滤液体积为 V_1,根据恒速过滤的方程式(3-63),得

$$V_1^2 = \frac{1}{2}KA^2 t = \frac{\Delta p^{1-s} A^2 t}{\mu r_0 f}$$

查得 20℃滤液的物性为：黏度 $\mu=1\times10^{-3}$ Pa·s，密度为 998.2kg/m³。根据过滤的物料衡算，按以下步骤求 f。

已知 1m³ 悬浮液形成的滤饼中固体颗粒质量为 60kg，滤饼含水的质量分数为 0.3，设滤饼中水的质量为 y，则

$$\frac{y}{60\text{kg}+y}=0.3$$

$$y=25.7\text{kg}$$

所以滤饼的体积为

$$\left(\frac{60}{1800}+\frac{25.7}{998.2}\right)\text{m}^3=0.059\text{m}^3$$

滤液的体积为

$$(1-0.059)\text{m}^3=0.941\text{m}^3$$

$$f=\frac{0.059}{0.941}=0.0627$$

则
$$V_1^2=\frac{\Delta p^{1-s}A^2 t}{\mu r_0 f}=\frac{10^2\times10\times60}{1\times10^{-3}\times4\times10^{11}\times0.0627}\Delta p^{0.7}=2.394\times10^{-3}\Delta p^{0.7}$$

在恒压过滤阶段，忽略滤布阻力，由式(3-57)得

$$8^2-V_1^2=\frac{2\Delta p^{1-s}A^2 t}{\mu r_0 f}=\frac{2\times10^2\times30\times60}{1\times10^{-3}\times4\times10^{11}\times0.0627}\Delta p^{0.7}=1.436\times10^{-2}\Delta p^{0.7}$$

上面两式联立，求得滤液体积 $V_1=3.02\text{m}^3$，进而求得恒压过滤的操作压力 $\Delta p=1.3\times10^5$Pa。

3. 过滤常数的测定

过滤计算时需要有过滤常数 K、q_e 或 V_e 作为依据。由不同物料形成的悬浮液，其过滤常数差别很大。即使是同一种物料，由于操作条件不同、浓度不同，其过滤常数亦不尽相同。过滤常数的值通常是同一悬浮液在相同或相似的操作条件下在小型实验装置中进行过滤实验来测定。

1) 过滤常数 K 和 q_e 的测定

在某指定压差下对一定料液进行恒压过滤时，式(3-52)中的过滤常数 K 和 q_e 可通过实验进行测定。

将式(3-52)两边同除以 Kq，得

$$\frac{t}{q}=\frac{1}{K}q+\frac{2}{K}q_e \tag{3-68}$$

式(3-68)表明，在恒压过滤条件下，t/q 与 q 之间成线性关系，其直线的斜率为 $1/K$，截距为 $2q_e/K$。因此只要在实验中测得不同过滤时间 t 内单位过滤面积的滤液量，即可根据式(3-68)求得过滤常数 K 和 q_e。

2) 压缩指数 s 和单位压差下滤饼的过滤比阻 r_0 的测定

为了求得滤饼的压缩指数 s 及单位压差下滤饼的过滤比阻 r_0，需要先在不同压差下对指定物料进行恒压实验，求得若干不同过滤压差 Δp 下的 K 值，然后对 $K-\Delta p$ 数据进行图解处理，即可求得 s 值。

根据 K 与 Δp 之间的关系式

$$K = \frac{2\Delta p^{1-s}}{\mu r_0 f}$$

两侧取对数,得

$$\lg K = (1-s)\lg \Delta p + \lg \frac{2}{\mu r_0 f} \tag{3-69}$$

式(3-69)表明,由于 s、μ、r_0、f 都为常量,故 $\lg K$ 与 $\lg \Delta p$ 间成线性关系,直线的斜率为 $1-s$;截距为 $\lg \frac{2}{\mu r_0 f}$。由过滤实验取得的 $(\Delta p, K)$ 整理成相应的 $(\lg \Delta p, \lg K)$ 数据,在以 $\lg K$ 为纵坐标、$\lg \Delta p$ 为横坐标的直角坐标图上把实验数据标点后连成直线,由其斜率即可求出滤饼压缩指数 s;在已知 μ 和 f 的条件下,单位压差下滤饼的过滤比阻 r_0 值亦可通过截距确定。

4. 滤饼洗涤

过滤产生的滤饼由于具有多孔结构,因此内部总会滞留一部分母液,母液在滤饼中的含量习惯称为滤饼的含湿量,把用第二种液体(洗涤液)从滤饼中置换出母液的操作称为滤饼洗涤,在固液分离中一般简称洗涤。通过洗涤,可以从滤饼中回收有价值的滤液,提高滤液回收率,或者除去滤饼中的液体杂质或溶取滤饼中的有害成分,提高滤渣中固体组分的纯净度。因此在过滤终了时,需要对滤饼进行洗涤。如果滤液为水溶液,一般以清水作为洗涤液。一般要求洗涤液不含杂质或杂质很少,能与滤饼中残存母液良好地亲和,或能够溶解需要消除的可溶性杂质,但不能溶解滤渣,洗涤后,洗涤液与滤饼或洗涤液与溶质容易分离,使用经济安全等。洗涤时,单位面积洗涤液的用量需由实验决定。

滤饼洗涤过程需要确定的主要参数是洗涤速率和洗涤时间。

1) 洗涤速率

洗涤速率是指单位时间内通过单位洗涤面积的洗涤液量,用 $\left(\dfrac{\mathrm{d}V}{A\mathrm{d}t}\right)_\mathrm{w}$ 表示。洗涤液在滤饼层中的流动过程与过滤过程类似。由于洗涤是在过滤终了以后进行的,洗涤液穿过的滤饼床层为过滤终了时的床层,所以洗涤速率与过滤终了时的滤饼层状态有关。若洗涤压力与过滤终了时的操作压力相同,则洗涤速率与过滤终了时的速率 $\left(\dfrac{\mathrm{d}V}{A\mathrm{d}t}\right)_\mathrm{F,终}$ 之间的关系为

$$\frac{\left(\dfrac{\mathrm{d}V}{A\mathrm{d}t}\right)_\mathrm{w}}{\left(\dfrac{\mathrm{d}V}{A\mathrm{d}t}\right)_\mathrm{F,终}} = \frac{\mu L}{\mu_\mathrm{w} L_\mathrm{w}} \tag{3-70}$$

式中,μ、μ_w 分别为滤液和洗涤液的黏度,Pa·s;L、L_w 分别为过滤终了时滤饼层厚度和洗涤时穿过的滤饼层厚度,m。

根据过滤基本方程,过滤终了时的过滤速率为

$$\left(\frac{\mathrm{d}V}{A\mathrm{d}t}\right)_\mathrm{F,终} = \frac{A\Delta p^{1-s}}{\mu r_0 f(V+V_\mathrm{e})} = \frac{KA}{2(V+V_\mathrm{e})} \tag{3-71}$$

式中,V 为过滤终了时的滤液量。

如果洗涤液走的路径和过滤终了时的路径完全相同,洗涤液黏度和滤液黏度也相同,则

$$\left(\frac{dV}{A\,dt}\right)_w = \left(\frac{dV}{A\,dt}\right)_{F,终} \tag{3-72}$$

如果洗涤操作压力不同或洗涤液与滤液的黏度不同,则可以根据它们的变化,采用式(3-71),由过滤终了时的过滤速率计算洗涤速率。

2)洗涤时间

设过滤终了时洗涤液用量为 V_w,则洗涤时间 t_w(单位:s)为

$$t_w = \frac{V_w}{\left(\dfrac{dV}{dt}\right)_w} \tag{3-73}$$

5. 过滤设备及其计算

过滤设备的种类很多,结构各异。通常将重力过滤、加压过滤和真空过滤的机器称为过滤机,将离心过滤的机器称为离心过滤机。工业上使用的典型过滤设备有板框压滤机、转筒真空过滤机和离心过滤机。过滤机的生产能力一般指单位时间得到的滤液量,其计算分间歇式操作和连续式操作两种情况讨论。

1)间歇式过滤机

板框压滤机是一种历史较久但仍沿用不衰的典型间歇操作设备,由滤板、滤框、夹紧机构、机架等组成。滤板和滤框如图 3-22 所示。

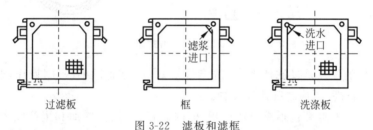

图 3-22 滤板和滤框

滤板具有凹凸不平的表面,凸部用来支撑滤布,凹槽是滤液的流道。滤板右上角的圆孔是滤浆通道,左上角的圆孔是洗水通道。滤板分为洗涤板和过滤板(非洗涤板)。洗涤板左上角的洗水通道与两侧表面的凹槽相通,使洗水流进凹槽。

过滤板的洗水通道与两侧表面的凹槽不相通。滤框右上角的圆孔是滤浆通道,左上角的圆孔则为洗水通道。

为了避免弄错这两种板和框的安装次序,在铸造时常在板与框的外侧面分别铸上一个、两个或三个小钮。非洗涤板为一钮板,框带两个钮,洗涤板为三钮板。

板框压滤机的操作是间歇式的,每个操作循环由装合、过滤、洗涤、卸渣、整理五个阶段组成。

板框压滤机结构简单,价格低廉,占地面积小,过滤面积大;可根据需要增减滤板的数量,调节过滤能力;推动力大,对物料的适应能力较强,操作压力较高,颗粒细小而液体黏度较大的滤浆也能适用。缺点是间歇式操作,生产能力低,卸渣清洗和组装阶段需用人力操作,劳动强度大,所以它只适用于小规模生产。近年出现了各种自动操作的板框压滤机,使劳动强度得到减轻。

叶滤机也是间歇式操作设备,由许多不同的长方形或圆形滤叶装备而成,加压叶滤机如

图 3-23 所示。滤叶由金属多孔板或金属网制造，内部具有空间，外包滤布。过滤时将滤叶装在能承受内压的密闭机壳内(加压式)，为滤浆所浸没。滤浆用泵在压差作用下送到机壳内，滤液穿过滤布进入滤叶内部，汇集至总管后从其周边引出。颗粒则被截留于滤布外侧，形成滤饼。滤饼的厚度通常为 5~35mm，视料浆性质及操作情况而定。过滤完毕，机壳内改充清水，使水循着与滤液相同的路径通过滤饼，进行置换洗涤。

加压叶滤机

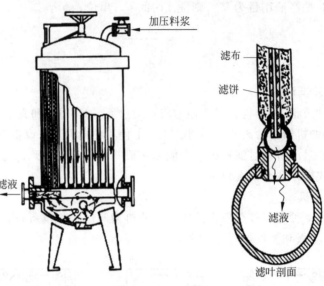

图 3-23 加压叶滤机

加压叶滤机的优点是过滤速率大，洗涤效果好，占地面积小，密闭操作，改善了操作条件；缺点是造价较高，更换滤叶比较麻烦。

间歇式过滤机的计算包括总过滤面积、框内总容积、操作周期和生产能力等，此处主要介绍操作周期及生产能力的计算。

间歇式过滤机一个完整的操作周期包括过滤时间 t_F、洗涤时间 t_W 和卸渣、整理、重装等辅助时间 t_D，即

$$t_T = t_F + t_W + t_D \tag{3-74}$$

式中，t_F 和 t_W 可按前面所介绍的方法计算，t_D 根据过滤机的具体操作情况确定。

生产能力一般指单位时间内获得的滤液量。设整个操作周期内获得的滤液量为 V(单位：m^3)，则生产能力 q_V(单位：m^3/s)为

$$q_V = \frac{V}{t_F + t_W + t_D} \tag{3-75}$$

2) 连续式过滤机

连续式过滤机一般在恒压下操作，过滤、洗涤、卸饼在设备表面不同区域同时进行。任何时刻总有一部分表面浸入滤浆中过滤，在每个操作周期中，任何一块表面都只有部分时间进行过滤操作。

转筒真空过滤机是最常见的连续式过滤机，下面以其为例进行讨论。

转筒真空过滤机是指利用真空抽吸作用并在圆筒旋转过程中连续完成整个过滤操作的设备。它主要由转筒、分配头和滤浆槽组成(图 3-24)。

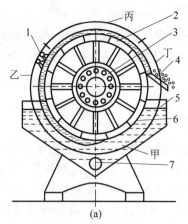 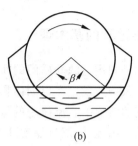

甲—过滤区；乙—脱液洗涤区；丙—脱水区；丁—滤渣剥离区
1—清水喷头；2—转筒；3—分配头；4—刮刀；5—滤浆槽；6—滤布；7—搅拌机

图 3-24 转筒真空过滤机

转筒真空过滤机的计算涉及总过滤面积、旋转一周的有效过滤时间和生产能力等。

设转筒真空过滤机的转速为 n，则旋转一周所需要的时间为 $1/n$，即为操作周期。过滤机的总过滤面积为转筒的表面积，可由下式计算

$$A = \pi D L_c \tag{3-76}$$

式中，A 为转筒总过滤面积，m^2；D 为转筒直径，m；L_c 为转筒长度，m。

以过滤面积 A 为基础，转筒旋转一周的有效过滤时间是从转筒进入滤浆到离开滤浆的时间。起过滤作用的是浸没在液体中的转筒表面。浸没角 (β) 是指转筒表面浸没于滤浆中的转筒圆周角度。

浸没率 (浸液率，ψ) 是指转筒表面浸入滤浆中的面积占整个过滤面积的比例，即

$$\psi = \frac{\text{转筒浸液面积}}{\text{转筒总表面积}} = \frac{\beta}{2\pi}$$

则每转一周转筒上任何一点或全部转筒面积的过滤时间为

$$t_F = \frac{\psi}{n} \tag{3-77}$$

从生产能力来看，一台过滤面积为 A、浸没率为 ψ、转速为 n 的连续式转筒真空过滤机，与一台在同样条件下操作的过滤面积为 A、操作周期为 $1/n$、每次过滤时间为 ψ/n 的间歇式过滤机是等效的。因而，可以依照前面所述的间歇式过滤机生产能力的计算方法来解决连续式过滤机生产能力的计算，即可以把转筒真空过滤机部分面积的连续过滤转换为全部转筒面积的部分过滤时间的过滤。

根据恒压过滤方程，可得

$$V = \sqrt{KA^2 t_F + V_e^2} - V_e = \sqrt{KA^2 \psi/n + V_e^2} - V_e$$

则转筒真空过滤机的生产能力 q_V (m^3/s) 为

$$q_V = nV = n(\sqrt{KA^2 \psi/n + V_e^2} - V_e) \tag{3-78}$$

在忽略过滤介质阻力的情况下，转筒真空过滤机的生产能力为

$$q_V = n\sqrt{KA^2\psi/n} = A\sqrt{nK\psi} \qquad (3\text{-}79)$$

可见,连续式过滤机的转速越高,生产能力越大。但若旋转过快,每一周期中的过滤时间便缩至很短,使滤饼太薄,难以卸除,也不利于洗涤,而且功率消耗增大。合适的转速需由实验确定。

3.3.3 深层过滤的基本理论

深层过滤是利用过滤介质间的间隙进行过滤的过程,其特征是过滤发生在过滤介质层内部。这种现象一般发生在以固体颗粒为过滤介质,如石英砂、无烟煤等,且过滤介质床层具有一定厚度的情况下。流体中的悬浮颗粒物随流体在流经介质床层的过程中,附着在介质上而被去除。因此,深层过滤实际上是流体通过颗粒过滤介质床层的流动过程,流体通过颗粒床层的流动规律是描述深层过滤过程的基础。

本节首先介绍流体通过颗粒床层的流动规律及其描述方法。在此基础上,进一步认识深层过滤的特性。

1. 流体通过颗粒床层的流动

研究流体通过颗粒床层的流动规律,首先必须了解颗粒床层的几何特性及其表征方法。

1) 混合颗粒的几何特性

在工业应用的过滤操作中,通常采用的都是混合颗粒滤料,单个颗粒的大小和形状往往都不相同,即存在一定的粒度分布。但通常只考虑大小的不同,而认为形状是一致的。因此,本节只讨论混合颗粒的粒度分布和平均直径。

(1) 粒度分布

根据颗粒大小的大致分布范围,可采用不同的方法测量混合颗粒的粒度分布。对于工业上常见的 $70\mu m$ 以上的混合颗粒,其粒度分布通常采用一套标准筛进行测量,这种方法称为筛分。

标准筛是符合标准的筛具,以金属丝编织网应用最为广泛。各国标准筛的规格不尽相同,目前世界上最通用的是泰勒标准筛系列,以每英寸长度上的孔数为其筛号,也称目数。每个筛的筛网金属丝的直径也有规定,因此一定目数的筛孔大小一定。例如 100 号筛,1 英寸(1in=2.54cm)筛网上有筛孔 100 个,筛网的金属丝直径规定为 0.0042in,故筛孔的净宽度为 (1/100−0.0042)in=0.0058in,即 0.147mm。

进行筛分时,将一系列的筛按筛孔大小的次序从上到下叠起来,并在网眼最小的筛底下放置一个无孔底盘。把已称重的混合颗粒样品放入最上面的筛中,然后均衡地振动整叠筛,较小的颗粒将通过各个筛依次往下落。对于每个筛而言,尺寸小于筛孔的颗粒通过筛下落,称为筛过物;尺寸大于筛孔的颗粒则留在筛上,称为筛留物。振动一定时间后,称取各号筛面上的筛留量,并计算在混合颗粒中的质量分数,即可得筛分结果。

筛分结果可用表格或图线的形式表示。如表 3-2 所示的某混合颗粒的筛分结果即为表格法,它是粒度分布最直观的表示方法,可以将数字列得很精确。由表 3-2 可知,20 号筛上的颗粒占总量的 5%,这些颗粒能通过 14 号筛,但通不过 20 号筛,所以粒度范围用 (−14+20) 表示。与此相应,这些颗粒的直径小于 1.168mm,大于 0.833mm,故平均直径为 1.001mm。

表 3-2　某混合颗粒的筛分结果

序号	筛号	筛孔边长 d_{pi}/mm	筛留物质量分数 x_{mi}/%	粒度范围（以筛号计）	平均直径 d_p/mm	筛过物累计质量分数/%
1	10	1.651	0	—	—	100
2	14	1.168	2	−10+14	1.41	98
3	20	0.833	5	−14+20	1.001	93
4	28	0.589	10	−20+28	0.711	83
5	35	0.417	18	−28+35	0.503	65
6	48	0.295	25	−35+48	0.356	40
7	65	0.208	25	−48+65	0.252	15
8	无孔底盘	0	15	−65	0.104	0

图线法可以使分析结果一目了然，常用的粒度曲线包括直方图、频率曲线、累计频率曲线等，如图 3-25 所示。

直方图是以横坐标表示颗粒的直径区间，纵坐标表示粒级的质量分数作出的一系列相互连接、高低不平的矩形图。每个矩形底边的长度代表粒度区间，高度代表各粒度区间的质量分数。将直方图上各矩形顶边的中点连接起来，绘制成一条光滑曲线，就是频率曲线。累计频率曲线横坐标仍表示直径，而纵坐标则表示各粒级的累计质量分数。作图时从粗粒级的一端开始向细粒级的一端依次点出每一粒级的累计质量分数，然后将各点以光滑曲线连接起来，即得累计频率曲线。

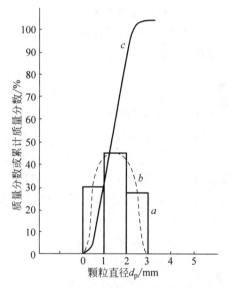

a—直方图；b—频率曲线；c—累计频率曲线

图 3-25　颗粒粒度曲线

(2) 混合颗粒的平均直径

尽管颗粒群具有某种粒度分布，但为简便起见，在许多情况下希望用某个平均值或当量值来代替。但必须指出，任何一个平均值都不能代替一个分布函数，而只能在某个侧面与原函数等效。只有在充分认识过程的规律之后，才有可能对选用何种平均值作出正确决定。混合颗粒的平均直径有多种表示方法。对于流体通过颗粒床层的流动过程，由于流体与颗粒表面之间的相互作用与颗粒的比表面积密切相关，通常将比表面积等于混合颗粒的比表面积的颗粒直径定义为混合颗粒的平均直径。

对于球形颗粒，取 1kg 密度为 ρ_p 的混合颗粒，其中粒径为 d_{pi} 的颗粒的质量分数为 x_{mi}，则混合颗粒的表面积为

$$A = \sum_{i=1}^{n} \left(\frac{x_{mi}}{\rho_p} \cdot \frac{6}{d_{pi}} \right) \tag{3-80}$$

假设混合颗粒的平均直径为 d_{pm}，则

$$\sum_{i=1}^{n} \left(\frac{x_{mi}}{\rho_p} \cdot \frac{6}{d_{pi}} \right) = \frac{6}{\rho_p d_{pm}}$$

即

$$d_{pm} = \frac{1}{\sum_{i=1}^{n} \dfrac{x_{mi}}{d_{pi}}}$$ (3-81)

对于非球形颗粒,有

$$d_{pm} = \frac{1}{\sum_{i=1}^{n} \dfrac{x_{mi}}{\varphi d_{eVi}}}$$ (3-82)

式中,φ 为颗粒的球形度;d_{eVi} 为颗粒 i 的等体积当量直径,m。

一般将筛分得到的各筛上筛留物的平均直径视为颗粒的等体积当量直径 d_{eV}。

2) 颗粒床层的几何特性

流体流过颗粒床层时,其流动特性与颗粒床层的以下几何特性有关。

(1) 颗粒床层的空隙率

床层中颗粒堆积的疏密程度可以用空隙率 ε 来表示。空隙率 ε 表示单位体积床层中的空隙体积,即

$$\varepsilon = \frac{床层空隙体积}{床层体积} = \frac{床层体积-颗粒体积}{床层体积}$$ (3-83)

滤料层中,颗粒滤料是任意堆积的,其任意部位的空隙率相同。空隙率的大小反映了床层中颗粒的密集程度及其对流体的阻滞程度。空隙率越大,床层颗粒越稀疏,对流体的阻滞作用越小。空隙率的大小与颗粒的形状、粒度分布、颗粒床的填充方法和条件、容器直径与颗粒直径之比等有关。对于均匀的球形颗粒,最松排列时的空隙率为 0.48,最紧密排列时的空隙率为 0.26。非球形颗粒任意堆积时的床层空隙率往往要大于球形颗粒的,一般为 0.35~0.7。

(2) 颗粒床层的比表面积

对单个颗粒而言,单位体积所具有的表面积就是比表面积。单位体积的床层中颗粒的表面积称为床层的比表面积。忽略因颗粒相互接触而减少的裸露表面,床层的比表面积 a_b 与颗粒的比表面积 a 的关系为

$$a_b = (1-\varepsilon)a$$ (3-84)

床层的比表面积 a_b 主要与颗粒尺寸有关,颗粒尺寸越小,床层的比表面积越大。

(3) 颗粒床层的自由截面

颗粒床层横截面上空隙所占的截面(即可供流体通过的截面)称为床层的自由截面。在滤料层中,颗粒滤料是任意堆积的,颗粒的定位是随机的,因而这种床层可认为各向同性(即从各个方位看,颗粒的堆积情况都是相同的)。对于各向同性的床层,床层自由截面与床层截面之比在数值上等于床层的空隙率。

(4) 颗粒床层的当量直径

颗粒床层和空隙所形成的流体通道的结构非常复杂,不但细小曲折,而且相互关联,很不规则,难以如实地精确描述。因此,通常采用简化的物理模型来代替床层中的流体真实流动,如图 3-26 所示。将实际床层简化成由许多相互平行的小孔道组成的管束,认为流体流经床层的阻力与流经这些小孔道管束时的阻力相等。假设:①床层由许多相互平行的细小孔道组成,孔道长度与床层高度成正比;②孔道内表面积之和等于全部颗粒的总表面积;

③孔道全部流动空间等于床层空隙的容积。

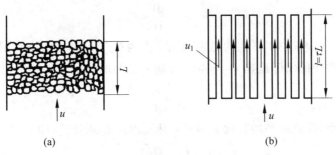

u—流体通过颗粒床层的空床流速；τ—比例系数

图 3-26　颗粒床层的简化模型
(a) 实际床层；(b) 简化模型

根据该简化模型，按照确定非圆形管道当量直径的方法，颗粒床层的当量直径定义式为

$$d_{eb} = \frac{4 \times 流道截面面积}{润湿周边} = \frac{4 \times 流道截面面积 \times 流道长度}{润湿周边 \times 流道长度} = \frac{4 \times 流道容积}{流道表面积}$$

以面积为 $1m^2$、厚度为 $1m$ 的颗粒床层为基准，根据简化模型，计算流道容积和流道表面积

$$流道容积 = 1 \times \varepsilon = \varepsilon$$
$$流道表面积 = 床层体积 \times 床层比表面积 = 1 \times (1-\varepsilon)a$$

所以颗粒床层的当量直径为

$$d_{eb} = \frac{4\varepsilon}{(1-\varepsilon)a} \tag{3-85}$$

对于非球形颗粒，有

$$d_{eb} = \frac{4\varepsilon d_{ea}}{6(1-\varepsilon)} = \frac{4\varepsilon \varphi d_{eV}}{6(1-\varepsilon)} \tag{3-86}$$

由上式可知，床层的当量直径 d_{eb} 与床层空隙率和颗粒的比表面积，即与颗粒直径有关。通常床层的空隙率变化幅度不大，因此床层的当量直径主要与颗粒直径有关，颗粒直径越小，比表面积越大，床层的当量直径越小。由此可得，床层比表面积反映了床层流道的大小，而床层空隙率只反映了孔的体积或孔数目的多少，不反映孔的大小。

3) 流体在颗粒床层中的流动

(1) 流动速率

根据上述简化模型，流体在颗粒床层中的流动可以看成在小孔道管束中的流动。由于孔道的直径很小，阻力很大，流体在孔道内的流动速率很小，可以看成层流。流动速率可以用 Hagen-Poiseuille 定律来描述，即

$$u_1 = \frac{d_{eb}^2 \Delta p}{32 \mu l'} \tag{3-87}$$

式中，u_1 为流体在床层空隙中的实际流速，m/s；d_{eb} 为颗粒床层的当量直径，m；Δp 为流体通过颗粒床层的压力差，Pa；μ 为流体黏度，$Pa \cdot s$；l' 为孔道的平均长度，m。

通常流体通过颗粒床层的流速用空床流速 u 表示，有如下定义式

$$u = \frac{\mathrm{d}V}{A\,\mathrm{d}t}$$

式中，$\mathrm{d}V$ 为 $\mathrm{d}t$ 时间内通过颗粒床层的滤液量，m^3；A 为垂直于流向的颗粒床层的截面面积，m^2。

所以床层空隙中的实际流速 u_1 与空床流速 u 之间的关系为

$$u_1 = \frac{u}{\varepsilon} \tag{3-88}$$

按照简化模型，孔道的平均长度 l' 与颗粒床层厚度 L 成正比，即

$$l' = \tau L \tag{3-89}$$

式中，τ 为比例系数；L 为颗粒床层厚度，m。

将式(3-85)、式(3-88)和式(3-89)代入式(3-87)，得

$$u = \frac{\varepsilon^3}{K_1(1-\varepsilon)^2 a^2} \cdot \frac{\Delta p}{\mu L} \tag{3-90}$$

式(3-90)称为 Kozeny-Carman 方程，K_1 称为 Kozeny 系数，与床层颗粒直径、形状和床层空隙率等因素有关。当床层空隙率 $\varepsilon = 0.3 \sim 0.5$ 时，$K_1 = 5$。$\dfrac{\varepsilon^3}{K_1(1-\varepsilon)^2 a^2}$ 可看成反映颗粒床层特性的系数。

(2) 颗粒床层的阻力

令

$$r = \frac{K_1(1-\varepsilon)^2 a^2}{\varepsilon^3}$$

则流体通过颗粒床层时的阻力为

$$R = rL$$

式(3-90)可写成

$$u = \frac{\Delta p}{\mu r L} = \frac{\Delta p}{\mu R} \tag{3-91}$$

式中，r 为颗粒床层的比阻，即单位厚度床层的阻力[①]，m^{-2}；R 为颗粒床层的阻力，m^{-1}。

由式(3-91)可知，流体通过颗粒床层的速率与两个方面的因素密切相关：①促使流体流动的推动力 Δp；②阻碍流体流动的因素，包括流体黏度和阻力，后者与颗粒床层的性质及厚度有关。

2. 深层过滤的机理

深层过滤中，流体中的悬浮颗粒随流体进入滤料层进而被滤料捕获，涉及多种因素和过程，一般分为三类：①被流体夹带的颗粒如何脱离流体流线而向滤料表面靠近所涉及的迁移机理；②颗粒与滤料表面接触或接近后依靠哪些力的作用使得它们黏附于滤料表面上所涉及的黏附机理；③黏附的颗粒是否还会脱落所涉及的脱落机理。

1) 迁移机理

深层过滤过程中，滤层孔隙中的水流一般属于层流状态。被水流夹带的颗粒将随着水流流线运动。颗粒脱离流线而与滤料表面接近，一般认为由以下几种作用引起：拦截、沉

---

① 式(3-91)是达西定律的变式，此处阻力不是严格意义上的力。

淀、惯性、扩散和水动力作用等。

颗粒尺寸较大时,处于流线中的颗粒会直接碰到滤料表面产生拦截作用;颗粒沉速较大会在重力作用下脱离流线,产生沉降作用,颗粒具有较大惯性时也可以脱离流线与滤料表面接触(惯性作用);颗粒较小、布朗运动较剧烈时会扩散至滤料表面(扩散作用);在滤料表面附近存在速度梯度,在速度梯度作用下,非球体颗粒会产生转动而脱离流线与颗粒表面接触(水力作用)。对于上述迁移机理,目前只能定性描述,其相对作用大小尚无法定量估算。虽然已有某些数学模型,但还不能解决实际问题。可能几种机理同时存在,也可能只有其中某些机理起作用。例如,进入滤池的凝聚颗粒尺寸一般较大,扩散作用几乎无足轻重。这些迁移机理所受影响因素较复杂,如滤料尺寸与形状、滤速、水温、水中颗粒尺寸、形状和密度等。

2) 黏附机理

当颗粒迁移到滤料表面时,能否产生黏附与颗粒和滤料之间的相互作用力有关。黏附作用是一种物理化学作用。颗粒表面和滤料表面由于界面的电化学作用,一般电势不高,荷电量与电荷的性质受固相物质成分、流体离子组成和浓度、pH 等因素的影响,当两者荷电性质相同时,存在静电斥力;当两者荷电性质不同时,存在静电引力。此外,颗粒与滤料间也存在范德华力(又称范德瓦耳斯力)。引力和斥力的大小决定着吸附的效果。

当水中颗粒迁移到滤料表面时,则在范德华力和静电力,以及某些化学键和某些特殊的化学吸附力作用下,被黏附于滤料颗粒表面,或者黏附在滤粒表面上原先黏附的颗粒上,此外,絮凝颗粒的"架桥"作用也会存在,因此,黏附作用主要取决于滤料和水中颗粒的表面物理化学性质。

3) 脱落机理

当颗粒与滤料表面的结合力较弱时,附着在滤料表面的颗粒物有可能从滤料的表面脱落下来,脱落的主要原因是剪切作用和颗粒碰撞。孔隙中流体对附着颗粒的剪切作用会导致颗粒从滤料表面上脱落下来。黏附力和流体剪切力的相对大小决定了颗粒黏附和脱落的程度,过滤初期,滤料较干净,孔隙率较大,孔隙流速较小,流体剪切力较小,因而黏附作用占优势,随着过滤时间的延长,滤层中悬浮颗粒物逐渐增多,孔隙率逐渐减小,流体剪切力逐渐增大,最后黏附上的颗粒将首先脱落下来,或者被流体夹带的后续颗粒不再黏附,于是,悬浮颗粒便向下层推移,下层滤料的截留作用渐次得到发挥。此外,运动颗粒对附着颗粒的碰撞也可导致颗粒从滤料表面脱落。

上述三个方面影响颗粒在滤料床层中的运行规律及其捕集效率。

3. 深层过滤的水力学

随着过滤的进行,流体中的悬浮物被床层中的滤料截留并逐渐在滤料层内部空隙中积累,导致过滤过程中水力条件的改变。过滤水力学所阐述的就是在过滤过程中流体通过滤料床层时的水头损失变化及滤速的变化。

1) 清洁滤料床层

过滤刚开始阶段,滤料层尚处于清洁状态,滤料床层的空隙还未被堵塞,此时流体通过清洁滤料介质时的流速可以采用式(3-90)进行计算。通常采用的滤速范围内,清洁滤层中的水流处于层流状态。在层流状态下,水头损失与流速的一次方成正比。清洁滤料层的水头损失可由下式计算

$$h_0 = \frac{\Delta p}{\rho g} = \frac{\upsilon}{g} \cdot \frac{K_1(1-\varepsilon)^2 a^2}{\varepsilon^3} uL = 36 \frac{\upsilon}{g} \frac{K_1(1-\varepsilon)^2}{\varepsilon^3} \left(\frac{1}{\varphi d_{eV}}\right)^2 uL \tag{3-92}$$

式中,h_0 为清洁滤料层的水头损失,m;L 为滤料层厚度,m;υ 为运动黏滞系数,$\upsilon = \mu/\rho$,m^2/s;φ 为颗粒的球形度;ρ 为流体密度,kg/m^3;g 为重力加速度,$9.81 m/s^2$。

由于实际滤层是非均匀滤料,计算非均匀滤料层的水头损失时,可以按筛分曲线分成若干微小滤料层,取相邻两层筛孔孔径的平均值作为各层的计算粒径。假设粒径为 d_{pi} 的滤料质量与全部滤料质量之比为 p_i,则清洁滤层总水头损失为

$$H_0 = \sum h_0 = 36 \frac{\upsilon}{g} \cdot \frac{K_1(1-\varepsilon)^2}{\varepsilon^3} \left(\frac{1}{\varphi}\right)^2 uL \sum_{i=1}^{n} \frac{p_i}{d_{pi}^2} \tag{3-93}$$

可见,水头损失与颗粒床层的空隙率及颗粒直径有关。

2) 运动过程中的滤料床层

当滤料直径、形状、滤层级配和厚度以及水温已定时,随着过滤时间的延长,滤层中截留的悬浮物量逐渐增多,滤层空隙率逐渐减小。在水头损失保持不变的条件下,将引起滤速的减小。反之,如果滤速保持不变,则将引起水头损失的增加。这样就产生了等速过滤和变速过滤两种过滤方式。

当滤池过滤速率保持不变,亦即滤池流量保持不变时,称为等速过滤。虹吸滤池和无阀滤池即属于等速过滤的滤池。等速过滤状态下,任意过滤时间 t 时,滤料层的总水头损失 H_t 可以表示为

$$H_t = H_0 + K_t u \rho_0 t \tag{3-94}$$

式中,K_t 为实验系数;ρ_0 为过滤原液的固体浓度,kg/m^3。

如图 3-27 所示,随着过滤时间的延长,水头损失逐渐增加。当水头损失增加到一定值后,就需要对滤料床层进行反冲洗,以清除积累在滤料层中的悬浮物,开始下一个过滤周期。图中水头损失随时间呈直线增加的情况代表了典型的理想深层过滤(水头损失为 H_d);接近指数函数的变化曲线表明在滤料表面有悬浮物沉积,造成滤料表层的堵塞,由此引起的水头损失为 H_s,其后果是导致滤料表层以下的滤料层不能充分利用而使过滤器的运行周期缩短。随着过滤的进行,滤层中的悬浮物逐渐增多,滤层的空隙率减小,过滤阻力增大,过滤速率逐渐降低,如图 3-28 所示。减少或消除滤料表层的堵塞可以采用以下措施:①通过预处理降低过滤器进口浓度;②采用粗滤去除悬浮液中较大的颗粒;③采用空隙尺寸较大的过滤介质作为进口层;④增大过滤速率。

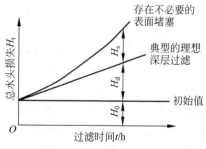

图 3-27 过滤水头损失的时间变化

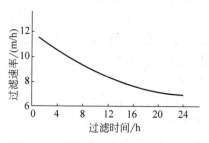

图 3-28 过滤速率随过滤时间的变化

3.4 静电分离

静电分离是利用两相带电性的差异,借助于电场的作用,使其得以分离,如电除尘、电除雾等。电除尘过程与其他除尘过程的根本区别在于,分离力(主要是静电力)直接作用在粒子上,而不是作用在整个气流上,这就决定了它具有分离粒子耗能小、气流阻力也小的特点。由于作用在粒子上的静电力相对较大,所以即使对亚微米级的粒子也能有效地捕集。

3.4.1 气体的电除尘原理

气体的电除尘是利用高压直流静电场的电离作用使通过电场的含尘气体中的尘粒带电,并在电场力的作用下使带电尘粒沉积在集尘极上,将尘粒从含尘气体中分离出来,从而使气体得以净制的方法。

虽然在实践中电除尘器的种类和结构形式繁多,但都基于相同的工作原理。其原理涉及悬浮粒子荷电,带电粒子在电场内迁移和捕集,以及将捕集物从集尘表面清除三个基本过程。

高压直流电晕是使粒子荷电的最有效办法,广泛应用于静电除尘过程。电晕过程发生于活化的高压电极和接地极之间,电极之间的空间内形成高浓度的气体离子,含尘气流通过这个空间时,尘粒在百分之几秒的时间内因碰撞俘获气体离子而导致荷电。粒子获得的电荷随粒子大小而异。一般来说,直径 $1\mu m$ 的粒子大约获得 30000 个电子的电量。

荷电粒子的捕集是使其通过延续的电晕电场或光滑的不放电的电极之间的纯静电场而实现。前者称单区电除尘器,后者因粒子荷电和捕集是在不同区域完成的,称为双区电除尘器(图 3-29)。

通过振打除去接地极上的粉尘并使其落入灰斗,当粒子为液态(比如硫酸雾或焦油)时,被捕集粒子会发生凝集并滴入下部容器内。

为保证电除尘器在高效率下运行,必须使粒子荷电,并有效地完成粒子捕集和清灰等过程。

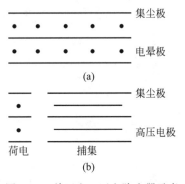

图 3-29 单区和双区电除尘器示意
(a) 单区;(b) 双区

3.4.2 电除尘设备

用于气体电除尘的设备称为静电除尘器,大多数电厂废气采用静电除尘器消除粉尘后排放。卧式板式静电除尘器应用较广,图 3-30 为其外观,图 3-31 为其组成结构图,它由本体和供电源两部分组成。本体包括除尘外壳、灰斗、放电电极(电晕极)、集尘板、气流分布装置、振打清灰装置、绝缘子及保温箱等。集尘极带正电,带负电的放电电极悬在集尘极中间,并充有约 70kV 的电压,这种布置在集尘极和放电电极之间产生了电场。烟气通过静电除尘器时,粉尘碰撞来自放电电极的负离子,并带负电。带负电的粉尘在电场力的作用下接近带正电的集尘极,并附着在上面。集尘极定期振打清灰,粉尘就落入灰斗。

静电除尘器能有效捕集直径为 $0.1\mu m$ 甚至更小的尘粒或雾滴,分离效率高达 99.99%。

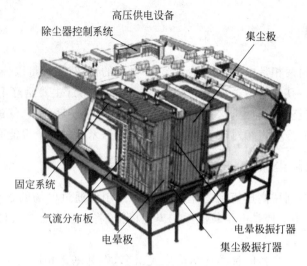

图 3-30 卧式板式静电除尘器的外观

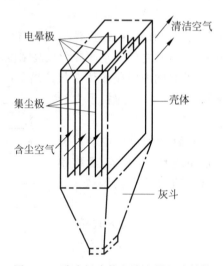

图 3-31 卧式板式静电除尘器组成结构

气流在通过静电除尘器时阻力较小,气体处理量可以很大。缺点是设备费和操作费较高,安装、维护、管理要求严格。

3.5 湿洗分离

重力沉降和离心沉降主要用于固体浓度较高的含尘气体的分离,而对分离效率要求较高的净制工艺或对含尘浓度较低且含微细尘粒气体的净制,需用其他的气体净制方法及设备。气体净制分为干法净制、湿法净制和电除尘器。本节重点介绍气体的湿法净制,即湿洗分离。

3.5.1 湿洗分离原理

气体的湿法净制是使含尘气体与水接触使其中尘粒被水黏附除去的净制方法。气体湿法净制的设备类型有多种,其基本原理都是在设备内产生气—固—水三相高度湍动,以提高气固水的接触,使尘粒被水黏附。故湿法净制不适用于固体尘粒为有用物料的回收工艺。

3.5.2 湿洗分离设备

1. 文丘里洗涤器

文丘里洗涤器由收缩管、喉管、扩散管等组成。扩散管后面接旋风分离器(图 3-32)。工作时含尘气体由进气管进入收缩管后,流速逐渐增大,气流的压力逐渐转变为动能,在喉管入口处,气速达到最大,一般为 50~180m/s。洗涤水由喉管周边均匀分布的喷嘴吸入洗涤器,同时被高速气流雾化和加速,使尘粒附聚于水滴中而提高沉降粒子的凝聚速度,形成直径较大的含尘液滴,随后在旋风分离器中与气体分离。

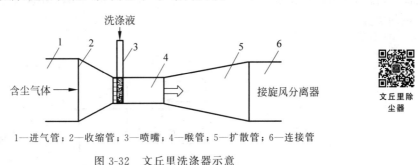

1—进气管;2—收缩管;3—喷嘴;4—喉管;5—扩散管;6—连接管

图 3-32 文丘里洗涤器示意

文丘里洗涤器结构简单,没有活动件,结实耐用,操作方便,常用在高温烟气降温和除尘上,洗涤水用量约为气体体积流量的 1/1000,可除去 $0.1\mu m$ 以上的尘粒,除尘效率可达 95%~99%。但压力降较大,一般为 2000~5000Pa。

2. 泡沫塔

泡沫塔结构如图 3-33 所示,筛板上有一定高度的液体,当含尘气流高速由下而上通过筛孔进入液层时,形成大量强烈扰动的泡沫以扩大气液接触面,使气体中的尘粒被泡沫层吸附,由于气液两相的接触面积很大,因而除尘效率较高,若气体中所含的尘粒直径大于 $5\mu m$,分离效率可达 99%。泡沫塔可用于除尘,也可用于蒸馏等。

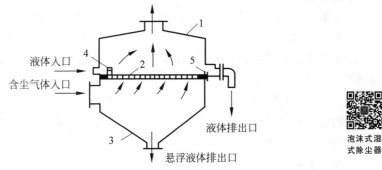

1—外壳;2—筛板;3—锥形底;4—进液室;5—液流挡板

图 3-33 泡沫塔结构

3. 湍球塔

湍球塔是利用流动床原理制作的湿式除尘器，目前在湿式除尘设备中，其除尘脱硫效率最高，而压降相对较低又有自清理功能。除尘效率比较高的设备还有袋式除尘器、电除尘器、湿式除尘器，但前两种无法解决二氧化硫污染的问题，而湿式除尘器兼有除尘和吸收的作用。

图 3-34 是湍球塔结构示意，湍球塔主要由塔体、喷水管、支撑板、轻质小球、除沫器等部分组成，工作时洗涤水自塔上部喷水管洒下，含尘气体自下部进风管送入塔内，当达到一定风速时，使筛板上面的小球剧烈翻腾形成水—气—小球三相湍动以增大气—液两相接触和碰撞的机会，使尘粒被水吸附而与气体分离。为防止快速上升的气流中夹带雾沫，塔上部装有除沫装置。湍球塔气流速度快，气液分布比较均匀，生产能力大，流动填料增大气液接触表面，且流动床本身存在阻力小、喷淋量低的特点，与其他类似的处理设备相比表现出无可比拟的优势。

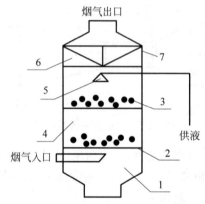

湍球塔

1—风室；2—支撑板；3—湍球；4—床体；5—喷头；6—除沫器；7—塔体

图 3-34　湍球塔结构

习题

一、选择题

（1）在混合物中，各处物料性质不均匀，且具有明显相界面存在的混合物称为（　　）。
　　　A. 均相混合物　　　　　B. 非均相混合物　　　　C. 分散相

（2）在外力的作用下，利用分散相和连续相之间密度的差异，使之发生相对运动而实现分离的操作称为（　　）。
　　　A. 过滤分离　　　　　　B. 沉降分离　　　　　　C. 静电分离

（3）利用被分离的两相对多孔介质穿透性的差异，在某种推动力的作用下，使非均相混合物得以分离的操作称为（　　）。
　　　A. 过滤分离　　　　　　B. 沉降分离　　　　　　C. 静电分离

（4）降尘室所处理的混合物是（　　）。
　　　A. 悬浮液　　　　　　　B. 含尘气体　　　　　　C. 乳浊液

(5) 助滤剂的作用是(　　)。
　　A. 帮助介质拦截固体颗粒
　　B. 形成疏松饼层
　　C. 降低滤液的黏度,减少阻力
(6) 下列不属于气体净制设备的是(　　)。
　　A. 袋滤器　　　　　　B. 静电除尘器　　　　　　C. 离心机
(7) 下列哪种说法是错误的(　　)。
　　A. 降尘室是分离气—固混合物的设备
　　B. 三足离心机是分离气—固混合物的设备
　　C. 沉降槽是分离固—液混合物的设备
(8) 离心机的分离因数越大,则分离能力(　　)。
　　A. 越大　　　　　　　B. 越小　　　　　　　　　C. 相同
(9) 工业上通常将待分离的悬浮液称为(　　)。
　　A. 滤液　　　　　　　B. 滤浆　　　　　　　　　C. 过滤介质
(10) 利用沉淀分离废水中悬浮物的必备条件是(　　)。
　　A. 悬浮物颗粒大
　　B. 悬浮物不易溶于水
　　C. 悬浮物与水的相对密度不同

二、简答题

(1) 影响沉降速度的因素有哪些?在介质一定的条件下,如何提高分离效率?
(2) 沉降分离设备必须满足的基本条件是什么?温度变化对颗粒在气体中的沉降与在液体中的沉降各有什么影响?
(3) 如何提高离心分离设备的分离能力?
(4) 说明旋风分离器的原理,并指出要分出细颗粒时应考虑的因素。
(5) 现有两个降尘室,其底面积相等而高度相差一倍,若处理含尘情况相同,流量相等的气体,问哪一个降尘室的生产能力大?
(6) 过滤中促进流体流动的推动力主要分为哪几种?
(7) 表面过滤和深层过滤的主要区别是什么?什么是真正有效的过滤介质?
(8) 过滤常数、过滤介质的比当量滤液量和压缩指数的物理意义是什么?如何通过实验测定?
(9) 恒压过滤和恒速过滤的主要区别是什么?
(10) 流体通过颗粒床层的实际流速与哪些因素有关,与空床流速是什么关系?
(11) 如何防止滤料表层的堵塞,为什么?

三、计算题

(1) 试计算直径为 $30\mu m$ 的球形石英颗粒(密度为 $2650kg/m^3$),在20℃水中和20℃常压空气中的自由沉降速率。
(2) 直径为 $10\mu m$ 的石英颗粒随20℃的水做旋转运动,在旋转半径 $R=0.05m$ 处的切向速率为 $12m/s$,求该处的离心沉降速率和离心分离因数。
(3) 用一降尘室处理含尘气体,假设尘粒做层流沉降。下列情况下,降尘室的最大生产能力如何变化？①要完全分离的最小粒径由 $60\mu m$ 降至 $30\mu m$；②空气温度由 10℃ 升至 200℃；③增加水平隔板数目，使沉降面积由 $10m^2$ 增至 $30m^2$。

(4) 平流式沉砂池是废水处理过程中沉砂池的一种常见形式，其主要功能是去除比较大的无机颗粒。在平流式沉砂池的设计计算中，通常按照去除相对密度 2.65，粒径大于 $200\mu m$ 的颗粒确定参数。颗粒的沉降可以看作在废水中的重力自由沉降。假设有效水深为 1m，求污水在沉砂池中的最短停留时间。污水的密度为 $1000kg/m^3$，黏度为 $1.2\times 10^3 Pa\cdot s$。

(5) 采用平流式沉砂池去除污水中直径较大的颗粒。如果颗粒的平均密度为 $2240kg/m^3$，沉砂池有效水深为 1.2m，水力停留时间为 1min，求能够去除的颗粒最小直径（假设颗粒在水中自由沉降，污水的物性参数为密度 $1000kg/m^3$，黏度为 $1.2\times 10^{-3} Pa\cdot s$）。

(6) 降尘室是从气体中除去固体颗粒的重力沉降设备，气体通过降尘室具有一定的停留时间，若在这个时间内颗粒沉到室底，就可以从气体中去除，如图 3-35 所示。现用降尘室分离气体中的粉尘（密度 $4500kg/m^3$），操作条件是：气体体积流量为 $6m^3/s$，密度为 $0.6kg/m^3$，黏度为 $3.0\times 10^{-5} Pa\cdot s$，降尘室高 2m，宽 2m，长 5m。求能被完全去除的最小尘粒的直径。

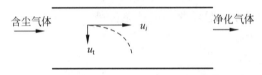

图 3-35 计算题(6)附图

(7) 已知某标准型旋风分离器的圆筒部分直径 $D=400mm$，进气筒高度 $h_i=D/2$，宽度 $B=D/4$，气体在旋风器内旋转的圈数为 $N=5$，分离气体的体积流量 $q_V=1000m^3/h$，气体的密度为 $0.6kg/m^3$，黏度为 $3.0\times 10^{-5} Pa\cdot s$，气体中粉尘的密度为 $4500kg/m^3$，求旋风分离器能够从气体中分离出粉尘的临界直径。

(8) 已知含尘气体中颗粒的密度为 $2300kg/m^3$，气体的体积流量 $q_V=1000m^3/h$，气体密度为 $0.674kg/m^3$，黏度为 $3.6\times 10^{-5} Pa\cdot s$，采用与计算题(7)相同的标准旋风分离器除尘，分离器的粒级效率曲线如图 3-11 所示，烟尘颗粒的粒度分布如表 3-3 所示。

表 3-3 烟尘颗粒的粒度分布

直径范围/μm	0～5	5～10	10～15	15～20
质量分数 x_m	0.10	0.55	0.30	0.05

试计算除尘的总效率。

(9) 密度为 $2000kg/m^3$、直径为 $40\mu m$ 的球状颗粒在 20℃ 的水中沉降，求其在半径为 5cm、转速为 $1000r/min$ 的离心机中的沉降速率。

(10) 直径为 0.1mm 球形颗粒物质悬浮于水中，过滤时形成不可压缩的滤饼，空隙率为 0.6，求滤饼的比阻。如果悬浮液中颗粒的体积分数为 0.1，求每平方米过滤面积上获得 $0.5m^3$ 滤液时滤饼的阻力。

(11) 用板框压滤机恒压过滤某种悬浮液，过滤方程为 $V^2+V=6\times 10^{-5}A^2 t$。式中，$t$ 的单位为 s。①如果 30min 内获得 $5m^3$ 滤液，需要面积为 $0.4m^2$ 的滤框多少个？②求过

滤常数 K、q。

（12）用过滤机过滤某悬浮液，固体颗粒的体积分数为 0.015，液体黏度为 1×10^3 Pa·s。当以 98.1kPa 的压差恒压过滤时，过滤 20min 得到的滤液为 0.197m³/m²，继续过滤 20min，共得到滤液 0.287m³/m²，过滤压差提高到 196.2kPa 时，过滤 20min 得到滤液 0.256m³/m²，试计算 q_e、r_0、s 及两压差下的过滤常数 K。

第 4 章

均相物系分离

第4章
思维导图

均相物系指的是物质内部各组分均匀分布，不存在显著的分界面或相分离的物质体系。这类体系内的各组分在化学和物理性质上保持一致。均相物系在化学反应过程中较为普遍。典型的均相体系包括水溶液、酒精溶液、盐溶液以及各种金属合成的合金等。

概况

在环境污染控制与治理技术中，均相物系分离过程尤为常见。这些分离过程大多在气态或液态环境中进行，旨在有效地将有害物质从混合物中分离出来。例如，废水中挥发性有机物、废气中二氧化硫、硫化氢等的脱除等过程中，会采用包括吸收、解吸、精馏、萃取等单元操作。这些技术各具特色，可以根据不同的污染情况和处理需求进行选择和组合，以达到最佳的污染控制效果。本章仅对部分常用均相物系分离技术加以介绍。

4.1 吸收

吸收

4.1.1 吸收基本概述

在气体混合物的分离过程中，通过利用各组分在同一液体（溶剂）中的不同物理溶解性（或化学反应活性）来实现分离的操作被称作气体吸收。该技术使用液体介质来处理气体中的污染物，是净化气态污染物和控制大气污染的有效手段之一。在此过程中，污染物通过扩散穿过气液两相的相界面并在液体中溶解，或与液体成分发生有选择性的化学反应，以此从气流中移除。吸收的逆过程称为解吸。气体吸收的必要条件是废气中的污染物在吸收液中有一定的溶解度。在吸收过程中所使用的液体介质被称为吸收剂或溶剂，而被吸收的可溶解气体组分则被称为吸收质或溶质，不溶解的组分则被称为惰性气体。

1. 工业吸收过程

以煤气脱苯为例，其吸收操作的流程如图 4-1 所示。

在炼焦及制取城市煤气的生产过程中，焦炉煤气内含有少量的苯、甲苯类低碳氢化合物的蒸气（约 $35g/m^3$）应予以分离回收。所用的吸收溶剂为该工艺生产过程的副产物，即煤焦油的精制品，称为洗油。

回收苯系物质的流程包括吸收和解吸两大过程。常温下，含苯煤气从底部进入吸收塔，洗油从塔顶淋入，塔内装有木栅等填充物。在煤气与洗油的接触过程中，煤气中的苯蒸气溶解在洗油中，使塔顶离去的煤气苯含量降至允许值（$<2g/m^3$），而富油，即溶有较多苯系溶质的洗油，由吸收塔底排出。为取出富油中的苯并使洗油能够再次使用，即溶剂的再生，在另一个称为解吸塔的设备中进行与吸收相反的操作——解吸。为此，可先将富油预热至 170℃ 左右从解吸塔顶淋下，塔底通入过热水蒸气。洗油中的苯在高温下逸出而被水蒸气带

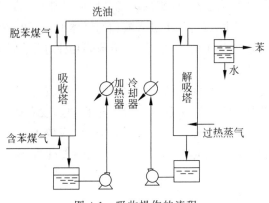

图 4-1 吸收操作的流程

走,经冷凝分层将水除去,最终可得苯类液体,即粗苯,而脱除溶质的洗油(称贫油)经冷却后可作为吸收溶剂再次送入吸收塔循环使用。

由此可见,采用吸收操作实现气体混合物的分离必须解决下列问题:

① 选择合适的溶剂,使其能选择性地溶解某个(或某些)被分离组分。

② 提供适当的传质设备以实现气液两相的接触,使被分离组分得以由气相转移至液相(吸收)或由液相转移至气相(解吸)。

③ 溶剂的再生,即脱除溶解于其中的被分离组分以便循环使用。

总之,一个完整的吸收分离过程一般包括吸收和解吸两个组成部分。

2. 吸收的分类

吸收操作通常有以下几种分类方法。

1) 物理吸收与化学吸收

根据过程中是否伴随化学反应的发生,吸收可分为物理吸收与化学吸收。物理吸收可看成气体简单地溶解于液相的过程。例如,用洗油回收焦炉煤气中所含少量苯、甲苯等。化学吸收是在吸收过程中吸收质与吸收剂之间发生化学反应,如用硫酸吸收氨。物理吸收操作的极限取决于在当时条件下吸收质在吸收剂中的溶解度,吸收速率则取决于气、液两相中吸收质的浓度差和吸收质从气相传递到液相中的扩散速率。加压和降温可以增大吸收质的溶解度,有利于物理吸收,物理吸收是可逆的,热效应小。化学吸收操作的极限主要取决于当时条件下的反应平衡常数,吸收速率则取决于吸收质的扩散速率或化学反应速率,化学吸收也是可逆的,但伴有较高热效应。

气体在溶剂中的溶解度一般不高,利用适当的化学反应可大幅提高溶剂对气体的吸收能力。例如,CO_2 在水中溶解度很低,但若以 K_2CO_3 水溶液吸收 CO_2 时,则在水溶液中发生下列化学反应

$$K_2CO_3 + CO_2 + H_2O \Longleftrightarrow 2KHCO_3$$

从而使 K_2CO_3 水溶液具有较高的吸收 CO_2 能力,同时化学反应本身的高度选择性必定赋予吸收操作以高度选择性。可见利用化学反应大大扩展了吸收操作的应用范围。

2) 单组分吸收与多组分吸收

根据被吸收组分数目的不同,吸收过程可分为单组分吸收和多组分吸收。若混合气体中只有一个组分进入液相,则可认为其余组分不溶于吸收剂,该吸收过程称为单组分吸收。

例如,用水吸收氯化氢气体制取盐酸、用碳酸丙烯酯吸收合成气(含有 N_2、H_2、CO、CO_2 等)中的 CO_2 等。若在吸收过程中,混合气中进入液相的气体组分不止一个,则称为多组分吸收。例如,用洗油处理焦炉气时,气体中的苯、甲苯、二甲苯等几种组分在洗油中都有显著的溶解。

3) 等温吸收与非等温吸收

气体溶质溶解于液体时,常伴随热效应,当发生化学反应时还会有反应热,会使液相的温度逐渐升高,这类吸收称为非等温吸收。若吸收过程的热效应很小,或被吸收的组分在气相中的组成很低而吸收剂用量又相对较大,或虽然热效应较大,但吸收设备的散热效果很好,能及时移出吸收过程所产生的热量,此时液相的温度变化并不显著,这类吸收称为等温吸收。

4) 低组成吸收与高组成吸收

当混合气中溶质组分 A 的摩尔分数高于 0.1,且被吸收的数量又较多时,一般称为高组成吸收;反之,溶质在气液两相中的摩尔分数均不超过 0.1 的吸收,则称为低组成吸收。其中,0.1 这个值是根据生产经验人为规定的,而非一个严格的界限。对于低组成吸收过程,由于气相中溶质组成较低,传递到液相中的溶质量相对于气、液相流率较小,因此流经吸收塔的气、液相流率均可视为常数,并且由溶解热产生的热效应也不会引起液相温度的显著变化,可视为等温吸收过程。

工业生产中的吸收过程以低组成吸收为主,因此,本节重点讨论单组分低组成的等温物理吸收过程,对其他吸收过程将作简要介绍。

3. 吸收在环境治理中的应用

用吸收法净化气态污染物不仅效率高,而且还可以将某些污染物转化成有用的产品,进行综合利用。例如,用 15%~20% 的二乙醇胺吸收石油尾气中的硫化氢,可以再制取硫黄。因此吸收被广泛应用于气态污染物的净化。含有氮氧化物、硫氧化物、碳氢化合物、硫氢化合物等气态污染物的废气都可以通过吸收法除去有害成分。通常情况下,化学反应能够有效地加快吸收速率,并有助于吸收程度趋于完全。相比之下,物理吸收过程的速率较慢,且无法达到完全吸收。所以在处理气态污染物时,多采用化学吸收。

4. 吸收设备的主要类型

气体吸收设备的种类很多,但主要分为板式塔与填料塔两大类。板式塔内各层塔板之间有溢流管、液体从上层向下层流动、板上设有若干通气孔,气体由此至下层向上层流动,在塔板内分散成小气泡,两相接触面积增大,湍流程度增强。气液两相逐级接触,两相组成沿塔高呈阶梯式变化,因此这类设备统称为逐级接触(级式接触)设备,如图 4-2(a) 所示。填料塔则填充了许多薄壁环形填料,从塔顶淋下的溶剂在下流的过程中沿填料的各处表面均匀分布,并与自下而上的气流很好接触,此种设备由于气液两相不是逐次而是连续地接触,因此两相浓度沿填料层连续变化,这类设备称为连续接触(微分接触)式设备,如图 4-2(b) 所示。由于填料塔具有结构简单、阻力小、加工容易、可用耐腐蚀材料制作、吸收效果好、装置灵活等优点,故在气态污染物的吸收操作中应用普遍。

4.1.2 吸收传质机理

分析任何一个吸收过程都需要解决两个基本问题:过程的极限和过程的速率。吸收过

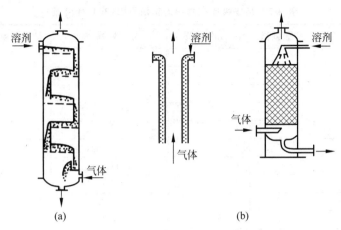

图 4-2 两种主要吸收设备
(a) 级式接触；(b) 微分接触

程的极限取决于相平衡关系，研究吸收速率，首先需要搞清楚吸收过程两相间的物质是如何传递的，它包括三个步骤：

① 溶质由气相主体传递到两相界面，即气相内物质传递；
② 溶质由气相转入液相，即界面上发生溶解过程；
③ 溶质自界面被传递到液相主体，即液相内物质传递。

一般来说，界面上发生的溶解过程很易进行，认为界面上气、液两相的溶质浓度满足相平衡关系，气液相平衡关系服从亨利定律。这样，总过程速率将分别由气相和液相内的传质速率决定。

1. 分子扩散与对流扩散

1) 分子扩散

分子扩散是指由分子无规则热运动而引起的物质传递现象。分子扩散速率主要取决于扩散物质和流体的部分物理性质。流体在不同介质中扩散系数不同；分子扩散速率与扩散的浓度梯度、扩散系数成正比。

几种物质在空气和水中的扩散系数见表 4-1 和表 4-2。

表 4-1 某些物质在空气中的扩散系数 (0℃, 101.33kPa)

扩散物质	扩散系数/(cm²·s⁻¹)	扩散物质	扩散系数/(cm²·s⁻¹)
H_2	0.611	H_2O	0.220
N_2	0.132	C_6H_6	0.077
O_2	0.178	C_7H_8	0.076
CO_2	0.138	CH_3OH	0.132
HCl	0.130	C_2H_5OH	0.102
SO_2	0.103	CS_2	0.089
SO_3	0.095	$C_2H_5OC_2H_5$	0.078
NH_3	0.170		

表 4-2　某些物质在水中的扩散系数（20℃稀溶液）

扩散物质	扩散系数/(10^{-9} m^2·s^{-1})	扩散物质	扩散系数/(10^{-9} m^2·s^{-1})
O_2	1.80	NaCl	1.35
CO_2	1.50	NaOH	1.51
NO_2	1.51	C_2H_2	1.56
NH_3	1.76	CH_3COOH	0.88
Cl_2	1.22	C_2H_5OH	1.28
Br_2	1.20	C_3H_7OH	1.00
H_2	5.13	C_4H_9OH	0.87
N_2	1.64	C_6H_5OH	0.77
HCl	2.64	甘油	0.84
H_2S	1.41	尿素	0.73
H_2SO_4	1.73	葡萄糖	1.06
HNO_3	2.60	蔗糖	0.60

2) 对流扩散

在湍流主体中，凭借流体质点的湍动与旋涡而引起的物质传递现象称为涡流扩散。湍流主体与相界面的分子扩散与涡流扩散两种传质作用的总和称为对流扩散。对流扩散时，扩散物质不仅靠分子本身的扩散作用，还借助主流流体的携带作用转移，而且后一种作用是主要的。对流扩散速率主要取决于流体的湍流程度，比分子扩散速率大得多。

2. 吸收传质理论

用吸收法处理含气态污染物的废气，是使污染物从气体主流中传递到液体主流中。是气、液两相之间的物质传递，描述两相之间传质过程的理论很多。目前，路易斯和惠特曼于20世纪20年代提出的双膜理论一直占有很重要的地位。它不仅适用于物理吸收，也适用于伴有化学反应的化学吸收。图4-3所示为双膜理论示意。

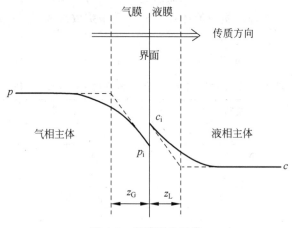

图 4-3　双膜理论示意

双膜理论的基本论点如下。

（1）相互接触的气液两流体间存在稳定的相界面，界面两侧各有一有效滞流膜层，分别称为气膜、液膜，吸收质以分子扩散的方式通过此双膜层。

(2) 在相界面处,气、液两相达到平衡。

(3) 在膜层以外的气、液两相中心区,由于流体充分湍流,吸收质浓度是均匀的,即两相中心区内浓度梯度皆为零,全部浓度变化集中在两相有效膜内。

通过以上假设,把复杂的相间传质过程简化为经由气、液两膜的分子扩散过程。

双膜理论认为相界面上处于平衡状态,即 p_i 与 c_i 符合平衡关系。其中,p_i 表示物质在气—液界面处的分压,Pa;c_i 表示物质在气—液界面处的浓度,$kmol/m^3$。

除双膜理论外,学者 Higbie 提出了溶质渗透理论,将液相中的对流传质过程简化如下。

液体在下流过程中每隔一定时间 t_0 发生一次完全的混合,使液体的浓度均匀化。在 t_0 时间内,液相中发生的不再是定态的扩散过程,液相中的浓度分布如图 4-4 所示。

发生混合的最初瞬间,只有界面处的浓度处于平衡浓度 c_i,而界面以外其他地方的浓度均与液相主体浓度相同。此时界面处的浓度梯度最大,传质速率也最快。随着时间的延续,浓度分布趋于均化,传质速率下降,经 t_0 时间后,又发生另一次混合。传质系数应是 t_0 时间内的平均值。

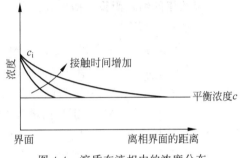

图 4-4 溶质在液相中的浓度分布

该设想的依据是填料塔中液体的实际流动。液体从某一个填料转移至下一个填料时必定发生混合,而不能保持原来的浓度分布。溶质渗透理论的主要贡献是放弃了定态扩散的观点,采用了非定态过程的分析方法,并指出了液体定期混合对传质的作用。

4.1.3 吸收计算

在工业生产中吸收操作多采用塔设备,既可采用气液两相在塔内逐级接触的板式塔,也可采用气液两相在塔内连续接触的填料塔,本章对吸收操作的分析和计算将主要结合填料塔进行。

填料塔内充以某种特定形状的固体填料以构成填料层。填料层是实现气液接触传质的场所。填料的主要作用是:

(1) 填料层内空隙体积所占的比例很大,填料间隙形成不规则的弯曲通道,气体通过时可达到很高的扰动程度;

(2) 单位体积填料层提供很大的固体表面,液体分布于填料表面呈膜状流下,增大了气液之间的接触面积。

在填料塔内,气液两相既可逆流,也可并流。在同等条件下,逆流操作可获得较大的平均推动力,从而有利于提高吸收速率。同时,逆流时流至塔底的吸收液恰与刚刚进入塔的高浓度混合气体接触,有利于提高出塔吸收液的浓度,从而减少溶剂的用量;升至塔顶的气体恰与刚进塔的吸收剂接触,有利于降低出塔气体的浓度,从而提高溶质的吸收率。因此,吸收塔通常都采用逆流操作。

通常填料塔的工艺计算包括如下项目:

(1) 在选定吸收剂的基础上确定吸收剂(溶剂)的用量;

(2) 计算塔的主要工艺尺寸,包括塔径和塔的有效高度,对板式塔有效高度是实际板层数与板间距的乘积,而对填料塔有效高度则是填料层高度。

计算的基本依据是物料衡算,气、液平衡关系及速率关系。

下面的讨论限于如下假设条件:

(1) 吸收为低浓度等温物理吸收,总吸收系数为常数;

(2) 惰性组分 B 在溶剂中完全不溶解,溶剂在操作条件下完全不挥发,惰性气体和吸收剂在整个吸收塔中均为常量;

(3) 吸收塔中气、液两相逆流流动。

1. 吸收塔的物料衡算与操作线方程

1) 全塔物料衡算

图 4-5 所示为一个定态操作逆流接触的吸收塔物料衡算示意,图中各符号的意义如下: V 为惰性气体的流量,kmol/s; L 为纯吸收剂的流量,kmol/s; Y_1、Y_2 分别为进出吸收塔气体中溶质的摩尔比浓度,kmol/kmol; X_1、X_2 分别为出塔及进塔液体中溶质的摩尔比浓度,kmol/kmol。

注意,本章中塔底截面一律以下标"1"表示,塔顶截面一律以下标"2"表示。

在稳态操作情况下,对单位时间内进出吸收塔的溶质 A 作物料衡算,可得

$$VY_1 + LX_2 = VY_2 + LX_1 \tag{4-1}$$

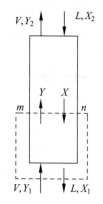

图 4-5 逆流吸收塔物料衡算

式(4-1)表明了逆流吸收塔中气液两相流量 V、L 和塔底、塔顶两端的气液两相组成 Y_1、X_1 与 Y_2、X_2 之间的关系。一般情况下,进塔混合气体的流量和组成是吸收任务所规定的,而吸收剂的初始组成与流量往往根据生产工艺要求确定,故 V、Y_1、L 及 X_2 为已知数,如果吸收任务又规定了溶质吸收率 ϕ_A,便可求得气体出塔时的溶质组成 Y_2,即

$$Y_2 = Y_1(1 - \phi_A) \tag{4-2}$$

式中,ϕ_A 为混合气体中溶质 A 被吸收的百分率,称溶质的吸收率或回收率。

由此,V、Y_1、L、X_2 及 Y_2 均为已知,再通过全塔物料衡算式便可求得塔底排出吸收液浓度 X_1。

2) 吸收塔的操作线方程

在定态逆流操作的吸收塔内,气体自下而上,其浓度由 Y_1 逐渐降至 Y_2,液相自上而下,其浓度由 X_2 逐渐增浓至 X_1,而在塔内任意截面上的气、液浓度 Y 与 X 之间的对应关系,可由塔内某一截面与塔的一个端面之间作溶质 A 的衡算而得。

例如,在图 4-5 中的 $m-n$ 截面与塔底端面之间作组分 A 的衡算,得

$$Y = \frac{L}{V}X + \left(Y_1 - \frac{L}{V}X_1\right) \tag{4-3}$$

式(4-3)称为逆流吸收塔的操作线方程,它表明塔内任一横截面上的气相浓度 Y 与液相浓度 X 之间呈直线关系,直线的斜率为 L/V,且此直线应通过 $B(X_1, Y_1)$ 及 $T(X_2, Y_2)$ 两点,如图 4-6 所示,图中的直线 BT 即为逆流吸收塔的操作线。端点 B 代表吸收塔底的情

况,此处具有最大的气、液浓度,故称为"浓端";端点 T 代表塔顶的情况,此处具有最小的气、液浓度,故称之为"稀端";操作线上任一点 A,代表着塔内相应截面上的液、气浓度 X、Y。

当进行吸收操作时,塔内任一截面上,溶质在气相中的实际浓度总是高于与其接触的液相平衡浓度,所以吸收操作线必位于平衡线上方。反之,若操作线位于平衡线下方,则进行解吸(脱吸)过程。

需要指出,操作线方程及操作线都是由物料衡算得来的,与系统的平衡关系、操作温度、压强以及塔的结构形式均无关。

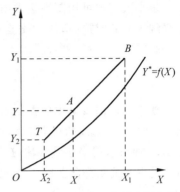

图 4-6 逆流操作吸收塔中操作线

2. 吸收剂用量的确定

在吸收塔设计时,需要处理的惰性气体流量 V 及气体的初、终浓度 Y_1 与 Y_2 已由任务规定,吸收剂的入塔浓度 X_2 常由工艺条件确定,而吸收剂用量 L 及吸收液浓度 X_1 互相制约,需由设计者合理选定。

由图 4-7(a)可知,在 V、Y_1、Y_2 及 X_2 已知的情况下,吸收操作线的一个端点 T 已经固定,另一个端点 B 则可在 $Y=Y_1$ 的水平线上移动,点 B 的横坐标将取决于操作线斜率 L/V。

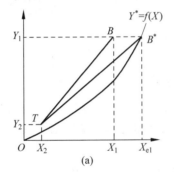 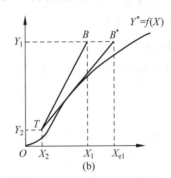

图 4-7 吸收塔最小液气比
(a) 示例 1;(b) 示例 2

操作线的斜率 L/V 称为液气比,是溶剂与惰性气体摩尔流量的比值。它反映单位气体处理量的溶剂耗用量大小。在此,V 值已经确定,故若减少溶剂用量 L,操作线的斜率就要变小,点 B 便沿水平线 $Y=Y_1$ 向右移动,其结果是使出塔吸收液的浓度加大,而吸收推动力相应减小。若溶剂用量减小到恰使点 B 移至水平线 $Y=Y_1$ 与平衡线的交点 B^* 时,$X_1 = X_{e1}$,即塔底流出的吸收液与刚进塔的混合气达到平衡。这是理论上吸收液所能达到的最高浓度,但此时过程的推动力已变为零,因而需要无限大的相间传质面积。这在实际上是达不到的,只能用来表示一种极限状况,此种状况下吸收操作线(B^*,T)的斜率称为最小液气比,以 $(L/V)_{min}$ 表示;相应的吸收剂用量即为最小溶剂用量,以 L_{min} 表示。

反之,若增大溶剂用量,则点 B 将沿水平线向左移动,使操作线远离平衡线,过程推动力增大。但超过一定限度后,效果便不明显,而溶剂的消耗、输送及回收等项操作费用急剧增大。

最小液气比可用图解法求出。如果平衡曲线符合图 4-7(a)所示的一般情况,则要找到水平线 $Y=Y_1$ 与平衡线的交点 B^*,从而读出 X_{e1} 的数值,然后用式(4-4)计算最小液气比,即

$$\left(\frac{L}{V}\right)_{\min}=\frac{Y_1-Y_2}{X_{e1}-X_2} \tag{4-4}$$

如果平衡曲线呈现如图 4-7(b)中所示的形状,则应过点 T 作平衡线的切线,找到水平线 $Y=Y_1$ 与此切线的交点 B^*,从而读出点 B^* 的横坐标 X_1 的数值,用 X_1 代替式(4-4)中的 X_{e1},便可求得最小液气比 $(L/V)_{\min}$ 或最小吸收剂用量 $L_{\min}$。

若平衡关系符合亨利定律,可用 $X_e=Y/m$ 表示,则可直接用式(4-5a)算出最小液气比,即

$$\left(\frac{L}{V}\right)_{\min}=\frac{Y_1-Y_2}{\dfrac{Y_1}{m}-X_2} \tag{4-5a}$$

由此可见,溶剂用量的大小,从设备费与操作费两方面影响到生产过程的经济效果,应权衡利弊,选择适宜的液气比,使两种费用之和最小。根据生产实践经验,一般情况下取溶剂用量为最小用量的 1.1~2.0 倍是比较适宜的,即

$$L=(1.1\sim 2.0)L_{\min} \tag{4-5b}$$

必须指出,为了保证填料表面能被液体充分润湿,还应考虑单位塔截面面积上单位时间内流下的液体量不得小于某一最低允许值。如果按式(4-5a)算出的溶剂用量不能满足充分润湿填料的最低要求,则应采用更大的液气比。

3. 塔径的计算

吸收塔直径可根据圆形管道内的流量公式计算,即

$$D=\sqrt{\frac{4q_V}{\pi u}} \tag{4-6}$$

式中,D 为吸收塔直径,m;q_V 为操作条件下混合气体的体积流量,m^3/s;u 为空塔气速,即按空塔截面计算的混合气体的线速度,m/s。

吸收过程中,由于吸收质不断进入液相,故混合气体流量由塔底到塔顶逐渐减少。计算塔径时,取塔底气量为依据。

计算塔径的关键在于确定适宜的空塔气速 u,下面介绍几种确定 u 值的方法。

(1) 泛点气速法

泛点气速是填料塔操作气速的上限,实际操作气速必须小于泛点气速,操作空塔气速与泛点气速之比,叫泛点率。泛点率有一个经验范围。

对于散装填料　　　　　　　$u/u_F=0.5\sim 0.85$ 　　　　　　　　　　(4-7)

对于规整填料　　　　　　　$u/u_F=0.6\sim 0.95$ 　　　　　　　　　　(4-8)

式中,u_F 为泛点气速,m/s。

只要已知泛点气速,通过泛点率经验关系即可求出空塔气速。

泛点气速可用经验方程计算,也可用关联图求解。通常使用较多的有贝恩(Bain)-霍根(Hougen)关联式和埃克特(Eckert)通用关联图。

泛点率的选择主要考虑两个方面的因素:①物系的发泡情况,对易起泡沫的物系,泛点率取低值,反之取高值;②塔的操作压力,加压操作时,应取较高的泛点率,反之取较低的泛

点率。

(2) 气相动能因子(F 因子)法

其定义为

$$F = u\sqrt{\rho_G} \tag{4-9}$$

式中,ρ_G 为气体密度,kg/m³。

计算时先从手册或图表中查出填料塔操作条件下的 F 因子,然后代入式(4-9)求 u。

(3) 气相负荷因子(c_S 因子)法

其定义为

$$c_S = u\sqrt{\frac{\rho_G}{\rho_L - \rho_G}} \tag{4-10}$$

$$c_S = 0.8 c_{S,\max} \tag{4-11}$$

计算时先查手册求出 $c_{S,\max}$。

根据上述方法计算出塔径,还应按塔径公称标准圆整,圆整后再对空塔气速及液体喷淋密度进行校正。

4. 吸收塔高的计算

吸收设备主要有填料塔和板式塔两大类型,本章重点讨论填料塔塔高的计算。

1) 填料层高度的基本计算式

计算填料塔的塔高,首先必须计算填料层的高度。填料层的高度可按式(4-12)计算,即

$$z = \frac{V}{\Omega} = \frac{A}{a\Omega} \tag{4-12}$$

式中,V 为填料层体积,m;A 为吸收所需的两相接触面积,m²;Ω 为塔的截面面积,m²;a 为单位体积填料层的有效比表面积,m²/m³。

有效吸收比表面积的数值总小于填料的比表面积,应根据有关经验式校正,只有在缺乏数据情况下,才近似取填料比表面积计算。

根据式(4-12),首先要求出吸收过程所需传质面积 A。A 必须通过传质速率方程求取。

吸收速率方程中的传质速率 N_A 均指单位传质面积上的速率,N_A 单位是 kmol/(m²·s),而实际操作的吸收塔不同截面上其传质速率不同,因为各截面上推动力不同。设全塔的总吸收速率为 G_A,单位是 kmol/s,塔内某一微元填料层高度 dz 的传质面积为 dA,如图 4-8 所示,则

$$G_A = \int N_A dA \tag{4-13}$$

$$dA = a\Omega dz \tag{4-14}$$

式中,dA 为塔中任一截面上微元填料层的传质面积,m²;dz 为微元填料层高度,m。

在此微元层内对组分 A(溶质)物料衡算可得,单位时间内由气相转入液相的溶质质量为

$$dG_A = -VdY = -LdX \tag{4-15}$$

式中的负号表示随填料层高度的增加,气液相组成均不断降低。在微元填料中吸收速率 N_A 视为定值。

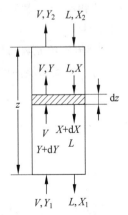

图 4-8 微元填料层的物料衡算

则
$$dG_A = N_A dA = N_A a\Omega dz \tag{4-16}$$

将 $N_A = K_Y(Y-Y_e) = K_X(X_e-X)$ 代入式(4-16)中得
$$dG_A = K_Y(Y-Y_e)a\Omega dz \tag{4-17}$$

及
$$dG_A = K_X(X_e-X)a\Omega dz \tag{4-18}$$

再将式(4-15)代入式(4-17)、式(4-18)得
$$-VdY = K_Y(Y-Y_e)a\Omega dz \tag{4-19}$$
$$-LdX = K_X(X_e-X)a\Omega dz \tag{4-20}$$

整理式(4-19)、式(4-20),分别得
$$\frac{-dY}{Y-Y_e} = \frac{K_Y a\Omega}{V}dz \tag{4-21}$$

$$\frac{-dX}{X_e-X} = \frac{K_X a\Omega}{L}dz \tag{4-22}$$

对于稳定操作的吸收塔,当溶质溶解度处于中等以下,平衡关系曲线为直线时,K_Y 及 K_X 可视为常数,式中 L、V、a、Ω 均不随时间和塔截面而变化。于是对式(4-21)和式(4-22)在全塔范围内积分
$$\int_{Y_1}^{Y_2}\frac{-dY}{Y-Y_e} = \frac{K_Y a\Omega}{V}\int_0^z dz \tag{4-23}$$

$$\int_{X_1}^{X_2}\frac{-dX}{X_e-X} = \frac{K_X a\Omega}{L}\int_0^z dz \tag{4-24}$$

由此得到低组成气体吸收时计算填料层高度的基本式为
$$z = \frac{V}{K_Y a\Omega}\int_{Y_2}^{Y_1}\frac{dY}{Y-Y_e} \tag{4-25}$$

$$z = \frac{L}{K_X a\Omega}\int_{X_2}^{X_1}\frac{dX}{X_e-X} \tag{4-26}$$

式中,$K_Y a$ 和 $K_X a$ 分别表示气相总体积吸收能力和液相总体积吸收能力,单位为 kmol/(m³·s),表示在推动力为一个单位的情况下,单位时间单位体积填料层内所吸收溶质的量。体积吸收系数可通过实验测取,也可通过查有关手册,或根据经验公式或关联式求取。

2) 传质单元数与传质单元高度

为了使填料层高度的计算更方便,可对式(4-25)进行如下处理:

若令
$$N_{OG} = \int_{Y_2}^{Y_1}\frac{dY}{Y-Y_e} \tag{4-27}$$

$$H_{OG} = \frac{V}{K_Y a\Omega} = \frac{\dfrac{V}{\Omega}}{K_Y a} \tag{4-28}$$

则式(4-25)可写成
$$z = H_{OG} N_{OG} \tag{4-29}$$

式中,N_{OG} 为以 $Y-Y_e$ 为推动力的传质单元数,即气相传质单元数,无量纲;H_{OG} 为气相传

质单元高度，m。

把塔高写成 N_{OG} 和 H_{OG} 的乘积，这样处理的真实意义是：传质单元数 N_{OG} 中所含的变量只与物质的相平衡以及进料的含量条件有关，与设备的形式和操作条件等无关。做出设备形式的选择之前即可求出传质单元数，它反映吸收过程进行的难易程度。生产任务所要求的气体组成变化越大，吸收过程平均推动力越小，则意味着过程难度越大，此时所需的传质单元数 N_{OG} 越大。

传质单元高度 H_{OG} 反映传质阻力的大小、填料性能的优劣以及润湿情况的好坏，与设备的形式、设备中操作条件有关，H_{OG} 是完成一个传质单元所需的填料高度，是吸收设备效能高低的反映。

传质单元高度与传质单元数见表 4-3。

表 4-3 传质单元高度与传质单元数

塔高计算	传质单元高度	传质单元数	塔高计算	传质单元高度	传质单元数
$z = H_{OG}N_{OG}$	$H_{OG} = \dfrac{V}{K_Y a \Omega}$ $H_{OG} = \dfrac{V}{K_y a \Omega}$	$N_{OG} = \int_{Y_2}^{Y_1} \dfrac{dY}{Y - Y_e}$ $N_{OG} = \int_{y_2}^{y_1} \dfrac{dy}{y - y_e}$	$z = H_G N_G$	$H_G = \dfrac{V}{K_y a \Omega}$ $H_G = \dfrac{V}{K_Y a \Omega}$	$N_G = \int_{y_2}^{y_1} \dfrac{dy}{y - y_i}$ $N_G = \int_{Y_2}^{Y_1} \dfrac{dY}{Y - Y_i}$
$z = H_{OL}N_{OL}$	$H_{OL} = \dfrac{V}{K_X a \Omega}$ $H_{OL} = \dfrac{V}{K_x a \Omega}$	$N_{OL} = \int_{X_2}^{X_1} \dfrac{dY}{X_e - X}$ $N_{OL} = \int_{x_2}^{x_1} \dfrac{dx}{x_e - x}$	$z = H_L N_L$	$H_L = \dfrac{L}{k_x a \Omega}$ $H_L = \dfrac{L}{k_X a \Omega}$	$N_L = \int_{x_2}^{x_1} \dfrac{dx}{x_i - x}$ $N_L = \int_{X_2}^{X_1} \dfrac{dX}{X_i - X}$

3）传质单元数的求法

计算塔高的关键是确定传质单元数。传质单元数的求法有解析法、梯级图解法、数值积分法，而解析法中又分脱吸因子法、对数平均推动力法。本节介绍最常用的脱吸因子法和对数平均推动力法。

(1) 脱吸因子法

若平衡关系在吸收过程所涉及的组成范围为直线 $Y_e = mX + b$，可以根据传质单元数的定义导出计算式。以气相总传质单元数 N_{OG} 为例，依定义可得

$$N_{OG} = \int_{Y_2}^{Y_1} \frac{dY}{Y - Y_e} = \int_{Y_2}^{Y_1} \frac{dY}{Y - (mX + b)} \tag{4-30}$$

由逆流吸收塔的操作线方程可知

$$X = X_2 + \frac{V}{L} = Y - Y_2 \tag{4-31}$$

将此式代入式(4-30)得

$$N_{OG} = \int_{Y_2}^{Y_1} \frac{dY}{Y - m\left[\dfrac{V}{L}(Y - Y_2) + X_2\right] - b}$$

$$= \int_{Y_2}^{Y_1} \frac{dY}{\left(1 - \dfrac{mV}{L}\right)Y + \left[\dfrac{mV}{L}Y_2 - (mX_2 + b)\right]} \tag{4-32}$$

令 $S = \dfrac{mV}{L}$,则

$$N_{OG} = \int_{Y_2}^{Y_1} \dfrac{\mathrm{d}Y}{(1-S)Y + (SY_2 - Y_{e2})} \tag{4-33}$$

积分式(4-33)并化简,可得

$$N_{OG} = \dfrac{1}{1-S} \ln\left[(1-S)\dfrac{Y_1 - Y_{e2}}{Y_2 - Y_{e2}} + S\right] \tag{4-34}$$

式中,$S = \dfrac{mV}{L}$ 称为脱吸因子,是平衡线与操作线的比值,无量纲。

由式(4-34)可以看出,N_{OG} 的数值取决于 S 与 $\dfrac{Y_1 - Y_{e2}}{Y_2 - Y_{e2}}$ 这两个因素。当 S 值一定时,N_{OG} 与 $\dfrac{Y_1 - Y_{e2}}{Y_2 - Y_{e2}}$ 之间有一一对应关系。为方便起见,在半对数坐标上以 S 为参数绘出 N_{OG} 与 $\dfrac{Y_1 - Y_{e2}}{Y_2 - Y_{e2}}$ 的函数关系,得到如图 4-9 所示的一组曲线。若已知 V、L、Y_1、Y_2、X_2 及平衡线斜率 m,便可求出 S 及 $\dfrac{Y_1 - Y_{e2}}{Y_2 - Y_{e2}}$ 的值,进而可从图 4-9 中读出 N_{OG} 的数值。

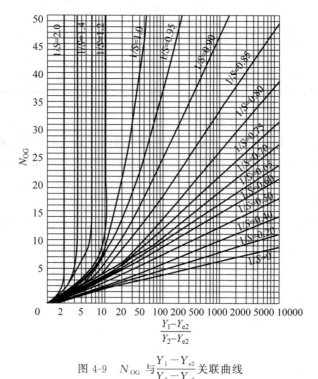

图 4-9　N_{OG} 与 $\dfrac{Y_1 - Y_{e2}}{Y_2 - Y_{e2}}$ 关联曲线

图 4-9 中横坐标 $\dfrac{Y_1 - Y_{e2}}{Y_2 - Y_{e2}}$ 值的大小,反映溶质吸收率的高低。在气、液进塔组成一定的情况下,要求吸收率越高,Y_2 值越小,横坐标的数值越大,对于同一个 S 值的 N_{OG} 值也就越大。

参数 S 值反映吸收推动力的大小。在气液进塔组成及溶质吸收率一定的条件下,横坐标的数值已确定,此时增大 S 值就意味着减小液气比,其结果是使溶液出塔组成提高而塔内吸收推动力变小,N_{OG} 值必增大。反之,若 S 值减小,则 N_{OG} 值变小。一般认为 $S=0.7\sim0.8$ 是经济合适的。

（2）对数平均推动力法

对数平均推动力法适用于平衡线为直线的场合,其计算公式为

$$N_{OG} = \int_{Y_2}^{Y_1} \frac{dY}{Y-Y_e} = \frac{Y_1-Y_2}{\Delta Y_m} \tag{4-35}$$

$$\Delta Y_m = \frac{(Y_1-Y_{e1})-(Y_2-Y_{e2})}{\ln \dfrac{Y_1-Y_{e1}}{Y_2-Y_{e2}}} \tag{4-36}$$

$$N_{OL} = \int_{X_2}^{X_1} \frac{dX}{X_e-X} = \frac{X_1-X_2}{\Delta X_m} \tag{4-37}$$

$$\Delta X_m = \frac{(X_{e1}-X_1)-(X_{e2}-X_2)}{\ln \dfrac{X_{e1}-X_1}{X_{e2}-X_2}} \tag{4-38}$$

式中,ΔY_m 和 ΔX_m 分别表示塔顶和塔底气相推动力的对数平均值和液相推动力的对数平均值。

5. 吸收塔的操作与调节

一定的物系在已确定的吸收塔中进行吸收操作,当气相流量和入口浓度已被规定时,则操作控制的目标是获得尽可能高的溶质吸收率 ϕ_A,即降低气相的出口浓度 Y_2。

影响溶质吸收率 ϕ_A 的因素不外乎物系本身的性质、设备情况(结构、传质面积等)及操作条件(温度、压强、液相流量及吸收剂入口浓度)。由于气相入口条件不能随意改变,塔设备又固定,所以吸收塔在操作过程中可调节的因素只能是改变溶剂入口的条件,吸收剂的入口条件包括流量 L、温度 T、含量 X_2 三大要素。

① 增大溶剂用量,操作线斜率增大,出口气体含量下降,平均推动力增大。
② 降低溶剂温度,气体溶解度增大,平衡常数减小,平衡线下移,平均推动力增大。
③ 降低溶剂入口含量,液相入口处推动力增大,全塔平均推动力也随之增大。

总之,适当调节上述三个变量皆可强化传质过程,从而提高吸收效果。当吸收和再生操作联合进行时,溶剂的入口条件将受再生操作的制约。如果再生能力减弱,溶剂进塔含量将上升；如果再生后的溶剂冷却不足,溶剂温度将升高。再生操作中可能出现的这些情况,都会给吸收操作带来不良影响。

提高溶剂流量固然能增大吸收推动力,但应同时考虑再生设备的能力。如果溶剂循环量加大使解吸操作恶化,则吸收塔的液相进口含量将上升,甚至得不偿失,这在调节中必须注意。

另外,采用增大溶剂循环量的方法调节气体出口含量 y_2 是有一定限度的。设有一足够高的吸收塔(为便于说明问题,设塔高 $H=\infty$),操作时必在塔底或塔顶达到平衡(图 4-10)。当气液两相在塔底达到平衡时,$(L/G)<m$,增大溶剂用量可有效降低 y_2;当气液两相在塔顶达到平衡时,$(L/G)>m$,增大溶剂用量则不能有效降低 y_2;当气—液两相在塔底和塔顶

同时达到平衡时,$L/G=m$,增大溶剂用量也不能有效降低 y_2。此时,只有降低吸收剂入口含量或入口温度才能使 y_2 下降。

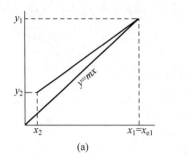 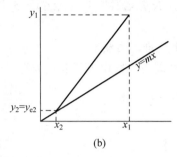

图 4-10　吸收塔的操作调节

(a) $A=\dfrac{L}{mG}<1$；(b) $A=\dfrac{L}{mG}>1$

如果条件允许,采用化学吸收对提高吸收率非常有效,如用碳酸氢钠水溶液吸收 CO_2,可使气相出口中 CO_2 的浓度接近零。另外,在填料吸收塔开工时,需进行预液泛操作,以保证填料充分润湿。

4.1.4　解吸

为了回收溶质或回收溶剂循环使用,需要对吸收液进行解吸处理(溶剂再生)。使溶解于液相中的气体释放出来的操作称为解吸(或称脱吸)。

1. 解吸方法

1) 气提解吸

气提解吸法也称载气解吸法,其过程类似于逆流吸收,但解吸时溶质由液相传递到气相。吸收液从解吸塔顶喷淋而下,载气从解吸塔底通入自下而上流动,气液两相在逆流接触的过程中,溶质将不断地由液相转移到气相。与逆流吸收塔相比,解吸塔的塔顶为浓端,而塔底为稀端。气提解吸所用的载气一般为不含或含极少溶质的惰性气体或溶剂蒸气,其作用在于提供与吸收液不相平衡的气相。根据分离工艺的特性和具体要求,可选用不同的载气。

(1) 以空气、氮气、二氧化碳作载气,又称为惰性气体气提。该法适用于脱除少量溶质以净化液体或使吸收剂再生为目的解吸。有时也用于溶质为可凝性气体的情况,通过冷凝分离可得到较为纯净的溶质组分。

(2) 以水蒸气作载气,同时又兼作热源的解吸常称为汽提。若溶质为不凝性气体,或溶质冷凝液不溶于水,则可通过蒸汽冷凝的方法获得纯度较高的溶质组分;若溶质冷凝液与水发生互溶,要想得到较为纯净的溶质组分,还应采用其他分离方法,如精馏等。

(3) 以溶剂蒸气作为载气的解吸,也称提馏。解吸后的贫液被解吸塔底部的再沸器加热产生溶剂蒸气,其作为解吸载气,在上升过程中与沿塔而下的吸收液逆流接触,液相中的溶质将不断被解吸出来。该法多用于以水为溶剂的解吸。

2) 减压解吸

对于加压情况下获得的吸收液,可采用一次或多次减压的方法,使溶质从吸收液中释放出来。溶质被解吸的程度取决于解吸操作的最终压力和温度。

3）加热解吸

一般而言，气体溶质的溶解度随温度的升高而降低，若将吸收液的温度升高，则必然有部分溶质从液相中释放出来。"热力脱氧"法处理锅炉用水，就是通过加热使溶解氧从水中逸出。

4）加热-减压解吸

将吸收液加热升温之后再减压，加热和减压的结合能显著提高解吸推动力和溶质被解吸的程度。

在工程上很少采用单一的解吸方法，往往是先升温再减压至常压，最后采用气提法解吸。

2. 气提解吸的计算

从原理上讲，气提解吸与逆流吸收是相同的，只是在解吸中传质的方向与吸收相反，即两者的推动力互为负值。从 $X-Y$ 图上看，吸收过程的操作线在平衡线的上方，而解吸过程的操作线则在平衡线的下方。因此，吸收过程的分析方法和计算方法均适用于解吸过程，只是解吸计算时要将吸收计算式中表示推动力的项前面加上负号。

在解吸计算中，一般要解吸的吸收液流量 L 及其进出塔组成 X_2、X_1 均由工艺规定。入塔载气组成 Y_1 也由工艺规定（通常为零），待求的量为载气流量 V、填料层高度 Z 等。

1）最小气液比和载气流量的确定

对于解吸塔，仍用下标 1 表示塔底（此时为稀端），下标 2 表示塔顶（此时为浓端），由物料衡算可得解吸的操作线方程为

$$Y = \frac{L}{V}(X - X_2) + Y_2 \tag{4-39a}$$

或

$$Y = \frac{L}{V}(X - X_1) + Y_1 \tag{4-39b}$$

式(4-39a)和式(4-39b)表明解吸过程的操作线是斜率为 L/V，通过点 (X_1, Y_1) 和点 (X_2, Y_2) 的直线，如图 4-11 中 BT 所示。若解吸过程的平衡关系符合亨利定律，则平衡线也为直线，如图 4-11 中的 OE。解吸过程的最大液气比为直线 BT_e 的斜率，即

$$\left(\frac{L}{V}\right)_{max} = \frac{Y_{e2} - Y_1}{X_2 - X_1} \tag{4-40}$$

所以，最小气液比为

$$\left(\frac{V}{L}\right)_{min} = \frac{1}{\left(\frac{L}{V}\right)_{max}} = \frac{X_2 - X_1}{Y_{e2} - Y_1} = \frac{X_2 - X_1}{mX_2 - Y_1} \tag{4-41}$$

通常取

$$\frac{V}{L} = (1.2 \sim 2.0)\left(\frac{V}{L}\right)_{min} \tag{4-42}$$

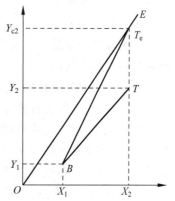

图 4-11 解吸过程操作线及最小气液比和载气流量的确定

当以空气为载气时，载气的流量可取得更大些。

2) 传质单元数的计算

若解吸的平衡线及操作线均为直线,则可由 $N_{\mathrm{OL}} = \int_{X_1}^{X_2} \dfrac{\mathrm{d}X}{X - X_e}$ 推导出液相总传质单元的计算式为

$$N_{\mathrm{OL}} = \dfrac{1}{1-A} \ln\left[(1-A)\dfrac{X_2 - X_{e1}}{X_1 - X_{e1}} + A\right] \tag{4-43a}$$

或

$$N_{\mathrm{OL}} = \dfrac{1}{1-A} \ln\left[(1-A)\dfrac{Y_2 - Y_{e2}}{Y_1 - Y_{e1}} + A\right] \tag{4-43b}$$

式中,$A = \dfrac{L}{mV}$,称为吸收因子,它是操作线斜率与平衡线斜率的比值,无量纲。

4.1.5 吸收设备

液体吸收过程是在吸收器内进行的,为了强化吸收过程,降低设备的投资和运行费用,要求吸收设备应满足以下要求:①气、液之间应有较大的接触面积和一定的接触时间;②气、液之间扰动强烈、吸收阻力低、吸收效率高;③气流通过时压力损失小,操作稳定;④结构简单,制作维修方便,造价低廉;⑤应具有相应的抗腐蚀和防堵塞能力。

常用的吸收设备有湍流塔、板式塔、液膜吸收器、填料吸收塔、吸收器、喷洒式吸收器、文丘里吸收器等。下面以填料吸收塔和板式塔为例进行简要介绍。

1. 填料吸收塔

填料吸收塔内配备多种形式的填料,如环形、块状或木制栅栏等。喷淋液体通过填料表面留下,气液两相主要在填料湿润的表面进行接触。得益于单位体积的填料有较大的表面积,这种设备能够在有限空间内容纳丰富的传质界面。

液体顺着填料的表面流动,基本上带有液膜的特性,因此,也可以将填料吸收塔看成液膜吸收器的一种变形。但填料吸收塔与液膜吸收器(包括薄板填料吸收器)也有一些差别:在液膜吸收器中,液体在设备的整个高度上均呈膜状流动;而在填料吸收塔中,液膜即使遭受破坏,在下一个填料个体上又会生成新的液膜。这样就会有部分液体以液滴的形式穿过下一层填料而直接流走。在一定的条件下,填料吸收塔中的膜状流动会被破坏,而以鼓泡的形式实现气液间的接触。

填料吸收塔一般做成圆筒塔状(图 4-12),塔内装有支承板 1,板上堆放填料 2。喷淋的液体通过分布器 3 洒向填料。在图 4-12(a)所示的吸收塔内,填料在整个塔内堆成一个整体。有时也将填料装成几层,每层的下边都设有单独的支承板(图 4-12(b))。当填料分层堆放时,层与层之间常装有液体再分布装置 4。

在填料吸收塔中,气体和液体的运动经常逆流(图 4-12),而很少采用并流操作(向下的并流)。但近年来对在高气速(达 10m/s)条件下操作的并流填料吸收塔给予很大的关注。在这样高的气速下,不但可以强化过程和缩小设备尺寸,而且并流的阻力也要比逆流时显著降低。这样高的气速在逆流时因为会造成泛液,是无法达到的。如果两相的运动方向对推动力没有明显影响,就可以采用这种并流吸收塔。

填料吸收塔的不足之处是难以除去吸收过程中的热量。通常使用外接冷却器的办法循环排走热量。

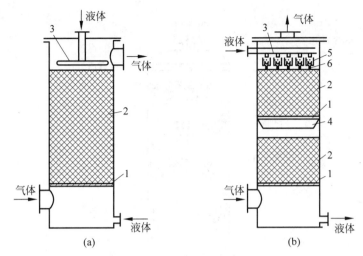

1—支承板；2—填料；3—液体分布器；4—液体再分布装置；5—分布槽；6—导管

图 4-12 填料吸收塔

(a) 填料整体装载；(b) 填料分层装载

装在填料吸收塔中的填料应该具有较大的比表面积(单位体积填料的表面积)和较大的空隙。除此之外，填料应该对气流具有较小的阻力，并能很好地分布液体，且对操作的介质具有耐腐蚀性。为了减小对支承装置和器壁的压力，填料的单位体积质量不应太大。

填料吸收塔中的填料可分两大类：整砌(规则排列)填料和乱堆(散装)填料；前者包括有栅板填料、环形填料(当规则排列时)及块状组合填料；后者有环形(散装时)、鞍形及块状填料。此外，还采用一些异形填料，可以整砌，也可以乱堆。

填料的材质多种多样，石墨、塑料、金属、陶瓷、焦炭及玻璃纤维等都常用来制成填料。图 4-13 所示为几种常见的填料。

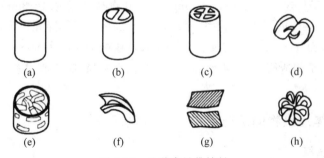

图 4-13 几种常见的填料

(a) 拉西环；(b) θ 环；(c) 十字格环；(d) 弧鞍形；(e) 鲍尔环；(f) 矩鞍环；(g) 波纹填料；(h) 花形填料

填料吸收塔有很多优点，如结构简单、没有复杂部件；适应性强，填料可根据净化要求增减高度；气流阻力小，能耗低，气液接触效果好，因此是目前应用最广泛的吸收设备。而其缺点是当烟气中含尘浓度较高时，填料易堵塞，清理时填料损耗较大。

2. 板式塔

筛板塔是应用最广泛的板式塔之一，以下内容以筛板塔为例进行介绍。图 4-14 所示为筛板塔示意。

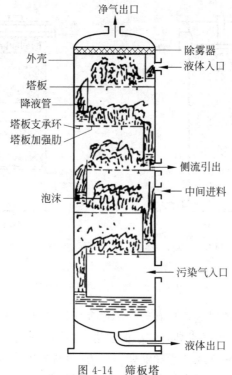

图 4-14 筛板塔

塔内沿高度方向设有多层开孔筛板。气体自下而上经筛孔进入筛板上的液层,气液在筛板上交错流动,通过气体鼓泡进行吸收。气液在每层筛板上都接触一次,因此筛板塔可以使气液进行逐级的多次接触。筛板上液层厚度一般为 30mm 左右,依靠溢流堰来保持,液体经溢流堰沿降液管流至下层筛板上。

筛板塔内的空塔气速一般为 1.0~2.5m/s。筛孔直径一般为 3~8mm,对于含悬浮物的液体,可采用 13~15mm 的大孔,开孔率一般为 6%~25%。气体穿孔速度为 4.5~12.8m/s。液体流量按空塔截面计为 1.5~3.8m³/(m²·h),每块板的压降为 800~2000Pa。

筛板塔的优点是构造简单,吸收率高;缺点是筛孔易堵塞,吸收过程必须维持恒定的操作条件。

4.1.6 吸收气体污染物的工艺配置

1. 吸收剂的选择

吸收剂性能的优劣是决定吸收操作效果的关键之一,选择吸收剂时应着重考虑以下几方面:

① 溶解度要大,以提高吸收速度并减少吸收剂的需用量。

② 选择性要好,对溶质组分以外其他组分的溶解度要很低或基本不吸收。

③ 挥发度要低,以减少吸收和再生过程中吸收剂的挥发损失。

④ 操作温度下吸收剂应具有较低的黏度,且不易产生泡沫,以实现吸收塔内良好的气流接触状况。

⑤ 对设备腐蚀性小或无腐蚀性,尽可能无毒。

⑥ 另外要考虑到价廉、易得、化学稳定性好,便于再生,不易燃烧等经济和安全因素。

水是常用的吸收剂。常用于净化煤气中的 CO_2 和废气中的 SO_2、HF、SiF_4 以及去除 NH_3 和 HCl 等。上述物质一般在水中的溶解度大,并随气相分压而增加,随吸收温度的降低而增大。因而理想的操作条件是在加压和低温下吸收,降压和升温下解吸。用水作吸收剂,价廉易得,流程、设备简单,但其缺点是净化效率低,设备庞大,动力消耗大。

碱金属钠、钾、铵或碱土金属钙、镁等的溶液也是很有效的吸收剂。它们能与气态污染物 SO_2、HCl、NF、NO_x 等发生化学反应,因而吸收能力大大增加,净化效率高、液气比低。例如,用水或碱液净化气体中的 H_2S 时,理论值可以推算出:H_2S 在 pH=9 的碱液中的溶解度为 pH=7 的中性水的 50 倍;H_2S 在 pH=10 的碱溶液中的溶解度为 pH=7 的水的 500 倍。

由此可见,酸性气体在碱性溶液中的溶解度比在水中要大得多,且碱性越强、溶解度越大。但化学吸收流程较长、设备较多、操作也较复杂,吸收剂价格较贵,同时由于吸收能力强吸收剂不易再生,因此在选择时,要从多方面加以权衡。

2. 吸收工艺流程中的配置

1) 富液的处理

富液需要得到妥当的处理。因为若直接排放富液,其携带的污染物可能会对水环境造成二次污染。因此,对富液的处理是吸收过程中不可或缺的一环。

以处理含 SO_2 的富液为例,通常会采用再生和浓缩技术,将其转化为硫酸或者亚硫酸钠副产品,这些不同的处理工艺都有其特定的流程。

2) 除尘

某些废气除含有气态污染物之外,还含有一定的烟尘,因此在吸收之前应设置专门高效除尘器(如静电除尘器)。在吸收的同时去除烟尘最为理想,然而由于两者去除的机理及工艺条件不同很难实现,为此常在吸收塔之前放置洗涤塔,既冷却了高温烟气,又起到除尘作用。还有的将两者分层合为一体,下段为预洗段,上段为吸收段。

3) 烟气的预冷却

由于生产过程的不同,废气温度差异很大,如锅炉燃烧排出的烟气通常温度在 423~458K,而吸收操作则要求在较低的温度下进行,因此废气在吸收之前需要先冷却。常用的烟气冷却方法有三种:

① 在低温省煤器中直接冷却,此法回收余热不大,但换热器体积大,冷凝酸性水有腐蚀性。

② 直接增湿冷却,即直接向管道中喷水降温,此方法简单,但要考虑水对管壁的冲击、腐蚀及沉积物阻塞问题。

③ 采用预洗涤塔除尘增湿降温,这是目前广泛应用的方法。

无论采用哪种方法,均要具体分析。一般要把高温烟气降至 333K 左右,再进行吸收为宜。

4) 结垢和堵塞

结垢和堵塞常成为某些吸收装置能否正常长期运行的关键。这要求首先搞清楚结垢的原因和机理,然后从工艺设计和设备结构上有针对性地加以解决。当然操作控制也是很重要的。从工艺操作上可以控制溶液或料浆中水分的蒸发量,控制溶液的 pH,控制溶液中易结晶物质不使过饱和,严格除尘,在设备结构上可选择不易结垢和阻塞的吸收设备等。

5) 除雾

湿式洗涤系统普遍面临产生"雾"的问题。这种雾不仅是水分,还是溶解了气态污染物的盐溶液,若释放到大气中,同样会对环境造成污染。由于雾中的液滴直径通常为 $10\sim60\mu m$,所以在工艺设计中,对吸收设备需设定除雾要求。

6) 气体的再加热

在吸收装置的尾部常设置燃烧炉。在炉内燃烧天然气或重油,产生 $1273\sim1373K$ 的高温燃烧气,使之与净化后的气体混合。这种方法措施简单,且混入净化气的燃气量少,排放的净化烟气被加热到 $379\sim403K$,同时提高了烟气抬升高度,有利于减少废气对环境的污染。

吸附

4.2 吸附

4.2.1 吸附基本概述

吸附分离是利用多孔固体物料与某一混合组分体系接触,使体系中的某些组分附着于固体表面,从而实现选择性的组分分离。其中被吸附到固体表面的组分称为吸附质,吸附吸附质的多孔固体称为吸附剂。吸附质附着到吸附剂表面的过程称为吸附,而吸附质从吸附剂表面反向逸散到另一相中的过程称为解吸。解吸能够恢复吸附剂一定程度的吸附能力,该过程也称为吸附剂的再生。吸附过程是发生在"气—固"或"液—固"体系的非均相界面上。

1. 吸附过程的分类

1) 按作用力性质分类

根据吸附剂和吸附质之间作用力性质的不同,吸附过程可以分为物理吸附和化学吸附。物理吸附也称范德华吸附,是由于吸附质分子与吸附剂表面分子间存在的范德华力所引起的,当吸附剂表面分子与吸附质分子间的引力大于流体相内部分子间的引力时,吸附质分子就被吸附在固体表面。化学吸附又称活性吸附,它是由吸附剂和吸附质之间发生化学反应而引起的,化学吸附的强弱取决于两种分子之间化学键力的大小。

吸附过程是放热过程,由于通常化学键力大大超过范德华力,所以化学吸附的吸附热比物理吸附的吸附热大得多。物理吸附的吸附热在数值上与吸附质的冷凝热相当,而化学吸附的吸附热在数值上相当于化学反应热。

2) 按吸附剂再生方法分类

吸附过程还可以根据吸附剂的再生方法分为变温吸附(TSA)和变压吸附(PSA)。在 TSA 循环中,吸附剂主要靠加热法得到再生。一般加热借助预热清洗气体来实现,每个加热-冷却循环通常需要数小时乃至数十小时。因此,TSA 几乎专门用于处理量较小的物料的分离。

PSA 循环过程是通过改变系统的压力来实现的。系统加压时,吸附质被吸附剂吸附;降低系统压力,则吸附剂发生解吸,再通过惰性气体的清洗,吸附剂得到再生。由于压力的改变可以在极短时间内完成,所以 PSA 循环过程通常只需要数分钟乃至数秒钟。PSA 循环过程被广泛用于大通量气体混合物的分离。

3) 按原料组成分类

分离过程也可以根据吸附质组分的浓度分为大吸附量分离和杂质去除。两者之间并没有明确的分界线,通常当被吸附组分的质量分数超过10%时,称为大吸附量分离;当被吸附组分的质量分数低于10%时,称为杂质去除。

4) 按分离机理分类

吸附分离是借助三种机理之一来实现的,即位阻效应、动力学效应和平衡效应。位阻效应是由沸石的分子筛分性质产生的。当流体通过吸附剂时,只有足够小且形状适当的分子才能扩散进入吸附剂微孔,而其他分子则被阻挡在外。动力学效应是借助不同分子的扩散速率之差来实现的。大部分吸附过程都是通过流体的平衡效应来完成的,故称之为平衡分离过程。

2. 吸附分离操作的应用

吸附分离操作的应用范围很广,既可以对气体或液体混合物中的某些组分进行大吸附量分离,也可以去除混合物中的痕量杂质。吸附分离操作在实际工业生产中的应用主要有以下几个方面:

(1) 气体或溶液的脱水及深度干燥,如空气除湿等。

(2) 气体或溶液的除臭、脱色及溶剂蒸气的回收,如工厂排气中稀薄溶剂蒸气的回收、去除等。

(3) 气体预处理及痕量物质的分离,如天然气中水分、酸性气体的分离等。

(4) 气体的大吸附量分离,如从空气中分离制取氧、氮,沼气中分离提纯甲烷等。

(5) 石油烃馏分的分离,如对二甲苯与间二甲苯的分离。

(6) 食品工业的产品精制,如葡萄糖浆的精制。

(7) 环境保护,如副产品的综合利用回收,废水、废气中有害物质的去除等。

(8) 其他应用,如海水中钾、铀等金属离子的分离富集,稀土金属的吸附回收,储能材料等。

吸附分离操作一般仅在脱色、除臭和干燥脱水等辅助过程中得到应用。随着合成沸石分子筛、炭分子筛等新型吸附剂的开发,吸附剂对各种性质相近组分的选择性系数大大提高,加之连续吸附分离工艺的开发和改进,近二十多年来吸附分离技术得到迅速发展,日益成为重要的分离技术。

4.2.2 吸附剂

工业上常采用天然矿物,如硅藻土、白土、天然沸石等作为吸附剂,虽然其吸附能力较弱,选择吸附分离能力较差,但价廉易得,主要用于产品的简易加工。硅藻土在80~110℃下,经硫酸处理活化后得到活性白土,在炼油工业作为脱色、脱硫剂应用较多。此外,常用的吸附剂还有活性炭、硅胶、活性氧化铝、沸石分子筛、炭分子筛、活性炭纤维、金属吸附剂和各种专用吸附剂等。

1. 吸附剂的主要特性

一般而言,任何固体物质的表面都对流体分子具有一定的物理吸附作用,但作为工业应用的吸附剂应具有以下特性:

(1) 吸附容量大

由于吸附过程发生在吸附剂表面,所以吸附容量取决于吸附剂表面积的大小。吸附剂表面积包括吸附剂颗粒的内表面积和外表面积,通常吸附剂的总表面积主要由颗粒空隙内表面积提供,外表面积只占总表面积的极小部分。吸附剂的总表面积与颗粒微孔的尺寸、数量以及排列有关,一般孔径为 20~100nm,比表面积可达每克数百至数千平方米。

(2) 选择性强

为了实现对目的组分的分离,吸附剂对要分离的目的组分应有较大的选择性,吸附剂的选择性越高,一次吸附操作的分离就越完全。因此,对于不同的混合体系应选择适合的吸附剂。

(3) 稳定性好

吸附剂应具有较好的热稳定性,在较高温度下解吸再生其结构不会发生太大的变化。同时,还应具有耐酸耐碱的良好化学稳定性。

(4) 适当的物理特性

吸附剂应具有良好的流动性和适当的堆积密度,对流体的阻力较小。另外,为了防止在操作和运输过程中发生过多的破碎造成组分污染或设备堵塞,还需具备一定的机械强度。吸附剂破碎是造成吸附剂损失的直接原因。

(5) 价廉易得

吸附剂应方便购买运输,成本不高,有利于大规模应用。

2. 常用的吸附剂

(1) 活性炭

活性炭是由煤或木质原料加工得到的产品,通常一切含碳的物料,如煤、重油、木材、果核、秸秆等都可以加工成黑炭,经活化后制成活性炭。常用的活性炭活化方法有药剂活化法和水蒸气活化法两种。前者是将含碳原材料炭化后,用氯化锌、硫化钾和磷酸等药剂进一步活化。目前多采用将氯化锌直接与原材料混合,同时进行炭化和活化的方法,这种方法主要用于制粉炭。后者是将炭化和活化分别进行,即将干燥的物料经破碎、混合、成型后,送入炭化炉内,在 200~600℃下炭化以去除大部分挥发性物质,炭化温度取决于原料的水分及挥发性物质含量。然后在 800~1000℃下部分气化形成孔道结构高度发达的活性炭。气化过程中使用的气体除水蒸气外,还可以是空气、烟道气或 CO_2。

活性炭具有比表面积大的特征,其比表面积可达每克数百甚至上千平方米,居各种吸附剂之首。活性炭具有非极性表面,属疏水和亲有机物的吸附剂。活性炭的特点是吸附容量大,热稳定性高,化学稳定性好,解吸容易。

(2) 活性炭纤维

活性炭纤维是将活性炭编织成各种织物的一种吸附剂形式。由于其对流体的阻力较小,因此其装置更加紧凑。活性炭纤维的吸附能力比一般活性炭要高 1~10 倍,对恶臭的脱除最为有效,特别是对丁硫醇的吸附量比颗粒活性炭高出 40 倍。在废水处理中,活性炭纤维也比颗粒活性炭去除污染物的能力强。

活性炭纤维分为两种,一种是将超细活性炭微粒加入增稠剂后与纤维混纺制成单丝,或用热熔法将活性炭黏附于有机纤维或玻璃纤维上,也可以与纸浆混粘制成活性炭纸;另一种是以人造丝或合成纤维为原料,与制备活性炭一样经过炭化和活化两个阶段,加工成具有一定比表面积和一定孔分布结构的活性炭纤维。

(3) 炭分子筛

炭分子筛类似沸石分子筛，具有接近分子大小的超微孔，由于孔径分布均一，在吸附过程中起到分子筛的作用，故称之为炭分子筛，但其孔隙形状与沸石分子筛完全不同。炭分子筛与活性炭同样由微晶炭构成，具有表面疏水的特性，耐酸碱性、耐热性和化学稳定性较好，但不耐燃烧。

由于活性炭的孔径分布较广，故对同系化合物或有机异构体的选择系数较低，选择分离能力较弱。而经过严格加工的炭分子筛孔径分布较窄，孔径大小均一，能选择性地让尺寸小于孔径的分子进入微孔，而尺寸大于孔径的分子则被阻隔在微孔外，从而起到筛选分子的作用。炭分子筛的制备方法有热分解法、热收缩法、气体活化法、蒸气吸附法等。

许多组分在炭分子筛上的平衡吸附常数接近，但在常温下的扩散系数差别较大，如氧和氮的扩散系数相差 2~3 倍，乙烷和乙烯的扩散系数相差 3 倍，丙烷与丙烯的扩散系数相差 5 倍。在这种情况下，炭分子筛可以利用不同组分扩散系数的差别完成分离。在氧和氮分离过程中，当微孔孔径控制在 0.3~0.4m 时，氧在孔隙中的扩散速度比氮快，因而在短时间内主要吸附氧，氮则从床层中流出。相反，采用沸石分子筛作为吸附剂时，由于其表面静电场与氮分子的四极作用对氮产生强吸附，氮的吸附量比氧多，氧从床层中通过。

(4) 硅胶

硅胶是一种坚硬无定形链状或网状结构的硅酸聚合物颗粒，由水玻璃溶液加酸得到的凝胶经老化、水洗、干燥后制成，属亲水性的极性吸附剂。硅胶的化学式为 $SO_2 \cdot nH_2O$。与活性炭相比，硅胶的孔径分布单一且窄小，其孔径为数十埃。由于硅胶表面羟基产生一定的极性，使硅胶对极性分子和非饱和烃具有明显的选择性。

硅胶作为极性吸附剂能吸附大量的水分。当其吸附气体中的水分时，可达自身重量的 50%，因此常被用于高湿度气体的干燥。硅胶吸附水分时的放热量很大，可使自身温度高达 100℃，并伴随颗粒破碎。而活性炭的吸附热较小，吸湿后仅升温 10~20℃。硅胶除作为催化剂载体外，主要用于各种气体的干燥脱水。

(5) 活性氧化铝

活性氧化铝是由含水氧化铝加热脱水制成的一种极性吸附剂。与硅胶相比，活性氧化铝的特点在于它不仅含有无定形凝胶，还具备由氢氧化物晶体构成的刚性骨架结构。这种材料无毒，质地坚硬，对多种气体和蒸气表现出稳定性，即使在水或液体中长期浸泡，也不会出现软化、膨胀或破碎的现象，具备出色的机械强度。

活性氧化铝的比表面积为 200~300 m^2/g，对水分有极强的吸附能力，主要用于气体和液体的干燥、石油气的浓缩与脱硫。同时也是常用的催化剂载体。

(6) 沸石分子筛

沸石分子筛是硅铝四面体形成的三维硅铝酸盐金属结构的晶体，是一种具有均一孔径的强极性吸附剂。每一种沸石分子筛都具有相对均一的孔径，其大小随分子筛种类的不同而异，大致相当于分子的大小。

4.2.3 吸附操作设计

在水处理中，经常使用活性炭作为吸附剂，以粒状活性炭柱应用较为广泛。

1. 操作方式

进行吸附操作前,原水应经过预处理,去除水中悬浮物及油类等杂质,以免堵塞吸附剂的孔隙。

吸附操作分静态及动态两种。前者为间歇式操作,将活性炭投入水中,不断搅拌,然后将炭分离。这种操作在生产上很少采用,除非在小水量、间歇排放的情况下才考虑。后者为连续式操作,有固定床、移动床和流动床三种方式。

(1) 固定床

固定床有降流式(又分重力式和压力式),也有升流式,或称膨胀式,炭层的膨胀度为10%~15%,两种形式的处理效果基本相同。

通常固定床炭层高与塔直径的比为(2~4):1,塔内流速(空塔速度)采用5~10m/h。为了使炭床从上到下发挥最大的吸附作用,即达到吸附平衡,生产上多采用多塔串联操作(一般2~4塔)。

(2) 移动床

移动床的操作方式是水从吸附塔底部进入,由塔顶流出。塔底部接近饱和的某一段高度的吸附剂间歇地排出塔外,再生后从顶部加入。空塔速度采用10~30m/h。其优点是占地面积小,连接管路少,基本上不需要反冲洗。缺点是要防止塔内吸附剂上下层互混,操作要求较高;不利于生物协同作用。移动床适用于较大水量的处理厂。

(3) 流动床

流动床又称流化床。流动床的特点是由下往上的水流使吸附剂处于膨胀状态,颗粒相互之间有相对运动,一般可以通过整个床层进行循环,适于处理悬浮物含量较高的水。缺点是设备较复杂,且不易操作。

2. 吸附穿透曲线

设计活性炭吸附柱时,首先应通过静态吸附试验测出不同类型的活性炭的吸附等温线,据此选择活性炭,并估算出处理每立方米水所需的活性炭量。在此基础上进行动态吸附柱试验以确定具体的设计参数。

动态吸附柱的工作过程可用图 4-15 所示的穿透曲线来表示。纵坐标为出水溶质浓度 ρ,横坐标为出水体积 V(或出流时间 t)。溶质浓度为 ρ_0 的原水流过炭柱时,溶质逐渐被吸附。炭层中除去溶质最多的区域称为吸附带(或吸附区)。在此带上部的炭层已达饱和状态,不再起吸附作用。当吸附带的下缘达到柱底部后,出水溶质浓度开始迅速上升,到达容许出水溶质浓度 ρ_a,此点即为穿透点;当出水溶质浓度达到进水浓度的90%~95%,即 ρ_b 时,可认为吸附柱的吸附能力已经耗竭,此点即为吸附终点。从穿透点到吸附终点这段时间(Δt)内,吸附带所移动的距离即为吸附带的长度(δ)。很明显,若活性炭柱的总长度小于吸附带的长度,则出水中的溶质浓度一开始就不合格。

由图 4-15 可知,如果只用单柱吸附操作,活性炭的处理水量只有 V_a;如采用多柱串联操作,使活性炭的吸附量达到饱和,则处理水量可得到 V_b,通水倍数(水/炭)就由 V_a/M 增加到 V_b/M。吸附柱设计时应充分利用这部分吸附容量。到达吸附终点时,去除的溶质总量 W 相当于穿透曲线与 ρ_0 点的横坐标平行线之间的面积,即

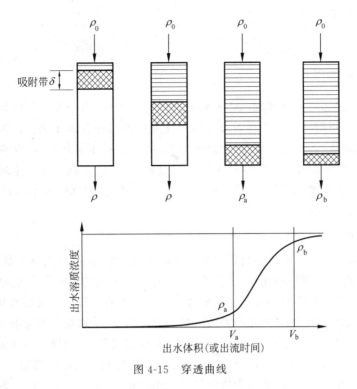

图 4-15　穿透曲线

$$W = \int_0^{V_b} (\rho_0 - \rho) dV \tag{4-44}$$

上列积分可用图解法求得。由此可得到活性炭的吸附量(q)和通水倍数。这是活性炭吸附柱的重要设计参数。

3．吸附剂的再生

吸附饱和后的吸附剂，经再生后可重复使用。再生的目的就是在吸附剂本身结构不发生或极少发生变化的情况下，用某种方法将吸附质从吸附剂的细孔中除去，使吸附剂能够重复使用。

活性炭的再生方法主要有加热法、蒸气法、溶剂法、臭氧氧化法与生物法等，具体采用的方法应根据实际情况确定。

高温加热再生是水处理中粒状活性炭最常用的再生方法。再生过程分为三个阶段：①将活性炭在 100～150℃下加热干燥（干燥阶段）；②升温至 700℃左右使吸附在孔隙中的有机物挥发、分解、碳化（碳化阶段）；③温度升高至 700～1000℃，并通入水蒸气、二氧化碳和氧气等进行活化，达到重新造孔的目的（活化阶段）。经过高温加热再生后活性炭的吸附能力恢复率可达 95% 以上，烧损率在 5% 以下。

活性炭吸附法在水处理中的应用有许多新的发展，如将粉末炭直接加入混凝沉淀池或曝气池中以提高处理效果，特别是投入曝气池中，同时对废水进行物理吸附和生物氧化处理，即生物物理法（PACT 法）。另外，臭氧与活性炭的联合处理可使两种方法协同作用、相得益彰，大大提高了出水水质，并延长了活性炭的再生周期。

4.3 萃取

4.3.1 萃取基本概述

萃取是将一种选定的溶剂加入待分离的液体混合物中，由于混合物中各组分在该溶剂中溶解度的不同，可以将原料中所需分离的一种或数种成分分离出来。该法具有适用浓度范围广、传质速率快、适于连续操作、产品纯度高、能量消耗少等优点，因此在污染物治理和资源回收工程中广泛应用。萃取法用于水处理过程，主要以含高浓度重金属离子的废水与某些高浓度有机工业废水（如含酚或染料废水等）为对象，提取回收其中的有用资源，从而达到综合治理的目的。

1. 萃取过程

萃取过程是指将与水不互溶且密度小于水的特定有机溶剂（称为萃取剂或有机相）和被处理水接触，在物理（溶解）或化学（包括络合、螯合式离子缩合）作用下，使原溶解于水的某种组分由水相转移至有机相的过程。萃取过程是一个传质过程。通过溶剂和原料液的一次或多次接触，被萃取组分通过两相的界面溶解入溶剂形成"萃取相"，部分溶剂溶解入原料液形成"萃余相"。萃取后将此两相分层分别引出，萃取相借蒸馏、洗涤等方法把其中的溶剂除去进行回收，就得到产品，称"萃取液"。将萃余相中的溶剂除去则得残液，称"萃余液"。每进行一次（称"一级"）萃取，萃取液中所含被萃取组成的浓度就提高一点。为了得到较纯的最终产品，需进行"多次萃取"直至产品纯度达到指定要求为止。

由此可知，萃取过程包括：①原料液和溶剂进行接触；②使萃取相和萃余相分层；③进行溶剂回收等步骤。

从传质理论可知，原料液与溶剂的每一次接触进行萃取，都有一个限度，即原料液中的各组分只能达到在此条件下溶剂的溶解度，即达到"平衡"。萃取操作中，称这样的过程为一个"理论级"。实际上生产中的每一个萃取操作过程是不可能达到一个"理论级"的，只能是接近这个理论级。

因此液—液萃取设备需同时满足两个要求：①确保溶剂与原料液之间实现充分的接触，尽可能接近理论级；②提供必要的空间时间，以便萃取相和萃余相得以有效分层以分别排出。同时，为保证两相有足够大的相对速度和相接触面积以利于传质，萃取装置多为"有外加能量"的设备（如振动、搅拌、脉冲等）。如被萃取的原始物料是固体，则称固—液萃取。

2. 萃取剂的选择

萃取剂的优劣对于萃取过程的技术经济指标有着直接影响。一个好的萃取剂，要求具有如下特点：

（1）选择性好

选择性好即该萃取剂对被萃取组分溶解能力大而对非被萃取组分溶解能力小，这样能使萃取剂用量减少，产品质量提高。

（2）萃取剂与原料液有大的密度差

密度差异越大，两相就越容易分层分离。

(3) 萃取剂的表面张力

一般希望表面张力大一些,不易产生乳化现象。若表面张力过大则因不易分散而使两相接触不好,影响传质。

(4) 萃取过程的能耗

萃取剂的汽化潜热和比热要小,与被萃取物的沸点差要大,使过程能耗低。

(5) 萃取剂的化学稳定性

萃取剂要求化学稳定性和热稳定性好、无毒、无腐蚀、不易燃烧等。

(6) 萃取剂的价格

萃取剂要价格低廉易得,资源充分。例如,焦化厂、煤气厂、炼油厂的脱酚应用较多的萃取剂主要是苯、重苯、重溶剂油。由表 4-4 可知,苯、重苯、重溶剂油脱酚的分配系数并不大,一般在 2 左右。不过这类试剂多为这些厂的产品,价廉易得,并且可利用厂现有设备再生,故应用较广。酯类、醚类、酮类萃取剂萃取酚的分配系数都较大,但这类萃取剂的水溶性都较大,限制了它们的推广应用。

在废水处理中,常用的萃取剂有:含氧萃取剂,如仲辛醇;含磷萃取剂,如中性的磷酸三丁酯(TBP)、甲基磷酸二甲庚脂(P_{350})和酸性的二(2-乙基己基)磷酸(P_{204})等;含氮萃取剂,如三烷基胺(N_{235})、2-羟基-5-仲辛基二苯甲酮肟(N_{510})等。其中 TBP 与 P_{204} 是处理含重金属离子废水有效的广谱性萃取剂。N_{510} 对废水中 Cu^{2+} 有特殊的选择萃取效果。这些萃取剂与金属离子的萃合物,用一定浓度的酸溶液(如 H_2SO_4)可以有效地将金属离子反萃于酸液中。N_{235} 在酸性条件下能有效地萃取染料中间体废水中苯、萘与蒽醌系带磺酸基的染料中间体,萃合物用 NaOH 溶液反萃,可以获得纯度较高的该类染料中间体原料,处理后废水有较高的脱色效果。

4.3.2 萃取基本原理

萃取过程的必要条件是被萃取组分在有机相中的溶解度大于水相。因此,两相接触过程达到分配平衡之前,被萃取组分在两相中的浓度与各自的平衡浓度之差,即为传质的推动力。当达到接触分配平衡时,被萃取组分在两相中的平衡浓度之比称为分配系数,由下式表示

$$\alpha = \frac{c_0}{c_\alpha} \tag{4-45}$$

式中,c_0 为有机相中被萃取组分的平衡浓度;c_α 为水相中被萃取组分的平衡浓度。

由式(4-45)可见,α 值是选择的萃取剂对被萃取组分萃取性能的重要指标。分配系数 α 越大,被萃取组分在萃取相中的浓度越大,分离效果越好,也就越容易被萃取。一般情况下,选用萃取剂的分配系数应大于1。焦化厂、煤气厂含酚废水的处理,某些萃取剂萃取酚时的分配系数见表 4-4。

表 4-4 某些萃取剂萃取酚时的分配系数(20℃)

溶液名称	苯	重苯	重溶剂油	酯类	醚类	酮类	醇类
分配系数 α	2.2	约 2.5	约 2.5	27～50	1～30	10～150	8～25

实际上，溶液浓度不可能很低，且由于缔合、解离、络合等原因，溶质在两相中的形态也不可能完全相同，因此分配系数往往不是常数，它受温度和浓度的影响，通常温度上升，分配系数变小。

废水中成分复杂，除被萃取组分外，还有多种污染杂质，因此选用的萃取剂应对被萃取组分的分配系数最大，而对其他杂质组分的分配系数尽可能小，才能保证提取物达到较高纯度。β表示两种组分分离难易程度的一个指标，称为分离系数，由下式表示

$$\beta = \frac{\alpha_A}{\alpha_B} \tag{4-46}$$

式中，α_A为被萃取组分A的分配系数；α_B为某杂质组分B的分配系数。

可见，β越大，组分A与组分B的分离效果越好，被萃取组分A的纯度就越高，经济价值越大。当需要回收利用被萃取组分时，必须再选择一种特定的水溶液（酸或碱溶液，称为反萃取液）与有机相接触，将被萃取组分由饱和的萃取剂中再转入水相，这一过程称为反萃取。反萃取是萃取的逆过程，这一过程必须使被萃取组分在反萃取液中的分配系数远高于在萃取剂中的分配系数，反萃取过程应具有浓缩的性质。利用萃取法回收废水中资源的全过程如图4-16所示。

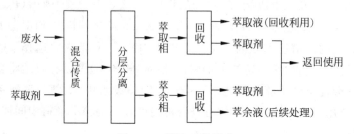

图 4-16 萃取工程示意

萃取过程水相与萃取剂经过一次混合接触平衡称为一级萃取，其流程如图4-17所示。一般情况下只用一级萃取往往不能满足被萃取组分高回收率的要求，需要通过多级逆流萃取流程，这样既可满足高回收率的要求，又可获得最佳污染处理效果。

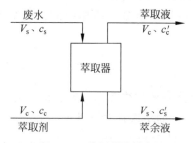

图 4-17 单组萃取流程

4.3.3 萃取过程的影响因素与理论级数的估算

1. 萃取过程的影响因素

影响萃取效率的主要因素有：

（1）两相接触体积比

两相接触体积（或流量）比是指萃取过程水相与有机相的体积比（或流量比），统称相比，

用下式表示

$$n = \frac{V_0}{V_a} \tag{4-47}$$

式中，V_0 为有机相体积；V_a 为水相体积。

显然，相比越大，萃取效率越高。然而较高的相比将增加萃取剂的投入量，且使被萃取组分浓度降低。因而选用适宜的相比在经济上与技术上是必要的，应通过实验确定，一般 $n \leqslant 1$ 为宜。

（2）萃取剂浓度

大多数萃取剂黏度较大，流动性差，如采用纯萃取剂操作，相混合与分层较难。因此往往需要选择一种惰性有机溶剂作为稀释剂（多采用磺化煤油），按一定比例配制成适宜浓度的萃取液，萃取剂浓度常用百分数表示。

（3）水相 pH（或酸碱度）

多数萃取剂的萃取过程为络合、螯合式离子缔合的化学反应，有的伴有离子交换。这些化学作用均受水相中酸碱度或 pH 的显著影响，不同萃取体系均有一最佳 pH 范围。

2．萃取过程的理论级数

在确定的萃取条件下，满足萃取效率的逆流接触平衡的次数称为理论级数。估算理论级数常用图 4-18 所示的图解法。图中曲线 1 称为萃取平衡等温线，是根据已确定的萃取体系与条件通过实验获得。直线 2 称为萃取操作线，其斜率等于 $V_a/V_0 = 1/n$。A 点表示废水中被萃取组分的初始浓度。由 A 点开始，在曲线 1 和直线 2 之间作阶梯线，直至直线 2 的末端（被萃取组分的残余浓度），阶梯数即为理论级数。也可以通过串级模拟逆流试验求得理论级数。在实际萃取中，采用的操作级数应比理论级数多 1～2 级。

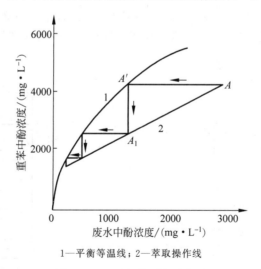

1—平衡等温线；2—萃取操作线

图 4-18 理论级数图解计算法

4.3.4 萃取设备

萃取设备的形式可以分三大类：罐式（萃取器）、塔式（萃取塔）和离心机式（萃取离心机），其中最常用的是塔式设备。任何一种萃取设备，都必须进行萃取两相的混合（萃取）与分离。混合、分离要充分。萃取器通常是间歇式操作,由装料、搅拌、静澄和出料四步构成一个循环。萃取塔和萃取离心机则是连续式操作。

萃取器是一个具有搅拌设备的圆筒形容器。混合时开启设备,静澄分离时关闭设备,可以调节搅拌和静澄的时间。它既可用于单级萃取,又可用于多级萃取。用于单级萃取时,多个萃取器可以并联;用于多级萃取时,多个萃取器可以串联。该设备常用于固—液萃取。

在萃取塔内,重液从顶部流入,从底部流出,而轻液则从底部流入,从顶部流出。轻重两液在塔身中充分混合、接触、萃取完成。由于塔顶具备足够的空间和断面,能够促使轻液流中的重液相有效分离,并从塔顶排出较为纯净的轻液。同理,塔底得益于同样充足的空间和断面设计,能够实现重液流中轻液的分离,进而确保从塔底排出的重质液体具有更高的纯净度。常用的萃取塔有以下几种。

1. 筛板萃取塔

图 4-19 是一种筛板萃取塔。塔身由筛板(多孔板)分为几部分,筛板上附有导流管。塔的上半部各筛板上的导流管均朝上装,塔的下半部各筛板上的导流管均向下装。在塔的上半部,重液为分散相,轻液为连续相,而在塔的下半部,重液为连续相,轻液为分散相。连续相是通过导流管从一段流向另一段,分散相是通过筛板(多孔板)的孔眼从一段流向另一段。萃取主要是在分散相透过连续相时完成的。然而并非每一种筛板萃取塔都设计相同。有的塔,导流管均向上装,这时重液为分散相;也有导流管均向下装的塔,这时重液为连续相。一般把流量较大者作为连续相。

筛板上的孔眼尺寸和筛板间距对萃取效率有影响。通常,孔径在 1.6~9.6mm,每块筛板上孔眼的总面积约占筛板面积的 10%;筛板间距在 150~600mm。

2. 脉动筛板萃取塔

萃取塔也可采用"搅拌",有多种方式。如图 4-20 所示,为一种筛板上下脉动的筛板塔。在这种情况下,导流管的作用很小,通常不设置。筛板脉动的幅度和频率对萃取效率有影响,

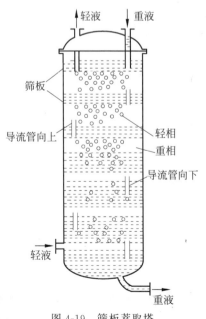

图 4-19 筛板萃取塔

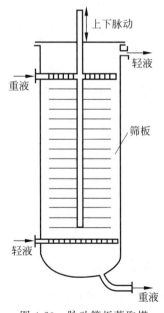

图 4-20 脉动筛板萃取塔

其值主要由经验决定。例如,当用重苯萃取含酚废水时,脉动频率通常不超过400次/min,在250～350次/min为宜;脉动幅度在1～8mm;筛板间距在100～600mm。

3. 转盘萃取塔

转盘萃取塔也是一种具有搅拌作用的萃取塔。由图4-21可以看出,塔身由若干环形隔板分隔成若干段,每段中央都有一块圆盘,该盘装在一根中心竖轴上,竖轴由电动机带动回转,位于塔上部的重液入流管及位于塔下部的轻液入流管均与塔身相切,液流方向与圆盘旋转方向相同。在圆盘的转动作用下,液相分散,其液滴大小与转速有关,影响萃取效率。调整圆盘转速,可获得最佳萃取条件。采用环形隔板和网格将分离室与入流区分隔,以消除液流的动能,使分离室不会因圆盘转动而受到干扰。

4. 填料萃取塔

图4-22所示为填料萃取塔,塔身填充填料。操作时,流入萃取塔的重液、轻液通过布液装置较均匀地分布在整个塔的断面上,在流过填料时彼此充分接触,从而完成萃取。为避免料液流向塔壁集中,塔壁上常设若干环形隔板,使沿塔壁流动的流体回到中间。实践发现,随着塔径的增大,其效率会降低。填料萃取塔不适用于有悬浮物的料液。

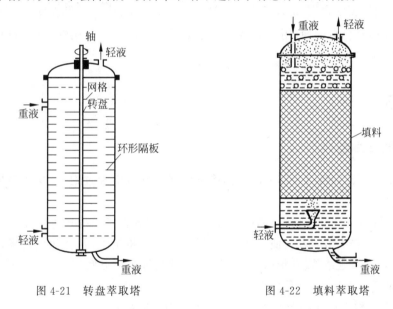

图 4-21 转盘萃取塔　　　　图 4-22 填料萃取塔

4.3.5 萃取法在废水处理中的应用

1. 萃取法处理含酚废水

煤气厂、焦化厂煤气冷却时形成的冷凝液中含有大量的焦油、氨和酚,称为氨水。氨水脱氨后含有1～3g/L的酚类物质。为了回收有用的酚和防止含酚废水对环境造成污染,通常采用萃取法进行脱酚。

图4-23所示是某煤气厂用萃取法脱酚的工艺流程。废水流量为8m/h,含酚量为3000mg/L。利用本厂生产的重苯作为萃取剂。萃取设备采用脉冲筛板塔。从油水分离池流出的废水,经过焦炭过滤器进一步去除焦油,然后冷却到40℃左右,进行萃取。在萃取

塔中，废水与重苯逆流接触，废水中的酚转入重苯中。饱含酚的重苯经过碱洗塔（装有浓度为 20% 的 NaOH 溶液）得到再生，然后循环使用。碱洗塔排出的酚钠溶液可作为原料回收酚。经萃取，废水中的酚浓度降至 100mg/L 左右，然后与厂内其他废水混合后进行生物处理。

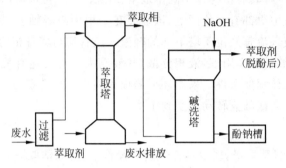

图 4-23　某煤气厂萃取脱酚工艺流程

2. 萃取法处理含重金属废水

某铜矿矿石厂废水含铜 0.3～1.5g/L，铁 4.5～5.4g/L，砷 10～300mg/L，pH=0.1～3。该废水用 N_{510} 作复合萃取剂，用萃取器进行六级逆流萃取。对含铜的萃取剂用 H_2SO_4 进行反萃取，再生后重复使用。

4.4　结晶

4.4.1　结晶基本概述

结晶是指热的饱和溶液冷却后溶质因溶解度降低导致溶液过饱和，从而溶质以晶体的形式析出的过程。

根据析出固体的原因，可将结晶操作分成若干类型。在工业生产中应用最多的是溶液结晶，即采用降温或浓缩的方式使溶液达到过饱和状态，析出溶质，从而大规模地制取固体产品。另外，还有熔融结晶、升华结晶、反应沉淀、盐析等多种类型。

与其他单元操作相比，结晶操作的特点是：

① 能将含有较多杂质的混合液分离，得到高纯度的晶体。

② 对于难分离物系，如高熔点混合物、相对挥发度小的物系、共沸物、热敏性物质等，可考虑通过结晶操作进行分离。这是由于具有相似沸点的组分在熔点上会有很大不同。

③ 由于结晶热一般为汽化热的 1/7～1/3，因此该工艺具有节能减耗的优点。然而，由于结晶是个放热过程，结晶温度较低时，通常需要较多的冷冻量来移走结晶热。而且多数结晶过程产生的晶浆都需要进行固液分离除去母液，并将晶体洗涤，才能得到较纯的固体产品。所以，当混合物能采用精馏等方法进行分离时，需要进行经济性比较，从而选出最适宜的分离方法。

进行结晶过程时，目标是实现低能耗的同时确保所生成晶体的高纯度。此外，考虑到实际操作的需求，还力求获得具有适中粒度及较窄粒度分布的晶体。不同粒度的晶体易于结成块或形成晶簇,所含母液不易去除,从而影响产品的纯度。另外,晶体的形状也关系到产品的外观、流动性、结块及其他应用性能。对结晶的粒度和晶形进行控制是结晶操作的一项重要技术。

溶解度曲线和溶液状态溶解度曲线反映了不同温度下溶质在溶剂中的溶解度变化规律。图 4-24 可以看出某些物质的溶解度曲线。溶解度的单位通常是用每单位质量溶剂中所含溶质的量来表达的,但也可以用其他浓度单位来表示,如质量分数等。一些含结晶水的水合盐在温度变化过程中,溶解度曲线发生明显的转折,该转折点即变态点。

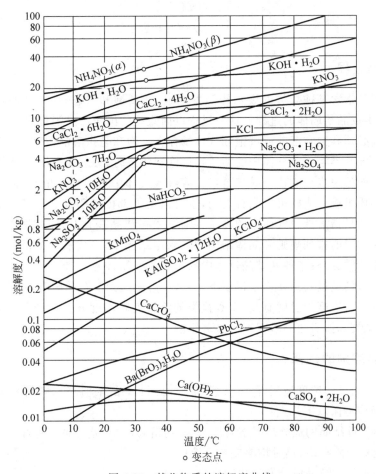

图 4-24　某些物质的溶解度曲线

4.4.2　结晶基本原理

结晶法是一种利用热原理和物理原理在溶剂中积累许多小颗粒,使其逐渐沉淀成结晶,从而制得结晶体的晶体成长方法。其基本原理为:溶质在溶剂中溶解,在溶剂中的溶解度越大,溶质的浓度也越高,当高浓度溶液缓慢冷却时,溶质的溶解度减小,溶质的浓度也减小,当溶液的溶质浓度大于溶质的溶解度时,溶质便会开始沉淀,进而形成结晶体。图 4-25 显示了两种物质 a、b 的溶解度曲线。分离接近饱和的物质 a 溶液可采用升温的方法,分离接近饱和的物质 b 溶液可采用降温的方法。

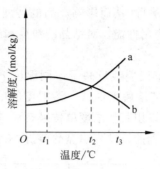

图 4-25　结晶原理示意

4.4.3　结晶过程

结晶过程是指含某种盐类的废水经蒸发浓缩,达到饱和状态,使盐在溶液中先形成晶核,继而逐步生成晶状固体的过程。这一过程以回收盐的纯净产品为目的。

结晶过程必须有饱和溶液或过饱和气体的存在。饱和是指溶液中已经溶解的物质达到最大可能的浓度。当溶液或气体中的物质超过饱和状态时,会形成过饱和状态,有利于结晶的发生。结晶的第一步是成核。成核是指在溶液或气体中形成微小的结晶核心,这些核心由一小部分物质组成。成核可以是自发的,也可以由外部因素引起。成核后的结晶核心会逐渐生长。生长是指溶液或气体中的物质逐渐沉积在结晶核心上,使其增大。物质在结晶过程中会按照一定的排列规则和晶体结构的要求组织起来,形成有序的晶体。晶体的形态与物质的化学性质、溶液条件和结晶过程中的扩散速率等有关。

结晶是溶解的逆过程。在恒定温度下,当水中溶质达到溶解平衡时,单位溶液中溶质的含量为溶解度。溶解度与温度有关,多数盐类的溶解度随温度升高而增大。废水中存在其他溶质(如酸碱类)时,对盐的溶解度有显著影响。

4.4.4　结晶溶剂的选择

一般而言,溶液的浓度适当,降温缓慢,放置时间长,结晶速度慢,则晶大而纯。因此,结晶溶剂的选择应遵循以下几点:

(1) 溶剂对欲结晶的成分热时溶解度大,冷时溶解度小,差别越大越好;
(2) 溶剂对杂质在冷、热时均溶或者不溶;
(3) 溶剂不与欲结晶成分发生化学反应;
(4) 溶剂的沸点不宜过高或过低。

4.4.5　结晶法的分类

1. 降温结晶法

降温结晶法又称冷却热饱和溶液结晶法,简称冷却热饱和溶液法,若有一杯不饱和溶液,加热溶液,使其成为饱和溶液,此时降低热饱和溶液的温度,溶解度随温度变化较大的溶质就会呈晶体析出,叫降温结晶。

以 NaCl 和 KNO_3 的混合样品为例,如果其中 KNO_3 的含量较高而 NaCl 的含量相对较低,可以利用降温结晶法先行提取 KNO_3,随后再对 NaCl 进行分离。

2. 蒸发结晶法

蒸发溶剂,使溶液由不饱和变为饱和,继续蒸发,过剩的溶质就会呈晶体析出,此过程称为蒸发结晶。

还是以 NaCl 和 KNO_3 的混合样品为例,当 NaCl 多而 KNO_3 少时,即可采用此法,先分离出 NaCl,再分离出 KNO_3。

观察溶解度曲线,溶解度随温度升高而明显升高时,称为陡升型,反之则称为缓升型。当陡升型溶液中混有缓升型时,若要分离出陡升型,可以用降温结晶的方法分离,若要分离出缓升型的溶质,可以用蒸发结晶的方法。如 KNO_3 就属于陡升型,NaCl 属于缓升型,所以可以用蒸发结晶来分离出 NaCl,也可以用降温结晶分离出 KNO_3。

3. 重结晶法

重结晶是指将晶体溶于溶剂或熔融以后,又重新从溶液或熔体中结晶的过程,又称再结晶。重结晶可以使不纯净的物质获得纯化,或使混合在一起的盐类彼此分离。重结晶的效果与溶剂选择有关系,最好选择对主要化合物是可溶性的,对杂质是微溶或不溶的溶剂,滤去杂质后,将溶液浓缩、冷却,即得纯制的物质。当两种盐混在一种溶剂中时,其溶解度随着温度的不同有很大的差异,例如 KNO_3 和 NaCl 的混合物,KNO_3 的溶解度随温度上升而急剧增加,而温度升高对 NaCl 溶解度影响很小。则可在较高温度下将混合物溶液蒸发、浓缩,首先析出的是 NaCl 晶体,除去 NaCl 以后的母液在浓缩和冷却后,可得纯 KNO_3。为得到良好的纯化效果,常需多次重结晶。

4. 升华结晶法

应用物质升华再结晶的原理制备单晶的方法,叫升华结晶法。物质通过热的作用,在熔点以下由固态不经过液态直接转变为气态,而后在一定温度条件下重新再结晶,称为升华再结晶。

物质在升华过程中,外界要对固态物质作功,使其内能增加,温度升高。为使物质的分子气化,单位物质所吸收的热量必须大于升华热(即熔解热和气化热之和),以克服固态物质的分子与周围分子的亲合力和环境的压强等作用。获得足够能量的分子,其热力学自由能大大增加。当密闭容器的热环境在升华温度以上时,该分子将在容器的自由空间内按布朗运动规律扩散。如果在该容器的另一端创造一个可以释放相变潜热(即相变过程中单位物质放出的热量)的环境,则将发生凝华作用而生成凝华核即晶核。在生长单晶的情况下,释放相变潜热,一般采用使冷手指法保留的相变材料处于一定的温度梯度内,并使尖端或平面的一点温度最低,此处形成晶核的概率最大。决定晶体生长的 3 个基本要素是表征系统自由能变化的临界半径、二维核存在的概率和二维核形成的频度。

升华再结晶法可用于熔点下分解压力大的材料,如制备 CdS、ZnS、CdSe 等单晶。其缺点是生成速率慢,生长条件难以控制。

4.4.6 结晶法处理废水的应用举例

从钢材酸洗废水中回收硫酸亚铁盐采用了图 4-26 所示的蒸气喷射真空结晶流程。这一流程可将含 H_2SO_4 126g/L、$FeSO_4$ 232g/L 的废水,经蒸发与结晶联合操作,获得较高纯度的 $FeSO_4 \cdot 7H_2O$ 产品。

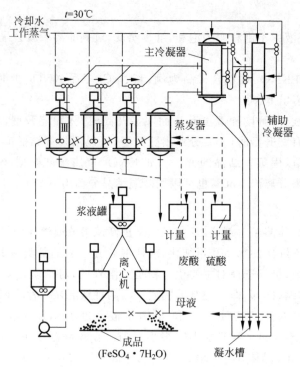

图 4-26 蒸气喷射真空结晶流程示意

4.5 离子交换

离子交换

4.5.1 离子交换基本概述

离子交换是给水水质软化和除盐的主要方法之一。在污水处理中,主要用于去除水中的金属离子。离子交换的实质是不溶性离子化合物(离子交换剂)上的可交换离子与溶液中的其他同性离子之间的交换反应。它是一种特殊的吸附过程,通常称为离子交换吸附。

离子交换利用离子交换剂将水中的 Ca^{2+}、Mg^{2+} 转换成 Na^+,其他阴离子成分不改变,也可以达到软化的目的。这个方法能够比较彻底地去除水中的 Ca^{2+}、Mg^{2+} 等,所以比前两个方法优越。

4.5.2 离子交换基本原理

离子交换是可逆反应,其反应式可表达为

$$RH + M^+ \rightleftharpoons RM + H^+ \tag{4-48}$$

在平衡状态下,反应物浓度符合下列关系式

$$\frac{[RM][H^+]}{[RH][M^+]} = k \tag{4-49}$$

式中,k 为平衡常数,$k>1$ 表示反应能顺利地向右方进行。k 越大,越有利于交换反应,而越不利于逆反应。k 的大小能定量地反映离子交换选择性的大小。

水处理中用的离子交换剂主要有磺化煤和离子交换树脂。磺化煤利用天然煤为原料,经浓硫酸磺化处理后制成,但交换容量低,机械强度差,化学稳定性较差,已逐渐为离子交换树脂所取代。

离子交换树脂是人工合成的高分子聚合物,由树脂本体(又称母体或骨架)和活性基团两部分组成。生产离子交换剂的树脂母体最常见的是苯乙烯的聚合物,是线性结构的高分子有机化合物,其结构如图 4-27 所示。在原料中,常加上一定数量的二乙烯苯作交联剂,使线状聚合物之间相互交联,成立体网状结构。树脂的外形呈球状颗粒,直径为 0.6~1.2mm(大直径树脂)、0.1~0.6mm(中直径树脂)或 0.02~0.1mm(小直径树脂)。树脂本身不是离子化合物,并无离子交换能力,需经适当处理加上活性基团后,才具有离子交换能力。活性基团由固定离子和活动离子(或称交换离子)组成。固定离子固定在树脂的网状骨架上,活动离子则依靠静电引力与固定离子结合在一起,两者电性相反、电荷相等。

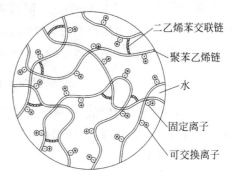

图 4-27　阳离子交换树脂结构示意

离子交换树脂按树脂的类型和孔结构的不同可分为:凝胶型树脂、大孔型树脂、多孔凝胶型树脂、巨孔型(MR 型)树脂和高巨孔型(超 MR 型)树脂等。

离子交换树脂按活性基团的不同可分为:含有酸性基团的阳离子交换树脂,含有碱性基团的阴离子交换树脂,含有胺羧基团等的螯合树脂,含有氧化还原基团的氧化还原树脂及两性树脂等。阴、阳离子交换树脂按照活性基团电离的强弱程度,又分为强酸性(离子性基团为—SO_3H)、弱酸性(离子性基团为—$COOH$)、强碱性(离子性基团为—NOH)和弱碱性(离子性基团有—NH_3OH、—NH_2OH、—$NHOH$)树脂。

4.5.3　离子交换树脂的选用

目前,我国生产的离子交换树脂品种很多,价格差别很大。而污水的成分复杂,要求处理的程度各异,因此,合理地选择离子交换树脂,在生产和经济上都有重大意义。严格地讲,对于不同的污水,应通过一定的试验确定合适的离子交换树脂牌号和采用的流程。

1. 离子交换树脂物理性能指标

物理性能指标主要有外观和粒度、密度、含水率、溶胀性、耐热性和机械强度等。

(1) 外观和粒度

离子交换树脂的外观多呈透明或半透明的球形,颜色有黄、白、深褐色等。树脂的直径一般为 0.3~1.2mm。

(2) 密度

树脂的密度有干真密度、湿真密度和湿视密度之分。干真密度是干燥恒重后的树脂质量与体积之比,通常为 1.2~1.4g/cm³,但该性能指标除生产厂家研究外,对应用者意义不大。水处理工程中常用的湿真密度和湿视密度都是在树脂含水状态下测得的。

湿真密度是指树脂在水中经充分膨胀后的颗粒密度,即

$$\text{湿真密度(g/mL)} = \frac{\text{湿树脂质量}}{\text{湿树脂颗粒体积}} \tag{4-50}$$

这里湿树脂颗粒的体积是颗粒本身的体积,不包括颗粒之间的空隙体积。一般阳树脂的湿真密度为 $1.20\sim1.35\text{g/mL}$;阴树脂的湿真密度为 $1.04\sim1.12\text{g/mL}$。在确定反冲洗强度和选择阴阳混合床树脂时都要用到湿真密度。

湿视密度是指树脂在水中经充分膨胀后的堆积密度,即

$$\text{湿视密度(g/mL)} = \frac{\text{湿树脂质量}}{\text{湿树脂堆积体积}} \tag{4-51}$$

这里湿树脂堆积体积包括颗粒之间的空隙体积。树脂的湿视密度一般为 $0.6\sim0.85\text{g/mL}$,常用来计算离子交换器内树脂的用量。

(3) 含水率

树脂的含水率一般以在水中充分膨胀的湿树脂所含水分的质量分数表示,即

$$\text{含水率} = \frac{\text{溶胀水质量}}{\text{干树脂质量} + \text{溶胀水质量}} \times 100\% \tag{4-52}$$

树脂的含水率主要取决于树脂的交联度,反映了树脂网架中的孔隙率。交联度越小,孔隙率越大,含水率就越高。一般树脂的含水率在 50% 左右。

(4) 溶胀性

树脂由于吸水或转型等条件改变,而引起的体积变化现象称为溶胀性。树脂由干变湿的膨胀度称绝对溶胀度;由一种可交换离子变为另一种可交换离子时的体积变化称相对溶胀度。相对溶胀度的大小与可交换离子水合半径的大小有关。强酸性阳树脂由 Na^+ 型转为 H^+ 型和强碱性阴树脂由 Cl^- 型转为 OH^- 型时,体积均会增加 $5\%\sim10\%$;反之则缩小。树脂在交换和再生过程中都会发生离子转型,因而体积有胀缩。多次反复地胀缩就会使树脂颗粒碎裂。

(5) 耐热性

各种树脂都有一定的耐热性。一般阳树脂可耐受 100℃ 或更高的温度,阴树脂可耐受 $60\sim80$℃ 的温度。过高的温度易使树脂的交换基团分解,影响交换性能;温度过低(如 0℃),会使树脂孔隙水分结冰而冻裂。

(6) 机械强度

树脂颗粒在应用过程中,由于受到摩擦、碰撞等机械作用和胀缩影响,会产生碎裂现象而损耗。因此,树脂应具有一定的机械强度。树脂颗粒的机械强度主要决定于交联度,交联度大,机械强度就高。水处理工程中要求树脂的机械强度应能保证每年使用的损耗量不超过 7%。

2. 离子交换树脂的化学性能指标

1) 离子交换树脂的有效 pH 范围

由于交换树脂的活性基团分为强酸、弱酸、强碱和弱碱性,水的 pH 势必对其造成影响。强酸、强碱性交换树脂的活性基团电离能力强,其交换能力基本上与 pH 无关。弱酸性交换树脂在水的 pH 低时不电离或仅部分电离,因此只能在碱性溶液中才有较高的交换能力;弱碱性交换树脂则在水的 pH 高时不电离或仅部分电离,只能在酸性溶液中才有较高的交换能力。各类型交换树脂的有效 pH 范围见表 4-5。

表 4-5　各类型交换树脂的有效 pH 范围

离子交换树脂类型	强酸性	弱酸性	强碱性	弱碱性
有效 pH 范围	1～14	5～14	1～12	1～7

2) 交换容量

交换容量是离子交换树脂最重要的性能,它定量地表示树脂交换能力的大小。交换容量的单位是 mol/kg(干树脂)或 mol/L(湿树脂)。交换容量又可分为全交换容量与工作交换容量。前者指一定量的树脂所具有的活性基团或可交换离子的总数量,后者指树脂在给定工作条件下实际的交换能力。

树脂的全交换容量可由滴定法测定。同时,在理论上也可以从树脂的单元结构式粗略地计算。以苯乙烯型强酸性阳离子交换树脂为例,可以将其看成由如图 4-28 所示单元构成。

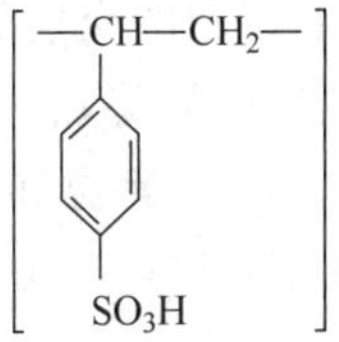

$M_r=184.6$,即每 184.6g 树脂中含有 1g 可交换离子 H^+。因此,每克树脂具有可交换离子 H^+ 为 $\dfrac{1}{184.6}$ mol/g $=0.00542$ mol/g 或

图 4-28　单元结构式

5.42mol/kg(干树脂)。扣去交联剂部分(按质量分数 8% 计),则强酸性交换树脂的全交换容量应为 5.42mol/kg×92%＝4.98mol/kg(干树脂)。该数值与实际测定结果大致符合。

3) 交联剂

树脂合成时采用的交联剂(如二乙烯苯)的用量,影响树脂分子的交联度。交联度对树脂的许多性能具有决定性的影响。交联度的改变将引起树脂的交换容量、含水率、溶胀度、机械强度等性质的改变。交联度较高的树脂,孔隙率较低,密度较大,离子扩散速率较低,对半径较大的离子和水合离子的交换量较小。浸泡在水中时,水化度较低,形变较小,也就比较稳定,不易碎裂。水处理中使用的离子交换树脂,交联度为 7%～10%。

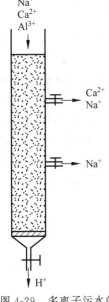

图 4-29　多离子污水的离子交换

4) 交换势

前文已述及,离子交换是可逆反应,可利用化学中的质量作用定律解释离子交换平衡规律。对同一种交换树脂 RH 讲,交换反应的平衡选择系数 K 随交换离子 M^+ 而异。K 越大,表明交换离子越容易取代树脂上的可交换离子,也就表明交换离子与树脂之间的亲和力越大,通常说这种离子的交换势很大;反之,K 越小,通常就说交换势越小。当含有多种离子的废水同离子交换树脂接触时,交换势大的离子必然最先同树脂上的离子进行交换。我们可做一简单的实验,把含有铝、钙、钠离子的水溶液缓慢地流过一个阳离子变换树脂床(图 4-29)。如果在交换床的不同深度处采样化验,则将发现上层的水样中已经没有铝离子,中层的水样中只有钠离子,下层的水样中三种离子基本上都没有了,已全部为离子交换树脂中的氢离子所替代。这个现象表明离子交换树脂对交换离子有"选择"性,先交换交换势大的离子,后交换交换势小的离子。这里还有一个交换量问题,不同离子的交换量往往也同它们的交换势有关。此外,离子的大小有时也影响交换势。

关于不同离子的交换势大小的解释有多种理论,但是,由于影响因素还不很清楚,因此关于离子交换势的规律还需依靠实践,下面介绍的一些规律可供参考。

(1) 离子的交换势,除同它本身和离子交换树脂的化学性质有关外,温度和浓度的影响也很大。

(2) 常温和低浓度水溶液中,阳离子的化合价越高,它的交换势越大。例如,按交换势排列有:$Th^{4+}>Al^{3+}>Ca^{2+}>Mg^{2+}>K^+>NH_4^+>Na^+>H^+>Li^+$。

(3) 常温和低浓度水溶液中,等价阳离子的交换势,一般是原子序数越高,交换势越大;但是稀土元素情况正好相反。

(4) 氢离子对阳离子交换树脂的交换势,取决于树脂的性质。对强酸性阳离子交换树脂,氢离子的交换势介于钠离子和锂离子之间,但是,对弱酸性阳离子交换树脂,氢离子具有最强的交换势,居于交换序列的首位。

(5) 在常温和低浓度水溶液中,对弱碱性阳离子交换树脂而言,酸根(阴离子)的交换序列如下:$SO_4^{2-}>CrO_4^{2-}>$柠檬酸根$>$酒石酸根$>NO_3^->AsO_4^{3-}>PO_4^{3-}>MoO_4^{2-}>$乙酸根$>I^->Br^->Cl^->F^-$。但弱碱性阴离子交换树脂对碳酸根和硫离子的交换能力很弱,对硅酸、苯酚、硼酸和氰酸等弱酸不起反应。

(6) 对强碱性阴离子交换树脂,离子的交换势随树脂的性质而异,没有一般性的规律。

(7) OH^-对阴离子交换树脂的交换势取决于树脂类型,对弱碱性阴离子交换树脂,OH^-居于交换序列的首位;对强碱性阴离子交换树脂,则介于Cl^-和F^-之间。

(8) 离子价位高的有机离子和金属络合离子的交换势特别大。

(9) 大孔型树脂具有很强的吸附性能,往往可以吸附废水中的非离子型杂质。例如,弱碱性阴离子交换树脂能吸附废水中的氯酚。

(10) 高浓度时,上述次序不再适用。再生时,提高Na^+浓度,可使Na^+置换Ca^{2+}。

4.5.4 离子交换的工艺和设备

1. 离子交换装置

按照进行方式的不同,离子交换装置可分为固定床和连续床两大类。固定床分为单层床、双层床和混合床,连续床又分为移动床和流动床。

废水处理中,单层固定床离子交换装置是最常用、最基本的一种形式。在固定床装置中,离子交换树脂装填在离子交换器内,形成一定高度。在整个操作过程中,树脂本身都固定在容器内而不往外输送。

用于废水处理的离子交换系统一般包括预处理设备(一般采用砂滤器,用于去除悬浮物,防止离子交换树脂受污染和交换床堵塞)、离子交换器和再生附属设备(再生液配制设备)。

常用的固定床离子交换器如图 4-30 所示。

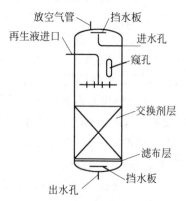

图 4-30 固定床离子交换器

2. 离子交换的运行操作

离子交换的运行操作包括四个步骤:交换、反洗、再生、清洗。

1) 交换

离子交换器的阀门配置如图4-31所示。操作时,开启进水阀1和出水阀2,其余阀门关闭。交换过程主要与树脂层高度、水流速度、原水浓度、树脂性能以及再生程度等因素有关。当出水中的离子浓度达到限值时,应进行再生。

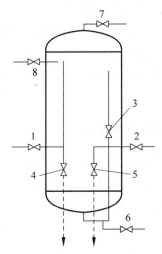

1—进水阀;2—出水阀;3—反洗进水阀;4—反洗排水阀;5—清洗排水阀;
6—底部放水阀;7—排气阀;8—进再生液阀

图4-31 离子交换器的阀门配置

2) 反洗

反洗的目的在于松动树脂层,以便下一步再生时,注入的再生液能分布均匀,同时也及时地清除积存在树脂层内的杂质、碎粒和气泡。反洗前先关闭阀门1和2,打开反洗进水阀3,然后再逐渐开大排水阀4进行反洗,反洗用原水。反洗使树脂层膨胀40%～60%。反冲流速约15m/h,历时约15min。

3) 再生

再生前先关闭阀门3和阀门4,打开排气阀7及清洗排水阀5,将水放到离树脂层表面10cm左右,再关闭阀门5,开启进再生液阀8,排出交换器内空气后,即关闭阀门7,再适当开启阀门5,进行再生。再生过程也就是交换反应的逆过程。借助具有较高浓度的再生液流过树脂层,将先前吸附的离子置换出,使其交换能力得到恢复,再生是固定床运行操作中很重要的一环。

再生液的浓度对树脂再生程度有较大影响。当再生剂用量一定时,在一定范围内,浓度越大再生程度越高;但超过一定范围,再生程度反而下降。对于阳离子交换树脂,食盐再生液浓度一般采用5%～10%;盐酸再生液浓度一般用4%～6%;硫酸再生液浓度则不应大于2%,以免再生时生成$CaSO_4$黏着在树脂颗粒上。

4) 清洗

清洗时,先关闭阀门8,然后开启阀门1及阀门5。清洗水最好用交换处理后的净水。清洗是将树脂层内残留的再生废液清洗掉,直到出水水质符合要求为止。清洗用水量一般为树脂体积的4～13倍。

固定床离子交换器的设计计算,根据物料平衡原理,可得如下基本公式

$$AhE = Q(c_0 - c)T \tag{4-53}$$

式中,A 为离子交换器截面面积,m^2;h 为树脂层高度,m;E 为交换树脂的工作交换容量,一般是全交换容量的 $60\% \sim 80\%$,mmol/L;Q 为废水平均流量,m^3/h;c_0 为进水浓度,mmol/L;c 为出水浓度,mmol/L;T 为交换周期,h。

一般离子交换器都有定型产品。它的尺寸和树脂装填高度亦已相应规定。此时,可按上式计算交换周期。如自行设计,则可考虑 h 用 $1.5 \sim 2.0$m,交换周期一般按 $8 \sim 10$h,按式(4-53)可以计算出交换器截面面积和直径。根据交换器截面面积和树脂层高度,也就可以计算出交换树脂的装填量 $V = Ah$。

4.5.5 离子交换法在给水处理中的应用

离子交换法在给水处理中主要用于水质软化与除盐。

一般水质软化采用 Na^+ 型阳离子交换柱固定型单床,如图 4-32 所示。原水(硬水)通过交换柱后,水中 Ca^{2+}、Mg^{2+} 被交换去除,转化为 Na^+ 盐,使水得到软化;而树脂则逐渐转为 Ca^{2+}、Mg^{2+} 型。当树脂失效时就需用食盐水(NaCl 溶液)再生。

$$2RNa + Ca^{2+} \longrightarrow R_2Ca + 2Na^+ \tag{4-54}$$

$$2RNa + Mg^{2+} \longrightarrow R_2Mg + 2Na^+ \tag{4-55}$$

式中,RNa 为 Na^+ 型阳离子交换树脂;R_2Ca、R_2Mg 分别为 Ca^{2+} 型和 Mg^{2+} 型的失效树脂。

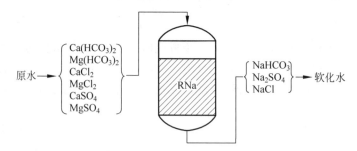

图 4-32 Na^+ 型离子交换柱

例 4-1 现有一圆柱形离子交换反应器,直径 $d = 1$m,拟装填牌号为 001×7 强酸性阳离子交换树脂(湿视密度 $D_V = 0.75 \sim 0.85$g/mol),树脂装填高度 $H = 1.5$m,计算所需装填树脂的质量;如果此离子交换反应器用于处理硬度 $\rho_0 = 4.35$mmol/L 的原水,使其出水硬度 ρ 不超过 0.03mmol/L,以供应低压锅炉作补充用水,水流速度 $v = 20$m/h,试估算制取多少软水和运行多长时间后需进行树脂再生。

解 (1)需装填树脂的质量

由反应器直径和装填高度可计算出装填树脂的体积

$$V = \left(\frac{d}{2}\right)^2 \pi H = 0.785 d^2 H = (0.785 \times 1^2 \times 1.5) m^3 = 1.18 m^3$$

已知 001×7 树脂的湿视密度 $D_V = 0.75 \sim 0.85$g/mol,取 0.8g/mol $= 0.8$t/m^3,则所需装填树脂的质量

$$m = (1.18 \times 0.8)t = 0.944t = 944kg$$

(2) 估算制取软水量

取 001×7 树脂的全交换容量为 2.0mmol/mL,实际应用中工作交换容量为全交换容量的 60%～70%,按 65% 估算,得工作交换容量

$$E_t = (0.65 \times 2.0) \text{mmol/mL} = 1.3 \text{mmol/mL}$$

上述装填树脂的可交换离子物质的量

$$n_B = V \times E_t = (1.18 \times 1.3 \times 1000000) \text{mmol} = 1534000 \text{mmol}$$

能制取软水量

$$W = \frac{n_B}{\rho_0 - \rho} = \left(\frac{1534000}{4.35 - 0.03}\right) \text{L} = 355092 \text{L} = 355 \text{m}^3$$

(3) 估算制水运行时间

$$T = \frac{W}{0.785 d^2 \times v} = \left(\frac{355}{0.785 \times 1^2 \times 20}\right) \text{h} = 22.6 \text{h}$$

水的除盐则需用 H^+ 型阳离子交换柱与 OH^- 型阴离子交换柱串联工艺,其流程如图 4-33 所示,当原水(含盐水)通过阳离子交换柱时,各金属离子 M^+ 被 H^+ 交换去除,其出水 pH 显酸性,再通过阴离子交换柱时,水中的各类酸根 A^- 被 OH^- 交换去除,出水即得到脱盐处理。

$$RH + M^+ \rightleftharpoons RM + H^+$$
$$ROH + A^- \rightleftharpoons RA + OH^-$$
$$H^+ + OH^- \rightleftharpoons H_2O$$

式中,RH、ROH 分别代表 H^+ 型阳离子交换树脂与 OH^- 型阴离子交换树脂;RM、RA 分别代表失效的阳、阴离子交换树脂,它们分别需用酸(如 HCl)、碱(如 NaOH)溶液再生。

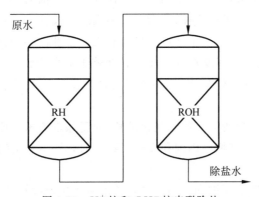

图 4-33 H^+ 柱和 OH^- 柱串联除盐

用 1 个阳离子交换柱与 1 个阴离子交换柱的串联工艺称为复合床。如果把阳离子交换树脂和阴离子交换树脂按一定比例混合均匀填充于同一个交换柱中,原水通过交换柱时 M^+ 和 A^- 同时分别被阳树脂和阴树脂交换,得到了脱盐处理。这种工艺称为混合床。由于一般阴树脂的交换容量约为阳树脂的一半,所以都按阳树脂:阴树脂=1:2 的比例混合。混合床相当于无数多个复合床的组合,其脱盐效果高,出水水质好,通常出水的电导率可在 0.1μS/cm 以下。混合床的再生比较复杂,需先将阳、阴树脂分层,再移出阳(或阴)树脂,分别用酸(或碱)溶液完成再生后再填充于同一个交换柱中。

实际工程中,水质软化与除盐多用强酸性阳离子交换树脂和强碱性阴离子交换树脂;根据原水的具体情况,也有选用弱酸性树脂和弱碱性树脂的;还有的用磺化煤或天然沸石。

4.5.6 离子交换法在废水处理中的应用

1. 电镀含铬废水的处理

生产实践表明,在电镀车间铬镀槽的洗涤水闭路循环系统中采用离子交换法分离、回收铬酸是有效的。采用的阳离子交换剂是732强酸性树脂,阴离子交换剂是710大孔型弱碱性树脂。铬镀槽洗涤水闭路循环系统的流程如图4-34所示。

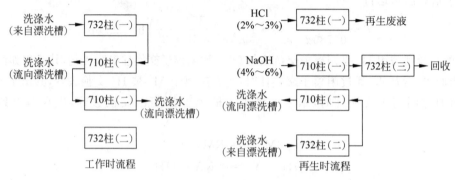

图4-34 铬镀槽洗涤水闭路循环系统流程

铬镀槽洗涤水的主要杂质是铬酸,也含有一些其他的阴、阳离子和不溶解杂质。从洗涤水中除铬酸主要是去除铬酸根,只要用阴离子交换柱就行。但为保证回收铬酸的纯度,从漂洗槽流来的水需先经过阳离子交换柱,然后流过阴离子交换柱。同理,阴离子交换剂再生前最好被铬酸根离子所饱和,即它的全部可交换氢氧根离子都被铬酸根离子所置换,以使它不含其他阴离子。这样,在阴离子交换柱工作的后期就不能保证出水水质符合漂洗槽进水的要求;为保证出水水质,在工作后期,从阴离子交换柱流出的水,要再流过另一个阴离子交换柱。

饱和的离子交换剂再生所需要的时间比较长,而洗涤水流量又比较大,因而阳离子交换柱也设置两个,以便当一组交换柱因饱和而进行再生时,另一组交换柱可以维持工作的连续进行。

阴离子交换剂被铬酸根所饱和后用氢氧化钠溶液再生,洗脱树脂上的铬酸根,使它恢复为氢氧型阴离子交换剂,再生排出的氢氧化钠和铬酸钠混合溶液流过阳离子交换柱时转化为很纯的铬酸溶液。

被钠或其他金属离子所饱和的阳离子交换剂用稀盐酸再生,恢复为氢型的阳离子交换剂。再生排出的废液为酸性的氯化物溶液,中和后排放沟道。废液有时含有重金属离子(虽然含量很低),应当回收重金属离子后再排放,这是需要进一步研究解决的。

2. 含锌废水的处理

某化学纤维厂用732苯乙烯强酸钠型树脂回收纺丝酸性废水中的锌,回收率达95%以上。该酸性废水中含有硫酸锌约500mg/L,硫酸约5000mg/L,硫酸钠约13000mg/L,废水

量为 $1120m^3/d$。

交换罐采用两个并联的内径为 1m、高为 2.5m 的衬胶钢罐,用直径为 2~4mm 的石英砂作垫层,垫层上树脂层厚为 2.0m。再生剂用芒硝($Na_2SO_4 \cdot 10H_2O$)溶液,浓度为 100~200g/L,或用 25% 的硫酸。

交换与再生的反应如下

$$2RSO_3 + 2Na + ZnSO_4 \underset{再生}{\overset{交换}{\rightleftharpoons}} (RSO_3)_2Zn + Na_2SO_4$$

生产流程如图 4-35 所示。酸性废水通过砂滤器去掉机械杂质,然后进入离子交换罐,Zn^{2+} 被优先交换,几乎全部去除。而 Na^+、H^+ 则被交换较少部分。出水中含有 Na_2SO_4 和 H_2SO_4,一部分用作厂内软化罐磺化煤的再生液,多余部分经中和处理后排放。

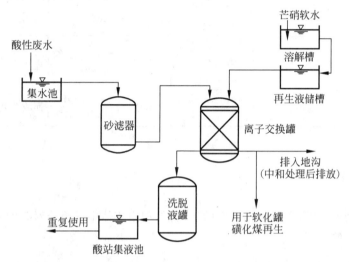

图 4-35 含锌酸性废水离子交换处理流程

该厂树脂每天再生一次,过水速度按 40m/h 计,两个交换罐 18h 可以处理一天的废水量,其余 6h 可以安排树脂的再生。每天耗用芒硝为 900kg,再生液量为 4500L,再生洗脱液中硫酸锌浓度约为 30g/L,与原水浓度相比,浓缩了 240 倍,可以直接回用于纺丝车间的酸浴。

与给水处理中水的软化、除盐相比,由于废水成分和性质复杂,在应用离子交换法时要注意考虑:实际废水中悬浮杂质、油类、其他溶解盐类、高价金属离子的影响;pH、水温的影响;废水中有机物和氧化剂对树脂的污染和破坏。

3. 离子交换法处理

日本和瑞士的氯碱厂采用阴离子交换树脂和螯合树脂处理含汞(氯化汞络合离子)废水。进水的 pH 先调整到 6~8,并用化学品破坏水中氧化物(即调整氧化还原电势),然后用活性炭滤池过滤,活性炭滤池同时有去除一部分汞和进一步破坏氧化物的作用。将经过预处理的废水通过阴离子交换柱,汞含量下降到 0.1~0.2mg/L;再通过螯合树脂,汞含量可进一步降低到 0.002mg/L。表 4-6 是离子交换法在废水处理方面的某些应用。

表 4-6　离子交换法在废水处理方面的某些应用

废水种类	有害离子或化合物	离子交换树脂类型	废水出路	再生剂	再生液出路	备注
电镀(铬)废水镀件清洗水	CrO_4^{2-}	大孔型阴离子交换树脂	循环使用	食盐或烧碱	用氢型阳离子交换树脂除钠后回用于生产	
电镀废水	Cr^{3+}、Cu^{2+}	氢型强酸性阳离子交换树脂	循环使用	18%~20%硫酸	蒸发浓缩后回用	
含汞废水	Hg^{2+}、$HgCl_x^{(x-2)-}$	氯型强碱性大孔型阴离子交换树脂	中和后排放	盐酸	回收汞	
黏胶纤维废水	Zn^{2+}	强酸性阳离子交换树脂	中和后排放	硫酸	回用于生产	
放射性废水	各类放射性废水	强酸性阳离子和强碱性阴离子交换树脂	排放	硫酸、盐酸和烧碱	进一步处理	本法只起浓缩作用
氯酚废水	氯酚	弱碱性大孔型离子交换树脂	排放	2% NaOH、甲醇	回收酚及甲醇	

膜分离

4.6　膜分离

膜分离是借助于膜,在某种推动力的作用下,利用流体中各组分对膜的渗透通量的差别而实现组分分离的过程。

4.6.1　膜和膜分离的分类

1. 膜的定义和分类

膜是分离两相和作为选择性传递物质的屏障(图 4-36)。膜的种类和功能繁多,有固态和液态两种;膜结构可以是均质的也可以是非均质的;可以是中性的,也可以是带电的。为了对膜有更深入的认识,可以将膜按不同的标准进行分类。从膜的性质、结构、用途以及功能四个方面对膜进行分类。按膜的结构分类如图 4-37 所示。

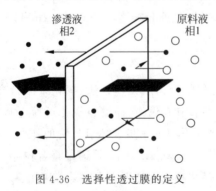

图 4-36　选择性透过膜的定义

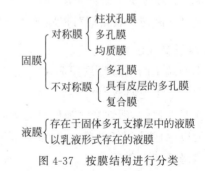

图 4-37　按膜结构进行分类

2. 膜分离的分类和特点

不同的膜分离过程中所用的膜具有不同的结构、材质和选择特性；被膜隔开的两相可以是气态，也可以是液态；推动力可以是压力差、浓度差、电位差或温度差，所以不同膜分离过程的分离体系和适用范围也不同。膜传递过程可以是主动传递过程，也可以是被动传递过程。主动传递过程的推动力可以是压力差、浓度差、电位差。主要介绍以下几种常见的膜分离过程（表4-7）。

表 4-7　几种主要的膜分离过程

过程	推动力	传递机理	透过组分	截留组分	膜类型	简　图
微滤 (MF)	压力差 0~100kPa	颗粒大小、形状	溶解、微粒 (0.02~10μm)	悬浮物（胶体、细菌）、粒径较大的微粒	多孔膜	进料→□→滤液(水)
超滤 (UF)	压力差 100~1000kPa	分子特性、形状、大小	溶剂、少量小分子溶质	大分子溶质	非对称性膜	进料→□→浓缩液/滤液
纳滤 (NF)	压力差 300~3000kPa	分子大小、溶剂的扩散传递	溶剂、部分小分子溶质	悬浮物、大分子部分离子	非对称膜或复合膜	进料→□→浓缩液/滤液
反渗透 (RO)	压力差 1000~10000kPa	溶剂的扩散传递	溶剂、中性小分子	悬浮物、大分子、离子	非对称性膜或复合膜	进料→□→溶质(盐)/溶剂(水)
渗析 (D)	浓度差	溶剂的扩散传递	小分子溶质	大分子和悬浮物	非对称性膜 离子交换膜	进料→□→净化液；扩散液→接受液
电渗析 (ED)	电位差	电解质离子的选择传递	电解质离子	非电解质、大分子物质	离子交换膜	浓电解质/产品(溶剂)，+/-极，阴离子交换膜/阳离子交换膜，进料
气体分离 (GP)	压力差 1000~10000kPa、浓度(分压差)	气体和蒸气的扩散渗透	易渗气体或蒸气	难渗气体或蒸气	均匀膜、复合膜、非对称性膜	进气→□→渗余气/渗透气
渗透汽化 (PV)	分压差	选择传递（物性差异）	膜内易溶解组分或易挥发组分	不易溶解组分粒径较大、较难挥发物	均匀膜、复合膜、非对称性膜	进料→□→溶质或溶剂/溶剂或溶质
液膜分离 (LM)	化学反应和扩散传递	促进传递和溶解扩散传递	杂质（电解质离子）	溶剂、非电解质离子	液膜	内相/膜相/外相

膜分离过程的特点一般有：

(1) 膜分离过程一般不发生相变,与有相变的平衡分离方法相比能耗低。

(2) 膜分离过程一般在常温或温度不太高的条件下进行,适用于热敏性物质的处理。

(3) 膜分离过程不仅可以除去病毒、细菌等微粒,还可以除去溶液中的大分子和无机盐,并且可以分离共沸物或沸点相近的组分。

(4) 由于以压力差或电位差为推动力,因此装置简单、操作方便、维护费用低。

3. 对膜的基本要求

首先要求膜具有良好的选择透过性,一般用膜的截留率、渗透通量、截留分子量等参数表示。

(1) 截留率 R

其定义为

$$R = \frac{c_1 - c_2}{c_1} \times 100\% \tag{4-56}$$

式中,c_1 为料液主体中被分离物质的浓度;c_2 为渗透液中被分离物质的浓度。

(2) 渗透通量 J

渗透通量指单位时间、单位膜面积透过的物质的质量,常用单位为 $kmol/(m^2 \cdot s)$ 或 $m^3/(m^2 \cdot s)$。

(3) 截留分子量

当分离溶液中有大分子物质时,截留物的分子量在一定程度上反映膜孔的大小。但通常多孔膜的孔径大小不一,被截留物的分子量将分布在某一定范围内。一般取截留率为 90% 的物质的分子量为膜的截留物分子量。

截留率大、截留分子量小的膜其渗透通量比较低,因此在选择膜时需在两者之间做出权衡。

此外,还要求分离用膜有足够的机械强度和化学稳定性。

4. 膜分离技术的应用

膜分离技术以其独特的作用而广泛用于水的净化与纯化过程中。

(1) 饮用水的净化

如微滤去除悬浮物中的细菌,超滤分离大分子和病毒,纳滤可除去部分硬度、重金属和农药等有毒化合物。

(2) 工业用水处理

如基于纳滤膜对二价离子,特别是二价阴离子的高脱除性而开发的新型膜分离过程,可完全除去悬浮物和大部分有机物。

(3) 工业废水和市政污水处理

如反渗透技术可使电镀污水得以循环使用,双极膜技术可使各种废酸、废碱、废盐水重新再用,市政污水的达标排放及回收再利用等。

5. 膜分离设备

膜分离技术的核心是分离膜,根据分离膜的材质和功能不同可分为多种类型。

根据分离膜的材质不同,可分为聚合物膜和无机膜两大类。目前使用的分离膜大多数是以高分子材料制成的聚合物膜。例如,各种纤维树脂、脂肪族和芳香族、聚酰胺等有机膜,陶瓷、玻璃等无机物。

根据膜的分离功能,分离膜可分为微滤膜、超滤膜、反渗透膜、渗析膜、电渗析膜、气体分离膜、渗透蒸发膜、液体分离膜等。

根据膜的形态分类,可分为平板膜、管状膜、细管膜、中空纤维膜等。

膜材料的选择是膜分离的关键。聚合物通常在较低温度下使用(最高不超过200℃),而且要求待分离的原料流体不与膜发生化学反应。当在较高温度下或原料为化学活性混合物时,采用无机膜较好。无机膜优点是热性能、机械性能和化学稳定性较好,使用寿命长,污染少,易于清洗,孔径分布均匀等;缺点是易破碎,成型性差,造价高。目前,将无机材料和聚合物制成杂合物,该类膜具有两种膜的优点。

将膜以某种形式组装在一个基本单元设备内,这种器件称为膜分离器,又称膜组件。膜材料种类很多,但膜设备仅有几种。膜分离设备根据膜组件的形式不同可分为:板框式、螺旋卷式、圆管式、中空纤维式、毛细管式和槽式。

1)板框式

板框式膜组件是膜分离史上最早问世的一种膜组件形式,其外观很像普通的板框式压滤机。图4-38为板框式膜组件构造示意图,图4-39所示为紧螺栓式板框式反渗透膜组件。多孔支撑板(盘)的两侧表面有孔隙,其内腔有供渗透液流通的通道,支撑板的表面和膜经黏结密封构成板膜。

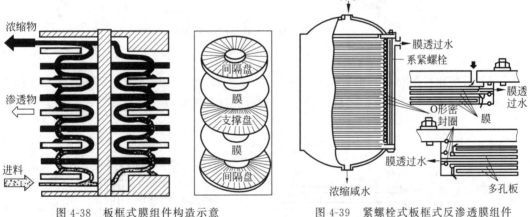

图4-38 板框式膜组件构造示意　　图4-39 紧螺栓式板框式反渗透膜组件

2)螺旋卷式

螺旋卷式(简称卷式)膜组件在结构上与螺旋板式换热器类似。如图4-40和图4-41所示。在两片膜中夹入一层多孔支撑材料,将两片膜的三个边密封而黏结成膜袋。另一个开放的边沿与一根多孔的渗透液收集管连接。在膜袋外部的原料液侧再垫一层网眼型间隔材料(隔网),即膜-多孔支撑体-原料液侧隔网依次叠合,绕中心管紧密地卷在一起,形成一个膜卷,再装进圆柱形压力容器内,构成一个螺旋卷式膜组件。

螺旋卷式膜组件的优点是结构紧凑,单位体积内的有效膜面积大,透液量大,设备费用低。缺点是易堵塞,不易清洗,换膜困难,膜组件的制作工艺和技术复杂,不宜在高压下操作。

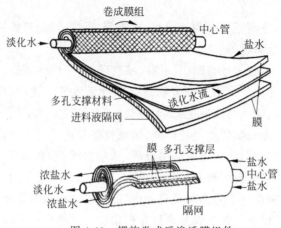

图 4-40　螺旋卷式反渗透膜组件

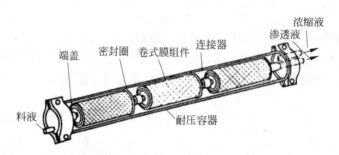

图 4-41　螺旋卷式反渗透器

3）圆管式

圆管式膜组件的结构类似管壳式换热器,如图 4-42 所示。其结构主要是把膜和多孔支撑体均制成管状,将两者装在一起,再将一定数量的这种膜管以一定方式联成一体。

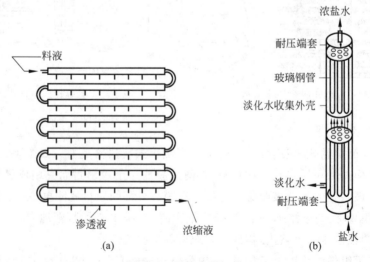

图 4-42　圆管式膜组件
(a) 内压单管式；(b) 内压管束式

管式膜组件的优点是原料液流动状态好,流速易控制;膜容易清洗和更换;能够处理含有易悬浮物的、黏度高的,或者能够析出固体等易堵塞液体通道的料液。缺点是设备投资和操作费用高,单位体积的过滤面积较小。

4)中空纤维式

中空纤维式膜组件的结构类似管壳式换热器,如图4-43所示。中空纤维膜组件的组装是把大量(有时是几十万或更多)的中空纤维膜装入圆筒耐压容器内。通常将纤维束的一端封住,另一端固定在用环氧树脂浇铸成的管板上。

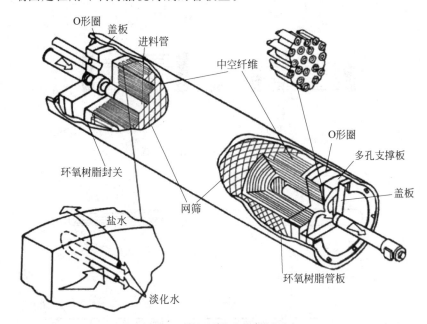

图4-43 中空纤维式膜组件示意

中空纤维式膜组件的优点是设备单位体积内的膜面积大,不需要支撑材料,寿命可长达5年,设备投资低。缺点是膜组件的制作技术复杂,管板制造较困难,易堵塞,不易清洗。

5)毛细管式

毛细管式膜组件由许多直径为0.5~1.5mm的毛细管组成,其结构如图4-44所示,料液从每根毛细管的中心通过,渗透液从毛细管壁渗出,毛细管由纺丝法制得,无支撑。

6)槽式

这是一种新发展的反渗透组件,如图4-45所示,由聚丙烯或其他塑料挤压而成的槽条,直径为3mm左右,上有3~4个槽沟,槽条表面织编上涤纶长丝或其他材料再涂刮上铸膜液,形成膜层,并将槽条一端密封,然后将几十根至几百根槽条组装成一束装入耐压管中,形成一个槽条式反渗透单元。

4.6.2 反渗透

反渗透是利用反渗透膜选择性地只透过溶剂(通常是水)而截留离子物质的性质,以膜两侧静压差为推动力,克服溶剂的渗透压,使溶剂通过反渗透膜而实现对液体混合物进行分离的膜过程。

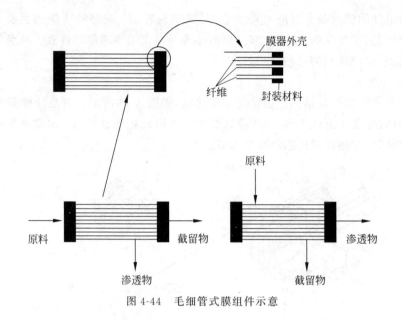

图 4-44 毛细管式膜组件示意

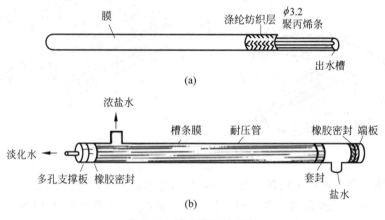

图 4-45 槽式膜组件示意

反渗透属于以压力差为推动力的膜分离技术,其操作压差一般为 1.5～10.5MPa,截留组分为 $(1～10)×10^{-10}$ m 小分子溶质。目前,随着超低压反渗透膜的开发,已可在小于 1MPa 的压力下进行部分脱盐、水的软化和选择性分离等,反渗透的应用领域已从早期的海水脱盐和苦咸水淡化发展到化工、食品、制药、造纸等各个工业部门。

1. 反渗透原理

1) 渗透压

反渗透原理如图 4-46 所示,其中 p 代表膜单侧的静压力,$\Delta\pi$ 代表渗透压。

在温度一定的条件下,若将一种溶液与组成这种溶液的溶剂放在一起,最终的结果是溶液总会自动稀释,直到整个体系的浓度均匀一致。但如果用一张固体膜将溶液和溶剂隔开,并且这种膜只能透过溶剂分子而不能透过溶质分子,假定膜两侧压力相等,则溶剂将从纯溶剂侧透过膜到溶液侧,这就是渗透现象,如图 4-46(a) 所示。渗透的结果是使溶液液柱上升,直到系统达到动态平衡,溶剂才不再流入溶液侧,此时溶液上升高度产生的压力为 $\rho g h$ 即

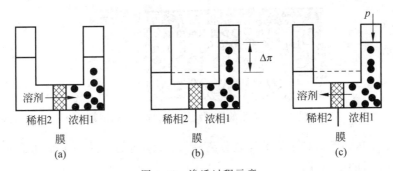

图 4-46 渗透过程示意
(a) 渗透；(b) 渗透平衡；(c) 反渗透

为渗透压，以 $\Delta\pi$ 表示，如图 4-46(b)所示。若在溶液侧加大压力，$\Delta p > \Delta\pi$，则溶剂在膜内的传递现象将发生逆转，即溶剂将从溶液侧透过膜向溶剂侧流动，使溶液增浓，这就是反渗透现象，如图 4-46(c)所示。这样可以利用反渗透现象截留溶质，而获取溶剂，从而达到分离混合物的目的。

在反渗透操作中，渗透压是一个重要的参数，渗透压的大小与溶液的物性、溶质的浓度等因素有关，一般通过实验测定。表 4-8 所列为几种常见水溶液的渗透压。实际反渗透过程所用的压差比渗透压高出许多倍。

表 4-8 在 25℃ 下几种常见水溶液的渗透压

成　分	浓度/(mg·L^{-1})	渗透压/MPa
NaCl	35000	2.8
海水	32000	2.4
MgSO$_4$	1000	0.025
MgCl$_2$	1000	0.068
NaCl	2000	0.16
Na$_2$SO$_4$	1000	0.042
NaHCO$_3$	1000	0.09
苦咸水	2000~5000	0.105~0.28
CaCl$_2$	1000	0.058
蔗糖	1000	0.007
葡萄糖	1000	0.014

2) 反渗透膜

反渗透膜是实现反渗透过程的关键，因此要求反渗透膜具有较好的物化稳定性和分离透过性。反渗透膜的物化稳定性指膜的允许使用最高温度、压力、适用的 pH 范围和膜的耐氧化及耐有机溶剂性等。膜的分离透过性指膜的截留率、渗透通量、截留分子量等参数。

目前，我国工业上应用的反渗透膜多为致密膜、非对称膜和复合膜，常用醋酸纤维、聚酰胺等材料制成，图 4-47 所示为典型的醋酸纤维非对称膜的结构示意。它是由表面活性层、过渡层和多孔支持层组成的非对称结构膜，总厚度约为 $100\mu m$。表面层结构致密，其中孔隙直径最小，为 $0.8 \sim 2\mu m$，厚度占膜总厚度的不到 1%，多孔层呈海绵状，其中孔隙为 $0.1 \sim 0.4\mu m$。过渡层则介于两者之间。

图 4-47 典型的醋酸纤维非对称膜结构示意

反渗透不能达到溶剂和溶质的完全分离,所以反渗透的产品一个是几乎纯溶剂的渗透液,另一个是原料的浓缩液。

2. 影响反渗透的因素——浓度极化

由于膜的选择透过性,在反渗透过程中,溶剂从高压侧透过膜到低压侧,大部分溶质被截留,溶质在膜表面附近积累,造成由膜表面到溶液主体之间具有浓度梯度的边界层,它将引起溶质从膜表面通过边界层向溶液主体扩散,这种现象称为浓差极化。

浓差极化可对反渗透过程产生下列不良影响:

(1) 膜表面处溶质浓度升高,使溶液的渗透压 $\Delta\pi$ 升高,当操作压差 Δp 一定时,反渗透过程的有效推动力 $(\Delta p - \Delta \pi)$ 下降,导致溶剂的渗透通量下降。

(2) 膜表面处溶质的浓度 c_{A1} 升高,使溶质通过膜孔的传质推动力 $(c_{A1} - c_{A2})$ 增大,溶质的渗透通量升高,截留率降低,这说明浓差极化现象的存在对溶剂渗透通量的增加提出了限制。

(3) 膜表面处溶质的浓度高于溶解度时,在膜表面上将形成沉淀,堵塞膜孔并减少溶剂的渗透通量。

(4) 导致膜分离性能的改变。

(5) 出现膜污染,污染严重时,几乎等于在膜表面又可形成一层二次薄膜,导致反渗透膜透过性能的大幅下降,甚至完全消失。

减轻浓差极化的有效途径是提高传质系数 A,采取的措施有:提高料液流速,增强料液湍动程度,提高操作温度,对膜面进行定期清洗,采用性能好的膜材料等。

3. 反渗透组件及其技术特征

工业应用的反渗透组件主要有螺旋卷式、中空纤维、板式及管式回转平膜及浸渍平膜等多种形式。其中工业应用最多的是螺旋卷式膜,它占据了大多数陆地脱盐和越来越多的海水淡化市场。中空纤维膜在海水淡化应用中也占较高份额。

部分常见的反渗透组件的技术特征及部分组件的比较见表 4-9 和表 4-10。

表 4-9 部分常见的反渗透组件的技术特征

组件类型	膜装填密度 /($m^2 \cdot m^{-3}$)	操作压力 /(10^5 Pa)	水通量 /($m^3 \cdot m^{-2} \cdot d^{-1}$)	单位体积产水量 /($m^3 \cdot m^{-2} \cdot d^{-1}$)
板式	492	54.9	1.00	502
内压管式	328	54.9	1.00	335
螺旋卷式	656	54.9	1.00	670
中空纤维	9180	27.5	0.073	670

注:此处操作压力表示单位面积上的压力,因此单位为 Pa。

表 4-10 部分反渗透组件的比较

比较项目	组件类型			
	管式	板式	螺旋卷式	中空纤维
组件结构	简单	非常复杂	复杂	复杂
膜装填密度	小	中	大	大
膜支撑体结构	简单	复杂	简单	不需要
膜清洗	内压式易 外压式难	非常容易	难	难 (内压式超滤反渗透,容易)

4．反渗透过程工艺流程

实际生产中,可以通过膜组件的不同配置方式来满足对溶液分离的不同质量要求。而且膜组件的合理排列组合会对膜组件的使用寿命造成较大影响。如果排列组合不合理,则会导致某一段内膜组件的溶剂通量过大或过小,不能充分发挥作用,或导致膜组件污染速度加快,膜组件频繁清洗和更换,造成经济损失。

根据料液的情况、分离要求以及所有膜器一次分离的分离效率高低等的不同,反渗透过程可以采用不同工艺过程,下面简要介绍几种常见的工艺流程。

1) 一级一段连续式

图 4-48 所示为典型的一级一段连续式工艺流程。料液一次通过膜组件即为浓缩液而排出。这种方式渗透液的回收率不高,在工业中较少采用。

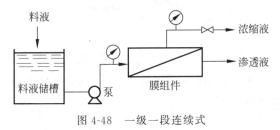

图 4-48 一级一段连续式

2) 一级一段循环式

图 4-49 所示为一级一段循环式工艺流程。为了提高渗透液的回收率,将部分浓缩液返回料液储槽与原有的进料液混合后,再次通过膜组件进行分离。这种方式可提高渗透液的回收率,但因为浓缩液中溶质的浓度比原料液要高,使渗透液的质量有所下降。

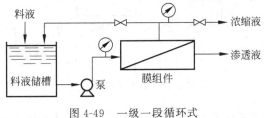

图 4-49 一级一段循环式

3) 一级多段连续式

图 4-50 所示为最简单的一级多段连续式工艺流程。将第一段的浓缩液作为第二段的进料液,再把第二段的浓缩液作为下一段的进料液,而各段的渗透液连续排出。这种方式的

渗透液回收率高,浓缩液的量较少,但其溶质浓度较高。

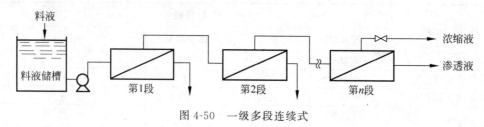

图 4-50　一级多段连续式

4) 一级多段循环式

图 4-51 所示为一级多段循环式工艺流程。把前一段的浓缩液作为下一段的原料液,渗透液能够连续排出。特点适合大水处理量的场合,回收率较高,浓缩液数量减少,但是浓缩液溶质所占比例较高。

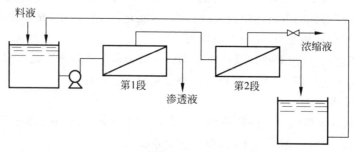

图 4-51　一级多段循环式

5) 多级多段循环式

图 4-52 所示为多级多段循环式工艺流程。将第一级的渗透液作为下一级的进料水,将最后一级的渗透液引出。浓缩液从后一级引向前一级的进料液混合,再次分离。这种方式可以有效提高水的回收率和水质。

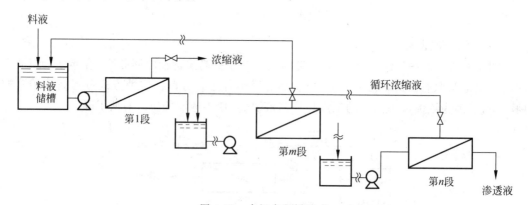

图 4-52　多级多段循环式

一级多段循环式与多级多段循环式工艺流程,操作方法与前三种工艺流程相似。

5. 反渗透技术的应用

反渗透技术主要应用在海水和苦咸水的淡化,此外还应用于纯水制备、电镀污水处理、低分子溶液浓缩等。

1) 海水淡化

水是人类赖以生存的不可缺少的重要物质。长期以来，人们都认为水是取之不尽、用之不竭的，不懂得珍惜。随着人们对自然界水循环的深入了解，开始认识到地球水资源的贫乏已经到了不容忽视的程度。地球上的水大约97%是不能直接饮用也不能用于灌溉的海水，地球上2%的水作为冰存于南极、北极的冰河和万年雪山之中；0.04%的水存在于大气中；只有0.1%的水存在于江河与湖泊中；地表水占地球水量的0.6%，但大约一半的地表水存在于深度大约800m的地下蓄水层中。而且随着农业生产的迅速发展，淡水资源的紧缺日趋严重，促使许多国家投入大量资金研究海水和苦咸水淡化技术。海水淡化主要是除去海水中所含的无机盐，常用的淡化技术有蒸发法和膜法（反渗透、电渗析）两大类。与蒸发法相比，膜法淡化技术有投资费用少、能耗低、占地面积少、建造周期短、易于自动控制、运行简单等优点，已成为水淡化的主要方法。1995年在全世界海水及苦咸水淡化市场中反渗透占88%，且有进一步增多的趋势。

对于干旱、缺少淡水和近海地区，可应用反渗透技术作为海水淡化的方法。因此世界大多数反渗透海水淡化厂建在中东地区。早期的海水淡化采用二级反渗透系统，如日本某海水淡化系统产水量为每天800t，一级反渗透采用中空纤维聚酰胺膜，二级反渗透采用卷式膜，其工艺流程如图4-53所示。

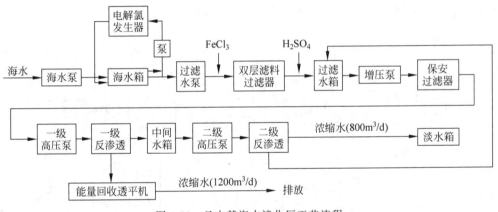

图4-53 日本某海水淡化厂工艺流程

随着反渗透技术水平的提高，近期海水淡化多采用一级淡化，即利用高脱盐率(>99%)的反渗透膜直接把含盐量35000mg/L的海水一次脱盐制得可饮用的淡水。例如，美国建在加利福尼亚州硅谷的海水淡化装置，产水量为每天1550t，采用芳香聚酰胺复合膜一级反渗透，将含盐为34000mg/L海水脱盐制得含盐<500mg/L饮用水，其工艺流程如图4-54所示。

2) 纯水制备

所谓超纯水与纯净水是指水中所含杂质包括悬浮固体、溶解固体、可溶性气体、挥发物质及微生物、细菌等的含量低于一定的指标。不同用途的纯水对这些杂质的含量有不同的要求。

反渗透技术已被普遍用于电子工业纯水及医药工业等无菌纯水的制备系统中。半导体工业所用的高纯水，以往主要采用化学凝集、过滤、离子交换树脂等制备方法，这些方法的最

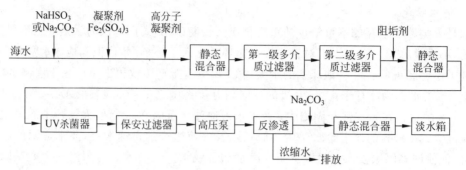

图 4-54 美国 Chepolon 海水淡化厂工艺流程

大缺点是流程复杂,再生离子交换树脂的酸碱用量较大,成本较高。现在采用反渗透法与离子交换法相结合过程生产的纯水,流程简单,成本低廉,水质优良,纯水中杂质含量已接近理论纯水值。

图 4-55 显示了超纯水生产的典型工艺流程。原水先通过过滤装置除去悬浮物及胶体,再加入杀菌剂次氯酸钠以防止微生物生长,然后经过反渗透和离子交换设备除去原水中大部分杂质,最后经紫外线处理将纯水中微量的有机物氧化分解成离子,再由离子交换器脱除,反渗透膜的终端过滤后得到超纯水送入用水点。用水点使用过的水已混入杂质,需经废水回收系统处理后才能排入河中或送回超纯水制造系统循环使用。

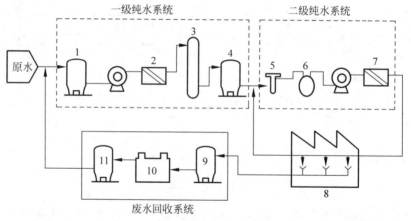

1—过滤装置;2—反渗透膜装置;3—脱氧装置;4,9—离子交换装置;5—紫外线系统装置;
6—离子交换器;7—反渗透(RO)膜装置;8—用水点;10—紫外线氧化装置;11—活性炭过滤装置

图 4-55 超纯水生产的典型工艺流程

3) 电镀污水处理

电镀工业中主要的污染物来自化学物(重金属离子)的毒性,由于电镀工业一般需要大量的水用于淋洗操作,淋洗水直排入江河或城市污水系统后会导致严重的环境问题并降低了生化处理的效率,同时也造成有价值化学品和水的损失。图 4-56 所示为电镀污水反渗透处理流程。

4) 低分子溶液浓缩

反渗透也用于食品工业中水溶液的浓缩。反渗透浓缩的最大优点是风味和营养成分不

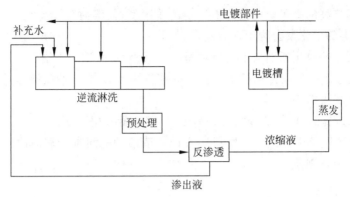

图 4-56　电镀污水反渗透流程

受影响。国外用反渗透处理干酪制造中产生的乳清,浓缩后再干燥成乳清粉。也可以先超滤,超滤浓缩物富含蛋白质,可制奶粉。滤液再用反渗透浓缩,这样制得的乳清粉中乳糖含量很高,也可将反渗透浓缩液用作发酵原料。

4.6.3　超滤

1. 超滤原理

超滤是在压力推动下的筛孔分离过程。超滤膜主要用于大分子、胶体、蛋白、微粒的分离与浓缩。超滤膜对大分子溶质的主要分离过程如下。

(1) 在膜表面及微孔内吸附;
(2) 在膜面机械截留;
(3) 在微孔中停留而被除去。

超滤分离原理如图 4-57 所示。

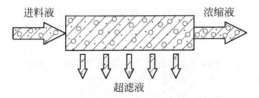

图 4-57　超滤分离原理示意

超滤过程在对料液施加一定的压力后,半透膜将高分子物质、胶体等截留,而溶剂和低分子物质无机盐透过膜。超滤膜具有选择性表面层的主要作用是形成具有一定大小和形状的孔,它的分离机理主要是靠物理的筛分作用。

2. 超滤的浓差极化

超滤膜分离过程中,由于高分子的低扩散性和水的高渗透性,溶质会在膜表面积聚并形成从膜面到主体溶液之间的浓度梯度,这种现象被称为膜的浓差极化。溶质在膜面的连续积聚最终导致在膜面形成凝胶极化层。当超滤液中有几种不同分子量的溶质时,凝胶层会使小分子量组分的表观脱除率下降。当被膜截留的溶质具有聚电解质特性时,浓缩的凝胶层中由于含有相当高的离子电荷密度而产生离子平衡,使溶质分离恶化。这种现象在白蛋白、核酸和多糖类的生化聚合物中常遇到。

为了减轻因浓差极化所造成的超滤通量减少,一般可采取如下措施。

(1) 错流设计。浓差极化是超滤过程不可避免的结果,为了使超滤通量尽可能大,必须使极化层的厚度尽可能小。

(2) 流体流速提高,增加流体的湍动程度,以减小凝胶层厚度。

(3) 采用脉冲以及机械刮除法维持膜表面的清洁和对膜进行表面改性,研制抗污染膜等尽量减少浓差极化现象。

3. 超滤膜

超滤所用的膜为非对称性膜,膜孔径为 $1 \sim 2nm$,能够截留相对分子质量 500 以上的大分子和胶体微粒,操作压力一般为 $0.1 \sim 0.5MPa$。目前,常用的膜材料有醋酸纤维、聚砜、聚丙烯腈、聚酰胺、聚偏氟乙烯等。

超滤广泛用于化工、医药、食品、轻工、机械、电子、环保等工业部门。超滤技术应用的历史不长,20世纪70年代后才在工业上大规模应用,但因其具有独特的优点,使之成为当今世界分离技术领域中一种重要的单元操作。

4. 超滤过程的工艺流程

超滤的操作方式可分为两大类,即重过滤和错流过滤。重过滤是靠料液的液柱压力为推动力,但由于操作浓差极化和膜污染严重,故很少采用,而常采用的是错流操作。错流操作工艺流程又可分为间歇式和连续式。表 4-11 列出了各类超滤操作的工艺流程及其特点和适用范围。

(1) 间歇式操作

间歇式操作适用于小规模生产,超滤工艺中工业污水处理及其溶液的浓缩过程多采用间歇工艺,间歇式操作的主要特点是膜可以保持在一个最佳的浓度范围内运行,在低浓度时,可以得到最佳的膜水通量。

表 4-11 各类超滤操作的工艺流程及其特点和适用范围

操作模式		图　　示	特　　点	适用范围
重过滤	间歇式		设备简单、小型;能耗低;可克服高浓度料液渗透通量低的缺点;能更好地去除渗透组分。但浓差极化和膜污染严重,尤其是在间歇式操作中;要求膜对大分子的截留率高	通常用于蛋白质、酶之类大分子的提纯
	连续式			

续表

操作模式			图　示	特　点	适用范围
间歇式错流	截留液全循环		（图：料液槽、料液泵、回流线、渗透液）	操作简单；浓缩速度快；所需膜面积小。但全循环时泵的能耗高，采用部分循环可适当降低能耗	通常被实验室和小型工厂采用
	截留液部分循环		（图：料液槽、料液泵、循环泵、回流线、循环回路、渗透液）		
连续式错流	单级	无循环	（图：料液、料液槽、料液泵、浓缩液、渗透液）	渗透液流量低；浓缩比低；所需膜面积大。组分在系统中停留时间短	反渗透中普遍采用，超滤中应用不多，仅在中空纤维生物反应器、水处理、热原脱除中应用
	单级	截留液部分循环	（图：料液、料液槽、料液泵、循环回路、渗透液、浓缩液或截留液）	单级操作始终在高浓度下进行，渗透通量低。增加级数可提高效率，这是因为除最后一级在高浓度下操作、渗透通量最低外，其他级操作浓度均较低、渗透通量相应较大。多级操作所需总膜面积小于单级操作，接近于间歇式操作，而停留时间、滞留时间、所需储槽均少于相应的间歇式操作	大规模生产中被普遍使用，特别是在食品工业领域
	多级		（图：料液、料液槽、料液泵、循环泵、渗透液、浓缩液）		

（2）连续式操作

连续式操作常用于大规模生产，连续式超滤过程是指料液连续不断加入储槽和产品的不断产出，可分为单级和多级。单级连续式操作过程的效率较低，一般采用如表4-11中所示的多级连续式操作。多级操作只有最后一级在高浓度下操作，渗透通量最低，其他级操作浓度均较低，渗透通量相应也较大，因此多级效率高；而且多级操作所需的总膜面积较小。它适合在大规模生产中使用，特别适用于食品工业领域。

5. 超滤技术的应用

超滤技术应用可分为三种类型：浓缩、小分子溶质的分离、大分子溶质的分级。绝大部分的工业应用属于浓缩这个方面，也可以采用与大分子结合或复合的办法分离小分子溶质。下面介绍超滤技术在其他方面的应用。

1）回收电泳涂漆污水中的涂料

目前，国内外各大汽车企业几乎都采用电泳涂装技术给汽车车身上底漆。该技术也被用在机电工业、新制家具、军事工业等部门。在金属电泳涂漆过程中，带电荷的金属物件浸入一个装有带相反电荷涂料的池内。由于异电相吸，涂料便能在金属表面形成一层均匀的涂层。金属物件从池中捞出并用水洗除随带的涂料，因而产生电泳漆污水。可采用超滤技术将污水中的高分子涂料及颜料颗粒截留下来，而让无机盐、水及溶剂穿过超滤膜除去，浓缩液再回到电泳漆储槽循环使用，渗透液用于淋洗新上漆的物件。流程如图4-58所示。

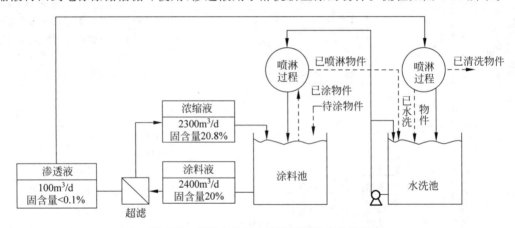

图4-58　超滤在金属电泳除漆过程中的应用

2）含油污水的回收

油水乳浊液在金属机械加工过程中被广泛用作工具和工件反复冷拔操作、金属滚轧成型、切削操作的润滑和冷却。但因在使用过程中易混入金属碎屑、菌体及清洗金属加工表面的冲洗用水，导致其使用寿命非常短。单独的油分子分子量很小，可以通过超滤膜，对这些含油废水超滤能成功地分离出其油相。经过超滤后的渗透液中的油浓度通常低于$10g/m^3$，已达到标准可进入排水沟。而浓缩液中最终含油达30%～60%，可用来燃烧或他用，其操作流程如图4-59所示。

3）果汁的澄清

从苹果中榨取的新果汁由于含有丹宁、果胶和苯酚等化合物而呈现浑浊状。传统方法采用酶、皂土、明胶使其沉淀，然后取上清液过滤而获得澄清的果汁，如图4-60(a)所示。通

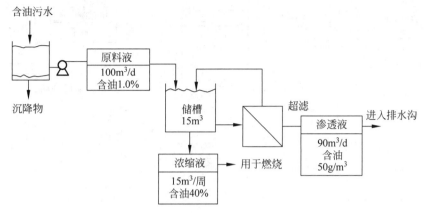

图 4-59 超滤过程处理含油污水

过超滤来澄清果汁,只需先部分脱除果胶,可减少酶用量,省去皂土和明胶,节约了原材料且省工省时,如图 4-60(b)所示,同时果汁回收率可达 98%～99%,并且提高了果汁的品质。

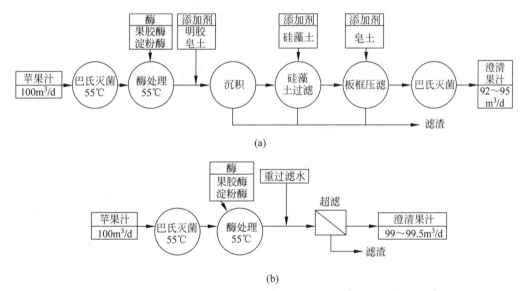

图 4-60 果汁澄清新旧工艺比较
(a) 传统工艺;(b) 超滤新工艺

4) 人血白蛋白的提取

从血浆中分离人血白蛋白包括一系列复杂的过程,将已处理的含 3% 白蛋白、20% 乙醇和其他小分子物质的组分使用超滤膜过滤,可将白蛋白从乙醇中分离出来,其工艺流程如图 4-61 所示。

6．纺织工业污水的处理

1) 聚乙烯醇退浆水的回收

纺织工业中为了增加纱线强度,织布前要把纱线上浆,印染前再洗去上浆剂,称为退浆。上浆剂多为聚乙烯醇(PVA),而且用量很大。用超滤技术处理退浆水,不仅消除对环境的污染,还可回收价格较贵的聚乙烯醇,处理的水还可以在生产中循环使用。

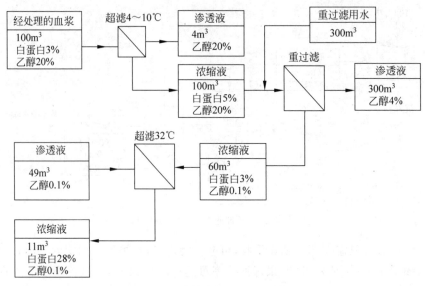

图 4-61 用超滤技术提取人血白蛋白工艺

2）染色污水中染料的回收

印染厂悬浮扎染、还原蒸箱在生产中排出较多的还原染料，既污染又浪费。采用超滤技术，使用聚砜和聚砜酰胺超滤膜，不需加酸中和及降温即可处理印染污水。

3）羊毛清洗污水中回收羊毛脂

毛纺工业中，原毛在一系列加工之前，必须将粘于其上的油脂（俗称羊毛脂或羊毛蜡）及污垢洗净，否则会影响纺织性能和染色性能。羊毛清洗污水中含有 COD（化学需氧量，是一种间接表示水被有机污染物污染程度的指标）、脂含量及总固体含量都远高于工业污水的排放标准。采用超滤技术处理洗毛污水，可以浓缩 10～20 倍；羊毛脂的截留率达 90% 以上，总固体的截留率大于 80%；COD 的去除率在 85% 以上。而且，在渗透液中加入少量洗涤剂也能起到良好的洗涤作用。

4.6.4 电渗析

1. 电渗析原理及适用范围

1）电渗析基本结构

电渗析是在直流电场作用下，以电位差为推动力，利用离子交换膜的选择渗透性（与膜电荷相反的离子透过膜，相同的离子则被膜截留），使溶液中的离子做定向移动以达到脱除或富集电解质的膜分离操作。使电解质从溶液中分离出来，从而实现溶液的浓缩、淡化、精制和提纯。它是一种特殊的膜分离操作，所使用的膜只允许一种电荷的离子通过而将另一种电荷的离子截留，称为离子交换膜。由于电荷有正、负两种，离子交换膜也有两种。因此把只允许阳离子通过的膜称为阳膜，把只允许阴离子通过的膜称为阴膜。

在常规的电渗析器内两种膜成对交替平行排列，如图 4-62 所示，膜间空间构成一个个小室，两端加上电极，施加电场，电场方向与膜平面垂直。

含盐料液均匀分布于各室中，在电场作用下，溶液中离子发生迁移。有两种隔室，它们分别产生不同的离子迁移效果。

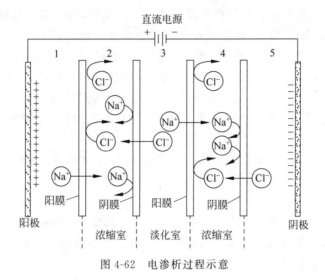

图 4-62 电渗析过程示意

一种隔室是左边为阳膜,右边为阴膜。设电场方向从左向右。在此情况下此隔室内的阳离子便向阴极移动,遇到右边的阴膜被截留。阴离子往阳极移动遇到左边的阳膜也被截留。而相邻两侧室中,左室内阳离子可以通过阳膜进入此室,右室内阴离子也可以通过阴膜进入此阳极室,这样此室的离子浓度增加,故称浓缩室。

另一种隔室左边为阴膜,右边为阳膜。在此室外的阴、阳离子都可以分别通过阴膜、阳膜进入相邻的室,而相邻室内的离子则不能进入此室。这样室内离子浓度降低,故称为淡化室。

由于两种膜交替排列,浓缩室和淡化室也是交替存在的。若将两股物流分别引出,就成为电渗析的两种产品。

2)电极反应

在电渗析过程中,阳极和阴极上所发生的反应分别是氧化反应和还原反应。以 NaCl 水溶液为例,其电极反应为

阳极

$$2OH^- - 2e \longrightarrow [O] + H_2O$$

$$Cl^- - e \longrightarrow [Cl]$$

$$H^+ + Cl^- \longrightarrow HCl$$

阴极

$$2H^+ + 2e \longrightarrow H_2$$

$$Na^+ + OH^- \longrightarrow NaOH$$

结果是,在阳极产生 O_2 和 Cl_2,在阴极产生 H_2。新生的 O_2 和 Cl_2 对阳极会产生强烈腐蚀。而且,阳极室中水呈酸性,阴极室中水呈碱性。若水中有 Ca^{2+}、Mg^{2+} 等离子,会与 OH^- 形成沉淀,集聚在阴极上。当溶液中有杂质时,还会发生副反应。为了移走气体和可能的反应产物,同时维持 pH、保护电极,引入一股水流冲洗电极,称为极水。

3)极化现象

在直流电场作用下,水中阴、阳离子分别在膜间进行定向迁移,各自传递一定数量的电

荷。形成电渗析的操作电流。当操作电流大到一定程度时,膜内离子迁移被强化。就会在膜附近造成离子的"真空"状态,在膜界面处将迫使水分子离解成 H^+ 和 OH^- 来传递电流,使膜两侧的 pH 发生很大变化,这一现象称为极化。此时,电解出来的 H^+ 和 OH^- 受电场作用分别穿过阳膜和阴膜,阳膜处将有 OH^- 积累,使膜表面呈碱性。当溶液中存在 Ca^{2+}、Mg^{2+} 等离子时形成沉淀。这些沉淀物附着在膜表面,或渗到膜内,易堵塞通道,使膜电阻增大,操作电压或电流下降,降低分离效率。同时,由于溶液 pH 发生很大变化,会使膜受到腐蚀。

极化临界点所施加的电流称为极限电流,防止极化现象的办法是控制电渗析器在极限电流以下操作。一般取操作电流密度为极限电流密度的 80%。

4) 离子交换膜

离子交换膜是一种具有离子交换性能的高分子材料制成的薄膜。它与离子交换树脂相似,但作用机理、方式和效果都不同。当前市场上离子交换膜种类繁多,也没有统一的分类方法。一般按膜的宏观结构分为三大类。

(1) 均相离子交换膜

均相离子交换膜由系将活性基团引入一惰性支持物中制成。它的化学结构均匀,孔隙小,膜电阻小,不易渗漏,电化学性能优良,在生产中应用广泛,但制作复杂,机械强度较低。

(2) 非均相离子交换膜

非均相离子交换膜由粉末状的离子交换树脂和黏合剂混合而成。树脂分散在黏合剂中,因而化学结构不均匀。由于黏合剂是绝缘材料,因此它的膜电阻大一些、选择透过性也差一些,但制作容易,机械强度较高,价格也较便宜。随着均相离子交换膜的推广,非均相离子交换膜的生产曾经大为减少,但近年来又趋活跃。

(3) 半均相离子交换膜

半均相离子交换膜也是将活性基团引入高分子支持物制成的,但两者不形成化学结合,其性能介于均相离子交换膜和非均相离子交换膜之间。

此外,还有一些特殊的离子交换膜,如两性离子交换膜、两极离子交换膜、蛇笼膜、镶嵌膜、表面涂层膜、螯合膜、中性膜、氧化还原膜等。

对离子交换膜的要求如下:

① 有良好的选择透过性,实际上此项性能不可能达到 100%,通常在 90% 以上,最高可达 99%;

② 膜电阻低,膜电阻应小于溶液电阻;

③ 有良好的化学稳定性和机械强度,有适当的孔隙度。

5) 电渗析的特点

① 电渗析只对电解质的离子起选择迁移作用,对非电解质不起作用;

② 电渗析除盐过程中无物相的变化,能耗低;

③ 电渗析过程中不需要从外界向工作液体中加入任何物质,也不使用化学药剂,同时对环境也不造成污染,属清洁工艺;

④ 电渗析过程在常温常压下进行。

6) 电渗析的适用范围

电渗析在治理污水方面的应用可归结为三大方面。

① 作为离子交换工艺的预除盐处理,可大大降低离子交换的除盐负荷,扩展离子交换对原水的适应范围、大幅减少离子交换再生时废酸、废碱及废盐的排放量,一般可减少90%。某些情况下,可以取代离子交换,直接制取初级纯水。

② 将污水中有用的电解质进行回收,并再利用。

③ 改革原有工艺,采用电渗析技术,实现清洁生产。

使用电渗析技术处理污水目前还处于探索阶段,采用电渗析法处理污水时,应注意根据废水的性质选择合适的离子交换膜和电渗析器的结构,同时应对进入电渗析器的污水进行必要的预处理。

表 4-12 为电渗析的适用范围。

表 4-12 电渗析的适用范围

用　　途	除盐范围			成品水的直流耗电量 /(kW·h·m^{-3})	说　　明
	项目	起始	终止		
海水淡化	含盐量/(mg·L^{-1})	35000	500	15～17	规模较小时(如 500m^3/d 以下),建设时间短,投资少,方便易行
苦咸水淡化	含盐量/(mg·L^{-1})	5000	500	1～5	淡化到饮用水,比较经济
水的除氟	含氟量/(mg·L^{-1})	10	1	1～5	在咸水除盐过程中,同时去除氟化物
淡水除盐	含盐量/(mg·L^{-1})	500	5	<1	将饮用水除盐到相当于蒸馏水的初级纯水,比较经济
水的软化	硬度(CaCO$_3$ 计)/(mg·L^{-1})	500	<15	<1	在除盐过程中同时去除硬度;除盐水优于相同硬度的软化水
纯水制取	电阻率/(MΩ·cm)	0.1	>5	1～2	采用树脂电渗析工艺,或采用电渗析-混合床离子交换工艺
废水回收与利用	含盐量/(mg·L^{-1})	5000	500	1～5	废水除盐,回收有用物质和除盐水

2. 电渗析的流程

1) 电渗析器

电渗析器由膜堆、极区和夹紧装置三部分组成。

(1) 膜堆

位于电渗析器的中部,由交替排列的浓缩、淡化室隔板和阴膜及阳膜组成,是电渗析器除盐的主要部位。

(2) 极区

位于膜堆两侧,包括电极和极水隔板。极水隔板供传导电流和排除废气、废液,所以比较厚。

(3) 夹紧装置

电渗析器有两种锁紧方式:压机锁紧和螺杆锁紧。大型电渗析器采用油压机锁紧,中小型多采用螺杆锁紧。

2) 组装方式

组装方式有串联、并联及串—并联。常用"级"和"段"来表示,"级"是指电极对油压机锁紧,中小型多采用螺杆锁紧。"段"是指水流方向,水流通过一个膜堆后,改变方向进入下一个膜堆即增加一段。

各种电渗析器的组合方式如图4-63所示。

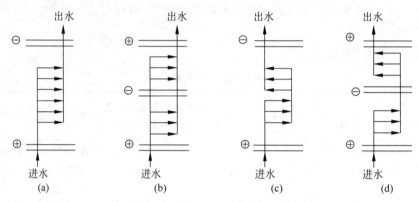

图 4-63　各种电渗析器的组合方式示意

(a) 一级一段并联;(b) 二级一段并联;(c) 一级二段串联;(d) 二级二段串联

电渗析除盐的典型工艺流程如图4-64～图4-66所示。

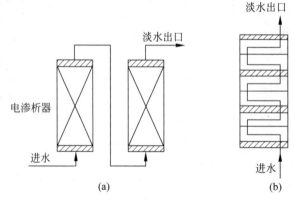

图 4-64　直流式电渗析除盐流程

(a) 多台串联;(b) 单台多级多段

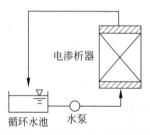

图 4-65　循环式电渗析除盐流程

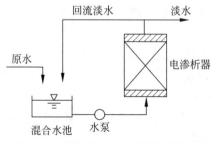

图 4-66　部分循环式电渗析除盐流程

3. 电渗析技术的应用

电渗析技术目前已是一种相当成熟的膜分离技术,主要用途是苦咸水淡化、生产饮用水、浓缩海水制盐以及从体系中脱除电解质。它是目前膜分离过程中唯一涉及化学变化的分离过程。在许多领域与其他方法相比,它能有效地将生产过程与产品分离过程融合起来,具有其他方法不能比拟的优势。

1) 苦咸水脱盐制淡水

苦咸水脱盐制淡水是电渗析最早且至今仍是最重要的应用领域。以电渗析脱盐生产淡水为例,其工艺流程如图 4-67 所示。从井里取出的地下咸水,首先进入原水储槽,加入高锰酸钾溶液,被氧化的铁和锰盐经过锰沸石过滤器滤除。滤液分两部分:一部分作为脱盐液从第一电渗析器按顺序通过四个电渗析器,脱盐后可满足饮用水的水质要求。得到分离的淡水再经脱二氧化碳,使 pH 在 7~8,通过氯气消毒,最后送入淡水储槽。这样的淡水就可以直接送到用水的地方;另一部分滤液作为浓缩液,送入浓缩液储槽,用泵将浓缩液并列地送入四个电渗析器。除第一个电渗析器排出的浓缩液废弃外,其余浓缩液再流回浓缩液储槽,在浓缩液储槽和电极液储槽中加入硫酸,以避免浓缩室及电极室中水垢的析出。

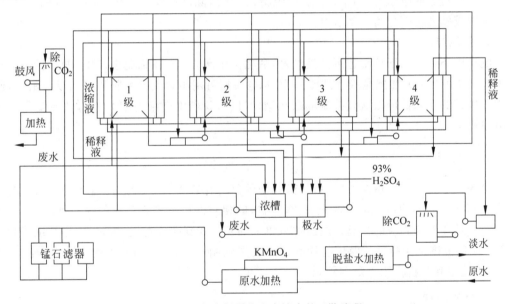

图 4-67 电渗析脱盐生产淡水的工艺流程

2) 重金属污水处理

电渗析可用于含镍、铬、电镀污水的处理,印刷电路板生产中的氯化铜污水处理等。在回收重金属时,减少污水的排放。

电渗析法处理电镀含镍污水生产性试验工艺流程如图 4-68 所示。

3) 纯净水的生产

纯净水的水质高于生活饮用水,必须对生活饮用水经过处理,除盐、灭菌、消毒后才能制得合格的饮用纯净水。采用电渗析操作的目的是促进水的软化和除盐,由于纯水是不导电的,因此,当盐的浓度很低时溶液电阻很大,最好的办法是将电渗析与离子交换结合。先用

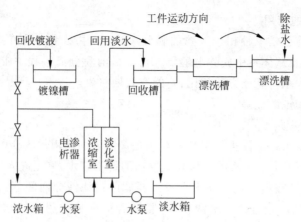

图 4-68 电渗析法处理电镀含镍污水工艺流程

电渗析脱除大部分的盐,再用离子交换除去残留的盐,既避免了盐浓度过低时溶液电阻过大的缺点,又避免了离子交换时树脂的再生问题。

4) 在食品工业中的应用

已经试验过的应用有:牛乳、乳清的脱脂;酒类脱除酒石酸钾;果汁脱柠檬酸;从蛋白质水解液或发酵液中分离氨基酸等。

5) 其他应用

电渗析还可以用于草浆造纸黑液处理,从黑液中回收碱;在铝业生产中,电渗析可以从赤泥废液中回收碱;在感光胶片洗印行业中,电渗析可用于彩色感光胶片漂白废液的处理;使用双极膜的电渗析可由盐直接制取酸和碱。目前,我国生产维生素 C 的方法主要是双极膜电渗析法。

4.6.5 微滤

微滤是一种类似于粗滤的膜过程,微孔滤膜具有比较整齐、均匀的多孔结构,孔径的范围为 0.05~10pm,使过滤从一般只有比较粗糙的相对性质过渡到精密的绝对性质,微滤主要用于对悬浮液和乳液的分离。膜组件从单一的膜片式到螺旋卷式、板式、中空纤维式和卷式等;应用范围从实验室的微生物检验迅速发展到制药、医疗、饮料、生物工程、高纯水、石化、污水处理和分析检测等众多领域。

1. 微滤原理

微滤又称精过滤,其基本原理属于筛网状过滤,在静压差的作用下,利用膜的"筛分"作用,小于膜孔的粒子通过滤膜,大于膜孔的粒子被截留到膜面上,使大小不同的组分得以分离,其作用相当于"过滤"。由于每平方厘米滤膜中约含有 1000 万至 1 亿个小孔,孔隙率占总体积的 70%~80%,阻力很小,过滤速度较快。图 4-69 显示了微滤膜各种截留作用。

微滤与反渗透和超滤一样,均属于压力驱动型膜分离技术。微滤主要从气相或液相物质中截留微米及亚微米级的细小悬浮物、微生物、微粒、细菌、红细胞、污染物等以达到净化、分离和浓缩的目的。

微滤过滤时介质不会脱落,没有杂质溶出,无毒,使用和更换方便,使用寿命长。同时,

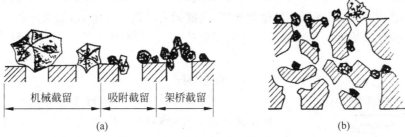

图 4-69 微滤膜各种截留作用示意
(a) 膜的表面层截留；(b) 膜内部的网络中截留

由于滤孔分布均匀，可将大于孔径的微粒、细菌、污染物截留在滤膜表面，滤液质量高，因此也称绝对过滤。

2. 影响微滤膜分离效果的因素

1) 孔堵塞

由于微滤膜孔被微粒和溶质堵塞和变小，导致从膜表面向料液主体的扩散通量减少，膜表面的溶质浓度显著增高形成不可流动的凝胶层，降低了分离效果。

微孔膜堵塞原因有三种：①机械堵塞；②架桥；③吸附。机械堵塞是固体颗粒把膜孔完全塞住，吸附是颗粒在孔壁上使孔径变小，架桥也不会完全堵塞孔道。这三种原因联合作用的结果，形成了滤饼过滤。

2) 浓差极化

浓差极化使膜表面上溶质的局部浓度增加，即边界层流体阻力增加（或局部渗透压的升高），将使传质推动力下降和渗透通量降低。

3) 溶质吸附

一旦料液与膜接触，大分子、胶体或细菌与膜相互作用而吸附或黏附在膜面上，从而改变膜的特性。

4) 生物污染

生物污染是指用微滤膜分离含有蛋白质的液体时，由于蛋白质在表面孔上架桥形成表面层而造成分离效果的降低。

3. 微滤的操作流程

1) 无流动操作

如图 4-70 所示，原料液置于膜的上方，在压力差的推动下，溶剂和小于膜孔径的颗粒透过膜，大于膜孔的颗粒则被膜截留，该压差可通过原料液侧加压或渗透液侧抽真空产生。在

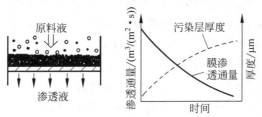

图 4-70 无流动操作示意

这种无流动操作中,随着时间的延长,被截留颗粒会在膜表面形成污染层,使过滤阻力增加,随着过程的进行,污染层将不断增厚和压实,过滤阻力将进一步加大,如果操作压力不变,膜渗透通量将降低。因此无流动操作只能是间歇的,必须周期性地停下来清除膜表面的污染层或更换膜。

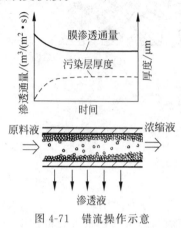

图 4-71 错流操作示意

2)错流操作

对于固含量高于 0.5% 的料液通常采用错流操作,这种操作类似于超滤和反渗透,如图 4-71 所示,料液以切线方向流过膜表面,在压力作用下透过膜,料液中的颗粒则被膜截留而停留在膜表面形成一层污染层,与无流动操作不同的是料液流经膜表面时产生的高剪切力可以使沉积在膜表面的颗粒扩散返回主体流,从而被带出微滤组件,由于过滤导致的颗粒在膜表面的沉积速度与流体流经膜表面时由速度梯度产生的剪切力引发的颗粒返回主体流速度达到平衡,使该污染层保持在一个相对较薄的稳定水平。因此一旦污染层达到稳定,膜的渗透通量将在较长时间内保持在比较高的水平,如图 4-71 所示。当处理量大时,宜采用错流设计。

4. 微滤膜的特点

1)孔径的均一性

微滤膜的孔径十分均匀,只有这样,才能提高滤膜的过滤精度,分离效率达 100%。

2)空隙率高

微滤膜表面有无数微孔,空隙率一般可达 80% 左右。膜的空隙率越高,意味着过滤所需的时间越短,即通量越大。

3)材料薄

大部分微滤膜的厚度在 $150\mu m$ 左右,对于过滤一些高价液体或少量贵重液体来说,由于液体被过滤介质吸收而造成的液体损失较小。此外,由于膜薄,所以它质量小、占地小。

5. 微滤的应用

微滤是所有膜过程中应用最广、销售额最大的一项技术,其年销售额大于其他所有膜过程销售额的总和。其主要应用于制药行业的除菌过滤、电子工业的高纯水的制备、在食品工业中生物制剂的分离,以及空气过滤、生物及微生物的检查分析等方面。

制备纯水时,微孔滤膜的主要用处有两个。①在反渗透或电渗析前用作保安过滤器,用于清除细小的悬浮物质,一般用孔径为 $3\sim20\mu m$ 的卷绕式微孔滤芯;②在阳、阴或混合离子交换柱后,作为最后一级终端过滤手段,用它滤除树脂碎片或细菌等杂质。此时,一般用孔径为 $0.2\sim0.5\mu m$ 的滤膜,对膜材料强度的要求应十分严格,而且,要求纯水经过膜后不得再被污染、电阻率不得下降、微粒和有机物不得增加。

在生物化学和微生物研究中,常利用不同孔径的微孔滤膜收集细菌酶、蛋白、虫卵等以提供检查分析。利用滤膜进行微生物培养时,可根据需要,在培养过程中更换培养基,以达到多种不同目的,并可进行快速检验。目前,这种方法已被用于水质检验、临床微生物标本的分离,食品中细菌的检测。微滤还可用于脱除废油中的水分和碳,进行废润滑油的再生等。

目前,微滤正被引入更广泛的领域。在食品工业领域许多应用已实现工业化;微滤应用的两个主要潜在市场:饮用水生产和城市污水处理;目前正大力开展对于工业废水处理方面的研究;随着生物技术工业的不断发展,微滤也会在这一领域有更大的市场。

习题

一、名词解释

(1) 气体吸收;

(2) 涡流扩散;

(3) 结晶;

(4) 反渗透;

(5) 浓差极化。

二、填空题

(1) 根据在过程中是否伴随化学反应的发生,吸收可分为_____与_____。根据被吸收组分数目的不同,吸收过程可分为_____和_____。

(2) 常用的活性炭活化方法有_____和_____两种。

(3) 给水工程中,离子交换法主要用于_____和_____。

三、选择题

(1) 工业生产中的吸收过程以(　　)为主。
    A. 低组分吸收   B. 高组分吸收   C. 物理吸收   D. 消化吸收

(2) 吸附过程可以根据吸附剂的再生方法分为(　　)。
    A. 离子吸附和分子吸附   B. 物理吸附和化学吸附
    C. 变温吸附和变压吸附   D. 等温吸附和等压吸附

(3) 以下天然矿物中,在工业上常用做吸附剂的有(　　)。
    A. 硅藻土   B. 白土   C. 石英砂   D. 天然沸石

(4) 活性炭的再生方法主要有(　　)等。
    A. 加热法   B. 蒸气法   C. 溶剂法   D. 臭氧氧化法

(5) 膜分离设备的膜根据材质可分为(　　)。
    A. 平板膜、管状膜、细管膜、中空纤维膜等
    B. 微滤膜、超滤膜、纳滤膜
    C. 反渗透膜、渗析膜、电渗析膜等
    D. 聚合物膜和无机膜

四、排序题

(1) 离子交换运行操作的四个步骤为:_____。
    ①清洗   ②再生   ③交换   ④反洗

(2) 萃取过程为:_____。
    ①使萃取相和萃余相分层   ②原料液和溶剂进行接触   ③进行溶剂回收

五、简答题

(1) 简述解吸的方法。

(2) 简述吸收过程两相间的物质传递步骤。
(3) 简述填料塔的优缺点。
(4) 吸收剂的选择应考虑哪些方面？
(5) 均相物系分离吸附的主要原理是什么？
(6) 在均相物系分离吸附中，吸附剂应具有哪些特性？常用的吸附剂有哪些？
(7) 简述吸附分离操作的应用。
(8) 简述萃取过程。
(9) 在均相物系分离萃取中，选择适当的萃取剂对过程的影响是什么？
(10) 常用的萃取塔有哪几类？各自的特点是什么？
(11) 简述萃取法处理含酚废水的原理。
(12) 结晶是均相物系分离中的一个重要步骤，请简述结晶过程的基本原理。
(13) 对于一个给定的化合物，如何选择适当的结晶溶剂以促进结晶过程？
(14) 请简要解释过饱和度在结晶过程中的作用。
(15) 结晶法的分类有哪些？简述各自特点。
(16) 什么是膜分离技术？简述其基本原理。
(17) 反渗透和超滤之间主要区别有哪些？
(18) 简述电渗析法实现物质分离的原理。
(19) 膜分离过程的特点有哪些？

六、计算题

现有一圆柱形离子交换反应器，直径 $d=1.5\text{m}$，拟装填牌号为 001×7 强酸性阳离子交换树脂，已知 001×7 树脂的湿视密度 $D_v=0.75\sim0.85\text{g/mol}$，全交换容量为 2.0mmol/mL，树脂装填高度 $H=2\text{m}$，计算所需装填树脂的质量；如果此离子交换反应器用于处理硬度 $\rho_0=4.25\text{mmol/L}$ 的原水，使其出水硬度 ρ 不超过 0.03mmol/L 以供应低压锅炉作补充用水，水流速度 $v=15\text{m/h}$，试估算制取多少软水和运行多长时间后需进行树脂再生。

第 5 章

化 学 转 化

利用化学反应将污染物转化为无毒无害或易于分离的物质,是环境工程中污染物控制的常用方法。将这些化学反应原理应用于污染物控制,必须借助适宜的装置,即反应器。任何化学反应过程的进行和结果除由该反应本身的特征及规律控制外,还会受到物料混合、传质和传热等物理因素的影响。因此,一方面要认识、判断各种类型化学反应的化学热力学和动力学规律,另一方面也要归纳各种物理因素的变化规律及其对化学反应过程的影响。

5.1 概述

化学反应工程学是一门研究化学反应工程问题的学科。若以化学反应作为对象,就必然要掌握这些反应的特性;以工程问题为对象,必须熟悉装置的本征特性,而化学反应工程学是把二者结合起来形成的学科体系。该体系涉及化学热力学、反应动力学、催化剂、设备型式、操作方式和传递工程等。化学反应本身是反应过程的主体,反应动力学就是描述化学反应本身的特性;而装置的结构、型式和尺寸则在物料的流动、混合、传热和传质等方面的条件上发挥其影响。反应如在不同条件下进行,将有不同的表现,因此反应装置中上述这些传递特性也是影响反应结果的一个重要方面。

5.1.1 反应器的操作方式

反应器的操作方式按其操作连续性可分为间歇式操作、连续式操作和半连续(半分批)式操作三种。

1. 间歇式操作

间歇式(分批式)操作是将反应原料一次加入反应器,反应一段时间或达到一定的反应程度后一次取出全部的反应物料,然后进入下一批原料的投入、反应和物料的取出。

间歇式操作的主要特点如下:

(1) 操作特点:反应过程中既没有物料的输入,也没有物料的输出,不存在物料的进与出。

(2) 基本特征:非稳态过程,反应器内的组分组成和浓度随时间变化而变化。

(3) 主要优点:操作灵活,设备费低,适用于小批量生产或小规模废水的处理。

(4) 主要缺点:设备利用率低,劳动强度大,每批的操作条件不易相同,不便自动控制。

2. 连续式操作

连续地将原料输入反应器,反应物料也连续地流出反应器,这样的操作方式称为连续式操作。连续式操作的主要特点如下：

(1) 操作特点：物料连续输入，连续输出，时刻伴随物料的流入和流出。

(2) 基本特征：稳态过程，反应器内各处的组分组成和浓度一般不随时间变化。

(3) 主要优点：便于自动化，劳动生产率高，反应程度与产品质量较稳定。规模大或要求严格控制反应条件的场合，多采用连续式操作。

(4) 主要缺点：灵活性小，设备投资高。

3. 半连续(半分批)式操作

原料与产物中的一种或一种以上为连续输入或输出，而其他成分分批加入或取出的操作称为半连续式操作或半分批式操作，此操作具有间歇式操作和连续式操作的某些特点。反应器内的组分组成和浓度随时间变化而变化。如某一液相氧化反应，液体原料及生成物在反应釜中分批地加入和取出，但氧化用的空气则是连续地通过。又如两种液体反应时，一种液体先放入反应器内，而另一种液体则连续滴加，这也是半连续式操作。再如液相反应物是分批加入的，但反应生成物却是气体，它从系统中连续地排出，这也属于半连续式操作。

5.1.2 基本概念

1. 物料混合

化学反应是不同物质分子间的化学作用，这种反应进行的必要条件是反应物之间的接触。因此任何化学反应的进行都要使反应物料达到充分混合。无论是在连续流动釜式反应器中还是在间歇搅拌釜中，搅拌的目的都是要把釜内的物料混合均匀，搅拌是达到混合的一种手段。如果按混合对象的年龄可以把混合分为同龄混合和返混。

同龄混合是指相同年龄物料之间的混合。这里所说的物料年龄就是物料在反应器中已停留的时间。例如，在间歇反应过程中，如果物料是一次投入的，则在反应进行的任何时刻，所有物料都具有相同的停留时间，此时搅拌引起的混合就是同龄混合。

返混是指不同年龄物料之间的混合。在连续流动釜式反应器中，搅拌的结果使先期进入反应器的物料与刚进入反应器的物料相混，这种不同时刻进入反应器的物料的混合，即不同年龄物料之间的混合，称为返混。

2. 反应时间

反应持续时间(简称反应时间)，主要用于间歇式操作反应器，指达到一定反应程度所需的时间。

3. 停留时间

停留时间，亦称接触时间，是指连续式操作中一物料微元从反应器入口到出口经历的时间。在实际的反应器中，各物料微元的停留时间不尽相同，存在一个分布，即停留时间分布。各微元停留时间的平均值称平均停留时间。

4. 空间时间

空间时间(简称空时)，定义为反应器有效体积与物料体积流量的比值。它具有时间的单位，但它既不是反应时间也不是接触时间，可以视为处理与反应器体积相同的物料所需要的时间。例如，空间时间为90s表示每90秒处理与反应器有效体积相同的流体。

5. 空间速度

空间速度(简称空速),是指单位时间、单位反应器有效体积所能处理的物料的体积流量,单位为时间的倒数。空间速度表示单位时间内能处理几倍于反应器体积的物料,反映了一个反应器的强度。空速越大,反应器的负荷越大。例如,空间速度为 $3h^{-1}$ 表示 1h 处理 3 倍于反应体积的流体。

6. 平推流和全混流

平推流和全混流是典型的两种极端情况的理想流动状况。所谓平推流,是指反应物料以一致的方向向前移动,在整个截面上各处的流速完全相等。这种平推流流动的特点是所有物料在反应器中的停留时间相同,不存在返混。而所谓全混流,则是指刚进入反应器的新鲜物料与已存留在反应器中的物料能达到瞬间的完全混合,以致在整个反应器内各处物料的浓度和温度完全相同,且等于反应器出口处物料的浓度和温度,在这种情况下,返混达到了最大限度。实际反应器中的流动状况介于上述两种理想流动状况之间。但是在工程计算上,常把许多接近于上述两种基本理想流动状况的过程当作理想流动状况来处理。比如对管径较小、流速较大的管式反应器,可作为平推流处理;而带有搅拌的釜式反应器可作为全混流处理。

5.1.3 反应器

1. 反应器的类型

根据反应器的结构性状,可分为釜式反应器、管式反应器、塔式反应器、固定床、膨胀床、流化床等,图 5-1 为常见反应器示意。

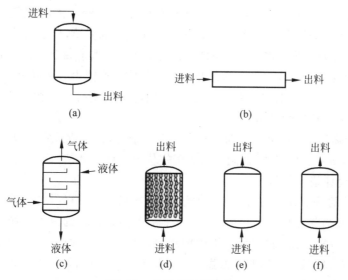

图 5-1 常见反应器示意

(a) 釜式反应器;(b) 管式反应器;(c) 塔式反应器;(d) 固定床反应器;(e) 膨胀床反应器;(f) 流化床反应器

釜式反应器亦称反应釜、反应槽或搅拌反应器,其高度一般为直径的 1~3 倍。它既可用于间歇式操作,也可用于连续式操作,是污水处理中经常采用的反应器型式,如水的中和处理、生物处理、氧化还原处理等。特点是温度、浓度容易控制，所需反应器容积大。

管式反应器的特征是长度远大于管径，内部中空，一般只用于连续式操作。在污染控制工程中应用较少。特点是返混小，所需反应器容积较小，传热面积大，但对慢速反应，管要很长，压降大。

塔式反应器的高度一般为直径的数倍以上，内部常设有增加两相接触的构件，常用于连续式操作，一般应用在污水处理或有害气体的吸收处理中。塔式反应器根据其内部结构以及操作方式可分为鼓泡塔、填料塔、板式塔等。鼓泡塔内一般不设任何构件，用于气—液反应。鼓泡塔的特点是气相返混小，但液相返混大，温度易调节，气体压降大，流速有限制，有挡板可减少返混。填料塔内的填料一般不参与反应，只是为了促进传递过程。填料塔的特点是结构简单，返混小，压降小，有温差，填料装卸麻烦。板式塔的特点是逆流接触，气液返混均小，流速有限制，如需传热，常在板间另加传热面。

固定床、膨胀床和流化床的内部都含有固体颗粒，这些颗粒可以是催化剂，也可以是固体反应物。固定床内填充固定不动的固体颗粒，而流化床内的颗粒处于多种多样的流动状态。膨胀床内固体颗粒的状态在两者之间，处于悬浮状态，但不随流体剧烈流动。固定床的特点是返混小，高转化率时催化剂用量小，催化剂不易磨损，传热控温不易，催化剂装卸麻烦。膨胀床的特点是高效，反应条件温和，易操作，能耗高，成本高。流化床的特点是传热好，温度均匀，易控制，催化剂或填料的磨损大，动力消耗大。

拓展资源1

2．反应器的设计

1）反应器设计内容

反应器的设计一般包含三方面的内容：选择合适的反应器型式，确定最佳的工艺条件和计算所需反应器体积。

（1）选择合适的反应器型式：根据反应系统的动力学特性（浓度、温度）、流动特征和传递特性（返混程度），选择合适的反应器，以满足反应过程的需要，使反应结果最佳。

（2）确定最佳的工艺条件：工艺条件包括反应器进口物料配比、流量、反应温度和压力等。工艺条件直接影响反应器的反应结果和反应器的生产能力。在确定工艺条件时还必须使反应器在一定的操作范围内具有良好的运转特性，而且要有抗干扰且长周期稳定运行的能力，即要满足操作稳定性要求。

（3）计算所需反应器体积：根据所确定的操作条件，针对所选定的反应器型式，计算完成规定生产能力所需的反应体积，同时由此确定优化的反应器结构和尺寸。

2）反应器设计基本方程

反应器设计的基本方程包括反应动力学方程、物料衡算方程、热量衡算方程和动量衡算方程，其中反应动力学方程和物料衡算方程是描述反应器性能的两个最基本的方程。

（1）反应动力学方程：化学反应进程中组分浓度与反应时间之间的函数关系，一个反应的动力学方程往往是由它的速率方程对时间积分得来，因此又称速率方程积分式。

（2）物料衡算方程：物料衡算以质量守恒定律为基础，是计算反应器体积的基本方程。对充分搅拌的间歇反应器和全混流反应器，由于反应器中浓度均匀，可对整个反应器作物料衡算。对于反应器中物料浓度沿长度（流动）方向具有差异分布的反应器，应在长度方向上选取反应器微元体积，假定在这些微元体积中浓度和温度均匀，对该微元作物料衡算，将这些微元求和，对整个反应器作物料衡算。

(3) 热量衡算方程：热量衡算以能量守恒与转化定律为基础。在计算反应速率时必须考虑反应体系的温度,通过热量衡算可以计算反应器中温度的变化。

(4) 动量衡算方程：动量衡算以动量守恒与转化定律为基础,计算反应器的压力变化。当气相流动反应器的压降大时,需要考虑压力对反应速率的影响,此时需要进行动量衡算。

5.1.4 化学反应分类

在化学反应工程研究中,都是针对具体的化学反应。反应性质不同势必影响反应器的设计与放大,而化学反应的复杂程度直接影响其反应动力学规律,也影响数学模型的复杂程度与应用。我们可以根据反应的特性不同进行分类。若按相态来分,反应可分为均相反应和非均相反应。在均相反应中,有气相均相和液相均相。在非均相反应中,有气固相、气液相、液固相和气液固相反应。若按是否有催化作用来分,反应可分为催化反应和非催化反应。若把反应按其自身的特征和途径来区分,可分为简单反应和复杂反应。简单反应是指能用一个计量方程描述的反应。复杂反应是指需用多个计量方程描述的反应。若按反应的机理来分,可分为基元反应和非基元反应,基元反应是指没有中间产物、一步完成的反应,而需要两步或两步以上完成的为非基元反应。另外,按反应过程是否处于稳态,可分为稳态反应和非稳态反应；按反应是否吸放热,又可分为吸热反应和放热反应；按体系容积是否改变,又可分为恒容过程和变容过程等。

在反应器的设计放大中最常使用的,也最能反映出反应特征和动力学规律的划分是简单反应和复杂反应。在简单反应体系中,一组反应物只生成一组特定的产物。对于可逆反应,可以写出正反应和负反应的两个计量方程,但两者并不独立,用其中一个计量方程即可表达反应组分间的定量关系,因此亦可视为一种简单反应。复杂反应系统中同时存在多个反应,由一组反应物可以生成若干组分不同的产物,各产物间的比例随反应条件以及时间的变化而变化。主要的复杂反应有并列反应、平行反应、串联反应和平行—串联反应等。

并列反应是指由相互独立的若干个单一反应组成的反应。任意一个反应的反应速率不受其他反应的影响。

$$A + B \longrightarrow P \tag{5-1}$$

$$C + D \longrightarrow Q \tag{5-2}$$

平行反应是指某一反应物同时参与多个反应,生成多种产物的反应,即反应物相同而产物不同的一类反应。

$$A + B \longrightarrow P \tag{5-3}$$

$$C + 2B \longrightarrow Q \tag{5-4}$$

串联反应是指反应中间产物作继续反应产生新的中间产物或最终产物的反应,即由最初反应物到最终产物是逐步完成的。

$$A \longrightarrow B \longrightarrow C \longrightarrow D \tag{5-5}$$

平行—串联反应是平行反应和串联反应的组合。

$$A \longrightarrow Q, \quad A + Q \longrightarrow P \tag{5-6}$$

$$A + B \longrightarrow Q, \quad 3A + B \longrightarrow P, \quad P + B \longrightarrow D \tag{5-7}$$

5.1.5 化学反应动力学

1. 化学反应的计量关系

反应式是描述反应经过反应生产过程的关系式。它表示反应历程,并非方程,不能按方程的运算规则将等式一侧的项移到另一侧。反应式的一般形式为

$$\alpha_A A + \alpha_B B \longrightarrow \alpha_C C + \alpha_D D \tag{5-8}$$

式中,A、B表示反应物;C、D表示产物;α_A、α_B、α_C、α_D为各组分的分子数,称化学计量数。

计量方程是描述各反应物、产物在反应过程中量的关系。其一般形式为

$$\alpha_A M_A + \alpha_B M_B = \alpha_C M_C + \alpha_D M_D \tag{5-9}$$

式中,M_A、M_B、M_C、M_D分别表示各物质的摩尔质量。

该式主要表示一个质量守恒关系,表明α_A个A分子和α_B个B分子的质量之和与α_C个C分子和α_D个D分子的质量之和相等。

式(5-9)也可写成

$$(-\alpha_A) M_A + (-\alpha_B) M_B + \alpha_C M_C + \alpha_D M_D = 0 \tag{5-10}$$

计量方程是一个方程,仅表示参与反应的各组分量的变化,其本身与反应的历程无关。在计量方程中,化学计量数的代数和等于零时,这种反应称为等分子反应,否则称非等分子反应。非等分子反应在进行一定程度后反应系统内组分的总物质的量将发生变化。

2. 转化率

工程中往往关心某一关键组分的反应进度,即该组分在反应器内的变化情况,所以经常用某关键反应物的转化率来表示反应进行的程度。在环境工程中,关键组分一般为待去除的污染物,此时的转化率称为去除率。

(1) 间歇反应的转化率

对于间歇反应器,反应物A的转化率定义为A的反应量与起始量之比。

$$x_A = \frac{n_{A0} - n_A}{n_{A0}} = 1 - \frac{n_A}{n_{A0}} \tag{5-11}$$

式中,n_{A0}、n_A分别为反应起始和t时刻时A的物质的量。

(2) 连续反应的转化率

对于连续反应器,反应物A的转化率定义如下

$$x_A = \frac{q_{nA0} - q_{nA}}{q_{nA0}} = 1 - \frac{q_{nA}}{q_{nA0}} \tag{5-12}$$

式中,q_{nA0}、q_{nA}分别为流入和排出反应器的A组分的摩尔流量。

3. 反应速率及反应动力学方程

化学反应速率的定义,是以单位体积、单位时间内物料数量的变化来表达的,其数学形式如下

$$-r_A = -\frac{1}{V} \frac{dn_A}{dt} \tag{5-13}$$

式中,$-r_A$中的负号表示反应物消失的速率。

根据实验研究,均相反应的速率取决于物料的浓度和温度,这种关系的定量表达式就是动力学方程。对于反应物是A和B的反应,一般可用下列方程表达

$$-r_A = k c_A^a c_B^b \tag{5-14}$$

式中，a、b 分别为反应物 A 和 B 的反应级数，量纲为 1；k 为反应速率常数。

对于气相反应，由于分压和浓度成正比，也常用分压来表示

$$-r_A = k_P p_A^a p_B^b \tag{5-15}$$

反应级数 a、b 两者之和为该反应的总反应级数 n。反应级数是由实验获得的经验值，会随实验条件的变化而变化，所以只能在获得其值的实验条件范围内应用。反应级数越大，表示浓度对反应速率影响越大。一般它与各组分的化学计量数没有直接关系，只有当反应物按化学反应式一步直接转化为产物的反应，即基元反应时，才保持一致。

由式(5-14)可知，当 A 和 B 的浓度均为 1 时，$-r_A = k$，说明反应速率常数 k 的数值与反应物的浓度为 1 时的反应速率相等，又称反应的比速率。

反应速率常数值的大小直接决定了反应速率的高低和反应进行的难易程度。不同的反应有不同的速率常数，对于化学反应，k 的大小与温度和催化剂等有关，但一般与反应物浓度无关。温度是影响反应速率的主要因素之一，大多数反应的速率都随着温度的升高而很快增加，但对不同的反应，反应速率增加的快慢不一样。当催化剂、溶剂等其他因素一定时，k 仅是反应温度 T 的函数。k 与 T 的关系可用阿仑尼乌斯方程来描述，即

$$k = k_0 \exp\left(\frac{-E_a}{RT}\right) \tag{5-16}$$

式中，k_0 为频率因子，可以近似地看作与温度无关的常数；E_a 为反应活化能，J/mol；R 为摩尔气体常数，$R = 8.314 \text{J/(mol·K)}$。

$$\ln k = \ln k_0 - \frac{E_a}{RT} \tag{5-17}$$

活化能是指把反应物的分子激发到可进行反应的活化状态时所需要的能量。活化能的大小不仅是反应难易程度的一种衡量，也是反应速率对温度敏感性的一个标志。k 对温度的敏感程度与温度有关，温度越低，k 受温度的影响越大。值得注意的是，以上有关 k 与温度关系的讨论仅适用于基元反应。对于非基元反应，理论上可以通过构成该反应的各基元反应的活化能求出，但这样非常烦琐，而且常常与表观活化能有一定的偏差，所以在实际应用中一般通过实验直接求出表观活化能。把化学反应速率定义式(5-13)和化学反应动力学方程(5-14)结合，可以得到

$$-r_A = -\frac{1}{V}\frac{dn_A}{dt} = k c_A^a c_B^b \tag{5-18}$$

对式(5-18)积分，可获得化学反应动力学方程的积分形式。恒容条件下，常见基本反应类型的动力学表达式见表 5-1。

表 5-1　常见基本反应类型的动力学表达式(恒容)

反应	反应级数	动力学表达式
A⟶P	n 级	$-r_A = k c_A^n$
A+B⇌C+D	2 级	$-r_A = k c_A c_B$
A $\underset{k'}{\overset{k}{\rightleftharpoons}}$ P	均为 1 级	$-r_A = (k+k')c_A - k'c_{A0}$

续表

反应	反应级数	动力学表达式
$A \underset{k'}{\overset{k}{\rightleftharpoons}} C+D$	1级（正反应），2级（逆反应）	$-r_A = k\left[c_A - \dfrac{1}{K}(c_{A0}-c_A)^2\right]$
$A+B \underset{k'}{\overset{k}{\rightleftharpoons}} P$	2级（正反应），1级（逆反应） $c_{A0}=c_{B0}$	$-r_A = k\left[c_A^2 - \dfrac{1}{K}(c_{A0}-c_A)\right]$
$A+B \underset{k'}{\overset{k}{\rightleftharpoons}} C+D$	均为2级，$c_{A0}=c_{B0}$	$-r_A = k\left[c_A^2 - \dfrac{1}{K}(c_{A0}-c_A)^2\right]$
$A \begin{smallmatrix} \overset{k_1}{\nearrow} C \\ \underset{k_2}{\searrow} D \end{smallmatrix}$	2级	$-r_A = (k_1 c_A + k_2)c_A$ $r_C = k_1 c_A^2$
	1级	$r_D = k_2 c_A$
$A \xrightarrow{k_1} B \xrightarrow{k_2} C \xrightarrow{k_3} D$	均为1级	$-r_A = k_1 c_A$ $r_B = k_1 c_A - k_2 c_B$ $r_C = k_2 c_B - k_3 c_C$ $r_D = k_3 c_C$

注：$K = \dfrac{k}{k'} =$ 平衡常数。

5.2 均相反应器

众所周知，温度是化学反应速率最敏感的影响因素，而化学反应又总是伴随一定的热效应，而热效应的大小导致反应器中有不同的温度分布。反应器按其温度条件可分为等温和非等温两大类。对于等温过程，反应所发生的热量全部由载热体带走或由系统向周围环境传出，从而维持反应的温度恒定不变。由于处于等温条件的反应器，动力学方程中的反应速率常数是定值，根据动力学方程结合物料衡算关系即可确定反应器的大小。等温操作要求传热好，单位反应器体积有很大的传热面，从而使热交换能力足够适应反应的放热速率。本节讨论等温条件下三种比较简单的均相反应器，即间歇反应器、平推流反应器及全混流反应器。这些讨论是研究工业反应器的基础，不仅对正确选择反应器的类型和操作方式有用，而且可以帮助我们思考处理和解决以后涉及的较复杂的化学反应工程问题。对于非等温过程，热量衡算在设计计算中不可缺少，需专题讨论，本节内容不涉及。

1. 间歇反应器

间歇反应器的操作方式是将反应物料按一定比例一次加到反应器内，然后开始搅拌，使反应器内物料的浓度和温度保持均匀。反应一定时间，转化率达到所定的目标后，将混合物料排出反应器。之后再加入物料，进行下一轮操作，如此反复。间歇反应操作是一个非稳态操作，反应器内各组分的浓度随反应时间变化而变化，但在任一瞬间，反应器内各处均一，不存在浓度和温度差异。

反应物 A 的物料衡算：

单位时间进入反应器的物料 A 的量＝单位时间排出反应器的物料 A 的量＋单位时间内在反应器中物料 A 的累积量＋单位时间内由于反应而消失的物料 A 的量

根据间歇反应器的特性,物料衡算可表示为

$$-\frac{\mathrm{d}n_A}{\mathrm{d}t} = -r_A V \tag{5-19}$$

式中,n_A 为反应器内反应物 A 的量,mol;V 为反应器内反应混合物的体积,通常称反应器的有效体积,m^3。

将 $n_A = n_{A0}(1-x_A)$ 代入式(5-19),可得到以转化率表示的基本方程为

$$n_{A0} \frac{\mathrm{d}x_A}{\mathrm{d}t} = -r_A V \tag{5-20}$$

式中,n_{A0} 为反应器内反应物 A 的初始量,kmol;x_A 为反应物 A 的转化率,量纲为 1。

将式(5-20)积分,可得到转化率与时间的关系式为

$$t = n_{A0} \int_0^{x_A} \frac{\mathrm{d}x_A}{-r_A V} \tag{5-21}$$

在间歇反应器中,无论是液相反应还是气相反应,绝大多数是恒容。在恒容条件下,有

$$t = c_{A0} \int_0^{x_A} \frac{\mathrm{d}x_A}{-r_A} \tag{5-22}$$

式(5-22)为恒容反应器的基本方程,据此式可以计算达到某一转化率时需要的反应时间,也可以计算任一反应时间的转化率或反应物的浓度。可以看出,间歇反应器达到一定转化率所需反应时间 t,只是动力学方程的直接积分,与反应器大小及物料投入量无关。这也是为什么动力学方程在间歇反应器内测定的原因。表 5-2 为恒容恒温间歇反应器的设计方程。

表 5-2 恒容恒温间歇反应器的设计方程

反应	反应速率方程	设计方程
A ⟶ C	$-r_A = k$	$c_{A0} - c_A = c_{A0} x_A = kt \, (t < c_{A0}/k)$ $c_A = 0 \, (t \geqslant c_{A0}/k)$
	$-r_A = k c_A$	$-\ln \frac{c_A}{c_{A0}} = -\ln(1-x_A) = kt$
	$-r_A = k c_A^2$	$\frac{1}{c_A} - \frac{1}{c_{A0}} = kt$
	$-r_A = k c_A^n$	$c_A^{1-n} - c_{A0}^{1-n} = c_{A0}^{1-n}[(1-x_A)^{1-n} - 1]$ $= (n-1)kt \, (n \neq 1)$
	$-r_A = \dfrac{V_m c_A}{K_m + c_A}$	$t = \dfrac{1}{V_m}[c_{A0} x_A - K_m \ln(1-x_A)]$
$A + \alpha_B B \longrightarrow C$	$-r_A = k c_A c_B$	$\ln \dfrac{c_{A0} c_B}{c_{B0} c_A} = \ln \dfrac{c_{B0} - \alpha_B c_{A0} x_A}{c_{B0}(1-x_A)} = (c_{B0} - \alpha_B c_{A0}) kt$

例 5-1 恒容一级反应 A ⟶ B 的反应速率常数 k 为 $0.2 \mathrm{h}^{-1}$,要使 A 的去除率达到 90%,对于间歇反应器,所需要的反应时间是多少?

解 设 x_A 为转化率,则 c_A 的值为

$$c_A = c_{A0}(1 - x_A) = c_{A0}(1 - 0.90) = 0.10 c_{A0}$$

在间歇反应器中：

根据表 5-2 的设计方程 $c_A/c_{A0}=\mathrm{e}^{-kt}$

$$(0.10c_{A0})/c_{A0}=\mathrm{e}^{-0.2t}$$

解得 $t=11.5\mathrm{h}$。

例 5-2 恒容恒温 $A \longrightarrow C$ 的反应，实验测得其反应动力学方程为 $-r_A=kc_A^2$（单位：$\mathrm{kmol/(L \cdot min)}$），$k=1.97\mathrm{L/(kmol \cdot min)}$，$c_{A0}=0.004\mathrm{kmol/L}$，若间歇反应器的装料系数为 $a=0.75$，每批操作的非生产时间为 1h，A 的转化率为 0.8，A 的处理量 $q_{nA0}=0.6\mathrm{kmol/h}$，计算反应器的体积为多少？

解 A 的转化率为 0.8，则

$$c_A=c_{A0}(1-x_A)=c_{A0}(1-0.8)=0.2c_{A0}$$

根据表 5-2 的设计方程 $\dfrac{1}{c_A}-\dfrac{1}{c_{A0}}=kt$，则反应时间

$$t=\frac{1}{k}\times\left(\frac{1}{0.2c_{A0}}-\frac{1}{c_{A0}}\right)=\frac{1}{1.97\mathrm{L/(kmol \cdot min)}}\times\left(\frac{1}{0.004\mathrm{kmol/L}}\right)\times 4 \times\frac{1}{60}=8.5\mathrm{h}$$

每批操作的总时间为反应时间和非生产时间之和，则总时间

$$t_{\mathrm{total}}=8.5\mathrm{h}+1\mathrm{h}=9.5\mathrm{h}$$

反应器的体积

$$V_R=\frac{q_{nA0}}{c_{A0}}\times t_{\mathrm{total}}\div 0.75=\frac{0.6\mathrm{kmol/h}}{0.004\mathrm{kmol/L}}\times 9.5\mathrm{h}\div 0.75=1900\mathrm{L}=1.9\mathrm{m}^3$$

2. 平推流反应器

使反应物料连续流入反应器并连续取出，物料沿同一方向以相同的速度流动，即物料像活塞一样在反应器内平移，故又称为活塞流反应器。平推流反应器中的流动是理想的推流，在连续稳态操作条件下，反应器各断面上的参数不随时间变化而变化。在反应器的径向断面上各处浓度均一，反应器内各组分浓度等参数随轴向位置变化而变化。实际应用中，管径较小，长度较长，流速较大的管式反应器可视为平推流反应器。

进行等温反应的平推流反应器内，物料的组成沿反应器流动方向从一个截面到另一个截面而变化，如图 5-2 所示，反应物 A 的物料衡算为

单位时间进入反应器的物料 A 的量＝单位时间排出反应器的物料 A 的量＋单位时间内在反应器中物料 A 的累积量＋单位时间内由于反应而消失的物料 A 的量

根据平推流反应器的特性，图 5-2 中体积为 $\mathrm{d}V$ 的微小单元内反应物 A 的物料衡算如式(5-23)所示，流入量为 q_{nA}，排出量为 $q_{nA}+\mathrm{d}q_{nA}$，反应量为 $(-r_A)\mathrm{d}V$，累积量为 0，故

$$q_{nA}=q_{nA}+\mathrm{d}q_{nA}+(-r_A)\mathrm{d}V \qquad (5\text{-}23)$$

$$-\mathrm{d}q_{nA}=(-r_A)\mathrm{d}V \qquad (5\text{-}24)$$

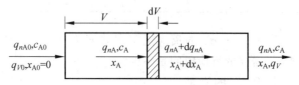

图 5-2 平推流反应器的物料衡算

$$-\frac{dq_{nA}}{dV} = -r_A \tag{5-25}$$

把 $q_{nA} = q_{nA0}(1-x_A)$ 代入式(5-25)，可得

$$q_{nA0}\frac{dx_A}{dV} = -r_A \tag{5-26}$$

将式(5-26)积分，并逐步整理，可得

$$\int_0^V \frac{dV}{q_{nA0}} = \int_0^{x_A} \frac{dx_A}{-r_A} \tag{5-27}$$

$$\frac{V}{q_{nA0}} = \int_0^{x_A} \frac{dx_A}{-r_A} \tag{5-28}$$

$$\frac{V}{c_{A0}q_{V0}} = \int_0^{x_A} \frac{dx_A}{-r_A} \tag{5-29}$$

$$\frac{\tau}{c_{A0}} = \int_0^{x_A} \frac{dx_A}{-r_A} \tag{5-30}$$

式中，$\tau = \dfrac{V}{q_{V0}}$，τ 为空间时间。

$$\tau = c_{A0}\int_0^{x_A} \frac{dx_A}{-r_A} \tag{5-31}$$

恒容条件下，$c_A = c_{A0}(1-x_A)$，即 $dc_A = -c_{A0}dx_A$。将此式代入式(5-31)，可得恒容反应的基本方程

$$\tau = -\int_{c_{A0}}^{c_A} \frac{dc_A}{-r_A} \tag{5-32}$$

值得一提的是，平推流反应器的基本方程与间歇反应器形式相同。对于恒容恒温反应，其设计方程与间歇反应器的设计方程完全相同(表 5-2)。通过这些方程可以计算得到反应速率、转化率、浓度和反应器有效体积等。

例 5-3 恒容一级反应 A⟶B 的反应速率常数 k 为 $0.2\mathrm{h}^{-1}$，要使 A 的去除率达到 90%，对于平推流反应器，所需要的反应时间是多少？

解 设 x_A 为转化率，则 c_A 的值为
$$c_A = c_{A0}(1-x_A) = c_{A0}(1-0.90) = 0.10c_{A0}$$
在平推流反应器中，平推流反应器的基本方程与间歇反应器形式相同，
则
$$c_A/c_{A0} = e^{-k\tau}$$
$$(0.10c_{A0})/c_{A0} = e^{-0.2\tau}$$
解得
$$\tau = 11.5\mathrm{h}$$

例 5-4 恒容恒温 A⟶C 的反应，实验测得其反应动力学方程为 $-r_A = kc_A^2$(单位：kmol/(L·min))，$k=1.97\mathrm{L/(kmol·min)}$，$c_{A0}=0.004\mathrm{kmol/L}$，若反应在平推流反应器中进行，A 的转化率为 0.8，A 的处理量 $q_{nA0} = 0.6\mathrm{kmol/h}$，计算所需反应器的体积为多少？

解 A 的转化率为 0.8，则
$$c_A = c_{A0}(1-x_A) = c_{A0}(1-0.8) = 0.2c_{A0}$$
根据表 5-2 的设计方程 $\dfrac{1}{c_A} - \dfrac{1}{c_{A0}} = k\tau$，则反应时间

$$\tau = \frac{1}{k} \times \left(\frac{1}{0.2c_{A0}} - \frac{1}{c_{A0}}\right) = \frac{1}{1.97\mathrm{L/(kmol·min)}} \times \left(\frac{1}{0.004\mathrm{kmol/L}}\right) \times 4 \times \frac{1}{60} = 8.5\mathrm{h}$$

平推流反应器的体积

$$V_R = \frac{q_{nA0}}{c_{A0}}\tau = \frac{0.6\text{kmol/h}}{0.004\text{kmol/L}} \times 8.5\text{h} = 1275\text{L} = 1.275\text{m}^3$$

3. 全混流反应器

全混流反应的操作是连续恒定地向反应器内加入反应物,同时连续不断地把反应液排出反应器,并采取搅拌等手段使反应器内物料浓度和温度保持均匀。全混流反应器是一种理想化的反应器。污水的pH中和槽和混凝沉淀槽搅拌强度达到一定的程度,都可以认为接近于全混流反应器。对全混流反应器,可以整个反应器对物料A作物料衡算(图5-3)。

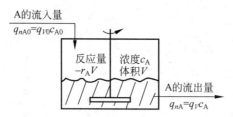

图 5-3　全混流槽式连续反应器的物料衡算

单位时间进入反应器的物料 A 的量＝单位时间排出反应器的物料 A 的量＋单位时间内在反应器中物料 A 的累积量＋单位时间内由于反应而消失的物料 A 的量。

q_{V0}、q_V 是反应器进出口处物料的体积流量,q_{nA0}、q_{nA} 是单位时间内反应物 A 的流入量和排出量,累积量为 0,故

$$q_{nA0} = q_{nA} + (-r_A)V \tag{5-33}$$

$$-r_A V = q_{nA0} - q_{nA} \tag{5-34}$$

令 $\tau = V/q_{V0}$,τ 为空间时间,由上式可得全混流连续反应器的基本方程

$$\tau = \frac{c_{A0} x_A}{-r_A} \tag{5-35}$$

对于恒容反应 $q_{V0} = q_V$,式(5-34)可改写如下

$$-r_A V = q_{V0} c_{A0} - q_{V0} c_A \tag{5-36}$$

$$\tau = \frac{c_{A0} - c_A}{-r_A} \tag{5-37}$$

因此,根据式(5-37),利用 c_{A0}、c_A 和 τ 可以计算出反应速率。

表 5-3 为恒容全混流反应器的设计方程。

表 5-3　恒容全混流反应器的设计方程

反应	反应速率方程	设计方程
A⟶C	$-r_A = k$	$c_A = c_{A0} - k\tau$
	$-r_A = kc_A$	$c_A = \dfrac{c_{A0}}{1+k\tau}$
	$-r_A = kc_A^2$	$c_A = \dfrac{1}{2k\tau}\left[(1+4k\tau c_{A0})^{1/2} - 1\right]$
	$-r_A = kc_A^n$	$\tau = \dfrac{c_{A0} - c_A}{kc_A^n}$

续表

反　　应	反应速率方程	设　计　方　程
$A+B \longrightarrow C$	$-r_A = kc_A c_B$	$c_{A0} k\tau = \dfrac{x_A}{(1-x_A)(c_{B0}/c_{A0}-x_A)}$
$\begin{cases} A \xrightarrow{k_1} C \\ A \xrightarrow{k_2} D \end{cases}$	$-r_A = (k_1+k_2)c_A$ $r_C = k_1 c_A$ $r_D = k_2 c_A$	$c_A = \dfrac{c_{A0}}{1+(k_1+k_2)\tau}$ $c_C = \dfrac{c_{A0} k_1 \tau}{1+(k_1+k_2)\tau}$ $c_D = \dfrac{c_{A0} k_2 \tau}{1+(k_1+k_2)\tau}$
$A \xrightarrow{k_1} B \xrightarrow{k_2} C$	$-r_A = k_1 c_A$ $r_B = k_1 c_A - k_2 c_B$ $r_C = k_2 c_B$	$c_A = \dfrac{c_{A0}}{1+k_1\tau}$ $c_B = \dfrac{c_{A0} k_1 \tau}{(1+k_1\tau)(1+k_2\tau)}$ $c_C = \dfrac{c_{A0} k_1 k_2 \tau^2}{(1+k_1\tau)(1+k_2\tau)}$

例 5-5 恒容一级反应 $A \longrightarrow B$ 的反应速率常数 k 为 0.2h^{-1}，要使 A 的去除率达到 90%，对于完全混合流反应器，所需要的反应时间是多少？

解 设 x_A 为转化率，则 c_A 的值为

$$c_A = c_{A0}(1-x_A) = c_{A0}(1-0.90) = 0.10 c_{A0}$$

在完全混合流反应器中，根据表 5-3 的设计方程

$$c_A = c_{A0}/(1+k\tau)$$

则

$$\tau = (c_{A0} - c_A)/(k c_A)$$

有

$$\tau = (c_{A0} - 0.10 c_{A0})/(0.2 \text{h}^{-1} \times 0.10 c_{A0}) = 45 \text{h}$$

据例 5-1、例 5-3、例 5-5 计算结果可以看出，要达到同样转化率，间歇反应器与平推流反应器所需反应时间相等，而全混流反应器所需时间远大于间歇反应器和平推流反应器，说明全混流反应器的反应效率低于前两者。

例 5-6 恒容恒温 $A \longrightarrow C$ 的反应，实验测得其反应动力学方程为 $-r_A = kc_A^2$（单位：$\text{kmol}/(\text{L} \cdot \text{min})$），$k = 1.97 \text{L}/(\text{kmol} \cdot \text{min})$，$c_{A0} = 0.004 \text{kmol/L}$，若反应在全混流反应器中进行，A 的转化率为 0.8，A 的处理量 $q_{nA0} = 0.6 \text{kmol/h}$，计算反应器的体积为多少？

解 A 的转化率为 0.8，则

$$c_A = c_{A0}(1-x_A) = c_{A0}(1-0.8) = 0.2 c_{A0}$$

根据式 (5-37)，$\tau = \dfrac{c_{A0} - c_A}{-r_A} = \dfrac{0.8 c_{A0}}{k c_A^2} = \dfrac{0.8 c_{A0}}{k c_{A0}^2 (1-x_A)^2}$

$$\tau = \dfrac{1}{1.97 \text{L}/(\text{kmol} \cdot \text{min})} \times \left(\dfrac{1}{0.004 \text{kmol/L}}\right) \times \dfrac{0.8}{(1-0.8)^2} \times \dfrac{1}{60} = 42.3 \text{h}$$

反应器的体积

$$V_R = \dfrac{q_{nA0}}{c_{A0}} \times \tau = \dfrac{0.6 \text{kmol/h}}{0.004 \text{kmol/L}} \times 42.3 \text{h} = 6345 \text{L} = 6.345 \text{m}^3$$

据例 5-2、例 5-4、例 5-6 计算结果可以看出，要完成同样的任务，间歇反应器和平推流反

应器所需体积相差不大,但由于间歇过程需辅助工作时间使得间歇反应器的体积将大于平推流反应器,而全混流反应器则比平推流反应器、间歇反应器所需反应体积要大得多,这是由于全混流反应器的返混造成反应速率下降所致。

工业生产上,为了适应不同反应的要求,有时常常采用相同或不同型式的简单反应器进行组合,比如多个全混流反应器的串联操作可减少返混的影响,而循环反应器可使平推流反应器具有全混流的某种特征。

5.3 非均相反应器

拓展资源2

拓展资源3

1. 固相催化反应器

催化剂是能改变反应速率和反应历程,而本身在反应前后并不发生变化的物质。有催化剂参与的反应称为催化反应。它的特点是用量极少,能降低该反应的活化能,使它进行的比均相时更快,但并不影响该化学反应的平衡,能够循环使用。对于平衡系统,它既促进了正反应,也加速了逆反应。催化剂的主要性能是活性和选择性。催化剂的活性是指物质催化作用的能力,工业生产上常以单位容积(或质量)催化剂在单位时间内转化反应物(或得到产物)的数量表示。催化剂的选择性指在能发生多种反应的反应系统中,同一催化剂促进不同反应程度的比较。

固体催化剂一般由活性物质和载体组成。活性物质是催化剂中真正起催化作用的组分。由于催化反应是在催化剂的表面进行,所以除少数活性极高、反应速率极快的反应,一般都需要将催化剂活性物质分布在载体的表面。因此,载体常常是多孔性物质,它可以提供大的表面和微孔,其孔径的大小和孔内表面积的多少,视不同的载体种类而异。由于使用了载体,所以仅需少量的催化剂即能获得极大的反应表面积,节省催化活性物质用量,降低成本。此外,载体还可以提高催化剂的机械强度、热稳定性,某些情况下与活性组分相互作用,从而改变活性组分的作用或改变其选择性。催化剂除活性物质和载体外,必要时加入促进剂和抑制剂。促进剂又称助催化剂,它本身催化活性很小,但添加到催化剂中,能显著提高催化剂的性能,促进剂的添加量一般很少。抑制剂是减小催化剂活性的物质。固体催化剂中加入少量的抑制剂可以减小催化活性,从而提高催化剂的稳定性。抑制剂有时用来降低催化剂对副反应的催化活性。催化剂的制法包括混合法、浸渍法、沉淀法、凝胶法和热熔法等。

工业催化剂必备的主要条件是活性好、选择性高、寿命长。活性好可以使催化剂的用量减少、能够转化的物料量增大。对于强放热反应,过高的活性有时反而是不受欢迎的,在工业生产中如何移除热量和控制温度往往成为棘手的问题,这时应当考虑反应器的实际传热能力而不宜过高地追求活性。选择性比活性更为重要,因为副产物多,会增加分离或处理这些副产物的装备和费用,降低整个过程的经济指标。一般来说,要制备选择性高的催化剂比制备活性高的催化剂更困难。有些催化剂使用前需进行活化处理,如还原、预处理等才有活性。工业上当然希望催化剂的寿命越长越好,但在实际使用过程中由于中毒、积炭、烧结、活性组分流失、活性结构被破坏等原因使活性有所降低。工业上往往采用逐渐提高反应温度的办法进行补偿,最后,当温度已提高到所能允许的上限时,就只好更换催化剂。催化剂的机械强度也会影响其寿命,如固定床用的催化剂应能承受得住床层的荷载和振动而不致破碎和造成床层的阻塞,流化床用的催化剂则更应能经受得住长期的摩擦而不至于很快变成细粉而被吹走。

1) 固体催化剂的物理性状

比表面积(a_s)：单位质量催化剂具有的表面积（包括外表面积和内表面积）。

由于固相催化反应发生在催化剂的表面，所以，固体催化剂的比表面积直接影响活性的高低。为获得较高的活性，往往利用多孔载体。大多数固体催化剂的比表面积在 5～1000 m^2/g。

颗粒孔体积(V_g)：单位质量催化剂内部微孔所占的体积，亦称孔容。

颗粒孔隙率(ε_p)：固体催化剂颗粒孔体积与总体积的比值，即

$$\varepsilon_p = \frac{V_g}{V_p} \tag{5-38}$$

式中，V_g 为单位质量颗粒内孔体积，m^3/kg；V_p 为颗粒总体积，m^3/kg。

固体密度(ρ_s)：单位体积催化剂固体物质（不包括孔所占的体积）的质量，又称真密度，单位为 kg/m^3；颗粒密度(ρ_p)：单位体积固体催化剂颗粒（包括孔体积）的质量，单位为 kg/m^3。

颗粒孔隙率与固体密度和颗粒密度之间的关系为

$$\varepsilon_p = \frac{颗粒孔体积}{颗粒孔体积 + 固体体积}$$

$$\varepsilon_p = \frac{V_g m_p}{V_g m_p + \frac{m_p}{\rho_s}} = \frac{V_g \rho_s}{V_g \rho_s + 1} \tag{5-39}$$

式中，ε_p 为颗粒孔隙率，量纲为 1；m_p 为固体催化剂的质量，kg。

同样，颗粒孔隙率与颗粒密度的关系式为

$$\varepsilon_p = \frac{V_g m_p}{\frac{m_p}{\rho_p}} = V_g \rho_p \tag{5-40}$$

颗粒微孔的结构与孔体积分布：除孔容外，颗粒内微孔的性状和孔径对催化剂的性质也有很大的影响。用孔体积分布，即不同孔径的微孔所占总孔体积的比例，可以粗略地评价微孔的结构。

颗粒堆积密度

$$\rho_b = \frac{颗粒质量}{填充层体积} = \frac{m_p}{V} \tag{5-41}$$

式中，ρ_b 为颗粒堆积密度，kg/m^3；V 为填充层体积，m^3。

填充层空隙率

$$\varepsilon_b = \frac{填充层颗粒间空隙体积}{填充层体积} = \frac{填充层体积 - 颗粒体积}{填充层体积} \tag{5-42}$$

$$\varepsilon_b = 1 - \frac{V_p}{V} = 1 - \frac{\rho_b}{\rho_p} \tag{5-43}$$

式中，ε_b 为填充层空隙率，量纲为 1。

2) 固相催化反应过程

固相催化反应主要发生在催化剂的内表面。在反应过程中，流体中的反应物须与表

面接触才能进行反应。固体催化剂与流体中的某一类反应组分能发生一定的作用,而吸附就是最基本的现象。吸附有两种不同的类型,即物理吸附与化学吸附,二者的比较见表 5-4。

表 5-4　物理吸附与化学吸附的比较

项 目	物 理 吸 附	化 学 吸 附
吸附剂	所有的固体物质	某些固体物质
吸附的选择性	临界温度以下的所有气体	只吸附某些能起化学变化的气体
温度范围	温度较低,近于沸点,对于微孔中的情况可高于沸点	温度较高,远高于沸点
吸附速率及活化能	很快,活化能低,小于 4kJ/mol	非活化的,低活化能;活化的,高活化能,大于 40kJ/mol
吸附热	小于 8kJ/mol,很少超过冷凝热	大于 40kJ/mol,与反应热的数量级相当,也有例外
覆盖情况	多分子层	单分子层
可逆性	高度可逆	常不可逆
重要性	多用于测定表面积及微孔尺寸	用于测定活化中心的面积及阐明反应动力学规律

物理吸附在低温下较显著,分子与固体表面间的吸附力很弱,吸附热和吸附的活化能很小。由于所需能量小,达到平衡快,且吸附力很弱,升高温度可使物理吸附的能力迅速降低,因此物理吸附不是影响固相催化的重要因素,但是它在研究催化剂的表面积、微孔大小及其分布方面却是极有用的方法。

化学吸附的吸附热大,常在 40～200kJ/mol,有的甚至超过 400kJ/mol。化学吸附包含活化吸附和非活化吸附。活化吸附后的分子是一种处于活化状态的分子,它的反应活化能比它以分子状态进行反应时所需要的活化能小很多。

低温下,化学吸附很慢而物理吸附很快,当温度升高时,物理吸附迅速减弱,而化学吸附逐渐变得显著起来,直至完全是化学吸附。实际进行反应的温度也正是在化学吸附的温度范围之内。此外,化学吸附还是有选择性的,只有那些能够起到催化作用的表面才能与反应分子起化学吸附。因此研究固体表面的吸附是研究固相催化反应动力学的一项重要基础。

固相催化反应的过程可概括为 7 个步骤,如图 5-4 所示。

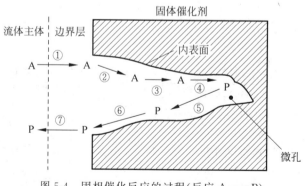

图 5-4　固相催化反应的过程(反应 A⟶P)

(1) 反应物的外扩散：反应物从流体主体扩散到固体催化剂外表面。

(2) 反应物的内扩散：反应物从外表面向固体催化剂微孔内部扩散。

(3) 反应物的吸附：反应物在催化剂微孔表面活性中心上吸附，成为活化分子。

(4) 表面反应：活化分子在微孔表面上发生反应，生成吸附态产物。反应必须借助于催化剂表面的活性中心才能发生。

(5) 产物的脱附：反应产物从固体表面脱附，进入固体催化剂微孔。

(6) 产物的内扩散：脱附下来的反应物沿固体催化剂内部微孔从内部扩散到外表面。

(7) 产物的外扩散：反应产物从固体催化剂外表面扩散到流体主体。

以上7个过程中，(1)、(2)、(6)、(7)称为扩散过程，(3)、(4)、(5)称为反应动力学过程，因为这3个过程是在表面发生的，所以亦称表面过程。固相催化反应是一个多步骤串联的过程。如果其中某一步骤的速率与其他各步的速率相比要慢得多，以至于整个反应速率取决于这一步的速率，那么该步骤就称为控制步骤。例如，吸附控制的过程，其总反应速率等于吸附速率，其他各步的速率都相对较快，以至内、外扩散的阻力完全可以忽略不计。组分在催化剂表面上的浓度就等于它们在流体主体中的浓度，而且表面上的化学反应始终达到平衡状态。若控制步骤是一个扩散过程，则称扩散控制，又称传质控制；若控制步骤是一个动力学过程，则称动力学控制。反应达到定常态时，各步骤的速率相等。如果反应的各步骤的速率相差不太大，那么就没有哪一步可作为控制步骤，而其余各步骤也不能认为已达到平衡状态。

工业催化过程，除少数反应速率飞快的情况，一般都不会采用在外扩散控制的条件(如很低的流速)下操作，因为这样不能体现出催化剂的作用，但是内扩散的影响却往往是相当重要的。固相催化反应本征动力学方程的实验测定必须排除外扩散和内扩散过程的影响。在消除内、外扩散影响的条件下，各组分在流体主体、固体催化剂表面、微孔内部的浓度相同，可以较简单地确定本征动力学方程。在实验过程中，需要做一些预实验以确定消除扩散影响的实验条件。根据传质理论，加大流体流动速度，提高流体湍流程度，可以减小边界层厚度，使边界层的扩散阻力小到足以忽略的程度，这样可以消除外扩散的影响。对于已制备好的固体催化剂，内扩散阻力的大小主要取决于颗粒直径，改变催化剂的颗粒直径进行实验，可以确定无内扩散阻力时适宜实验的催化剂直径。此外，固相催化反应本征动力学方程的实验测定还应注意流体的流动情况，研究用的反应器需保证为完全返混或者是平推流式，否则数据不够准确。例如对于固定床的反应管，管内径至少应为催化剂直径的8倍以上，层高至少为直径的30倍以上，并需充填均匀。

3) 固相催化反应的动力学

固相催化反应的动力学包括宏观动力学和本征动力学。固相催化反应的本质是反应物分子以吸附的方式与催化剂结合，形成吸附络合物，吸附络合物之间进一步反应，生成产物，即吸附→表面反应→脱附的过程，这3个过程是直接与化学反应相关的过程，称为本征动力学过程。在固相催化反应器中，由于内、外扩散的影响，固体催化剂颗粒内部各处的浓度不同，温度也有可能不同，故反应速率也不同，因此本征动力学方程应用起来非常困难。在实际应用中，常用以催化剂颗粒体积为基准的平均反应速率，即宏观反应速率表示反应进行的快慢。宏观反应速率不仅与本征反应速率有关，还与催化剂的颗粒大小、形状、温度及扩散过程有关。这里仅讨论固相催化反应的本征动力学。

(1) 反应物的化学吸附与脱附速率

为了描述在一定温度下气体吸附量与压力的关系,曾提出多种吸附等温模型,著名的有朗缪尔型、弗罗因德利希型、焦姆金型和 BET 型。朗缪尔吸附等温模型应用甚广,其基本假定如下:催化剂表面各处的吸附能力是均一的,每一活性点吸附一个分子,吸附热与表面已被吸附的程度无关;单分子层吸附,化学吸附时被吸附的分子与固体催化剂表面存在类似于化学键的结合,所以催化剂表面最多能吸附一层;被吸附的分子间互不影响,也不影响其他分子的吸附;吸附的机理均相同,吸附形成的络合物亦均相同。以气—固相反应为例,吸附时,气体分子不断撞击催化剂表面而有一部分被吸附,但由于分子的各种动能,也有一些被吸附的分子脱附下去,最后达到动态平衡。固体表面被吸附分子所覆盖的吸附率为 θ,则裸露部分的空位率为 $(1-\theta)$。吸附速率与空位率的大小及气相分压(代表气体分子与表面的碰撞次数)成正比,因此对于分子 A 在活性点 σ 上的吸附,其机理可写成

$$A + \sigma \rightleftharpoons A\sigma \tag{5-44}$$

式中,$A\sigma$ 为 A 与活性中心生成的络合物。

对于气—固相催化反应,吸附速率 v_a 和脱附效率 v'_a 可分别表示为

$$v_a = k_a p_A \theta_V \tag{5-45}$$

$$v'_a = k'_a \theta_A \tag{5-46}$$

式中,v_a、v'_a 分别为吸附速率和脱附速率;p_A 为 A 组分在气相中的分压;θ_V 为空位率,量纲为 1;θ_A 为吸附率,量纲为 1;k_a、k'_a 分别为吸附速率常数和脱附速率常数。

与反应速率常数一样,k_a 和 k'_a 与温度的关系亦可用阿伦尼乌斯(Arrhenius)公式表示,即

$$k_a = k_{a0} \exp\left(-\frac{E_a}{RT}\right) \tag{5-47}$$

$$k'_a = k'_{a0} \exp\left(-\frac{E'_a}{RT}\right) \tag{5-48}$$

式中,k_{a0}、k'_{a0} 分别为吸附和脱附的增强因子;E_a、E'_a 分别为吸附和脱附的活化能。

实际观察到的吸附速率是吸附速率 v_a 与脱附速率 v'_a 之差,该速率称为表观吸附速率 v_A,故

$$v_A = k_a p_A \theta_V - k'_a \theta_A \tag{5-49}$$

当吸附达到平衡时,$v_A = 0$,所以

$$k_a p_A \theta_V = k'_a \theta_A \tag{5-50}$$

设

$$K_A = \frac{k_a}{k'_a}$$

则

$$K_A = \frac{\theta_A}{p_A \theta_V} \tag{5-51}$$

式中,K_A 为吸附平衡常数,量纲为 1。该方程称为吸附平衡方程。

根据朗缪尔型、弗罗因德利希型等吸附模型,利用吸附速率方程和平衡方程即可计算出所给条件下的吸附速率。

(2) 表面化学反应

对于固相催化反应 A⟶P，在固体催化剂表面发生的反应通常可以表示为

$$A\sigma \rightleftharpoons P\sigma \tag{5-52}$$

式中，$A\sigma$、$P\sigma$ 分别为反应组分 A 和 P 与活性中心形成的络合物。

该反应为基元反应，故反应级数与化学计量系数相等，正反应速率 r_s 和逆反应速率 r'_s 可分别表示为

$$r_s = k_s \theta_A \tag{5-53}$$

$$r'_s = k'_s \theta_P \tag{5-54}$$

式中，r_s、r'_s 分别为以催化剂体积为基准的正反应、逆反应的反应速率；k_s、k'_s 分别为正反应和逆反应的反应速率常数；θ_A、θ_P 分别为 A 和 P 的吸附率，量纲为 1。

实际观察到的反应速率即净反应速率，是正反应速率 r_s 和逆反应速率 r'_s 之差。该反应速率称表观反应速率 r_S，故有

$$r_S = r_s - r'_s = k_s \theta_A - k'_s \theta_P \tag{5-55}$$

反应达到平衡时，有

$$K_S = \frac{k_s}{k'_s} = \frac{\theta_P}{\theta_A} \tag{5-56}$$

式中，K_S 为表面反应平衡常数，量纲为 1。

(3) 本征动力学

固体催化反应的本征动力学过程是由反应物的吸附、表面反应、产物的脱附三个过程串联而成。假设：① 反应物的吸附、表面反应和产物的脱附三个步骤中必然存在一个控制步骤；② 除控制步骤外，其他步骤处于平衡状态；③ 吸附过程和脱附过程属理想过程，可用朗缪尔吸附模型来描述。下面以气固相催化反应为例，分析讨论固相催化反应的本征动力学。对于反应 A⇌P，设想其反应机理步骤如下。

A 的吸附： $\qquad A + \sigma \rightleftharpoons A\sigma \tag{5-57}$

表面反应： $\qquad A\sigma \rightleftharpoons P\sigma \tag{5-58}$

P 的脱附： $\qquad P\sigma \rightleftharpoons P + \sigma \tag{5-59}$

各步骤的表观速率方程为

A 的吸附速率

$$v_A = k_a p_A \theta_V - k'_a \theta_A \tag{5-60}$$

表观反应速率

$$r_S = k_s \theta_A - k'_s \theta_P \tag{5-61}$$

P 的脱附速率

$$v_P = k_p \theta_P - k'_p p_P \theta_V \tag{5-62}$$

式中，θ_A 为 A 的吸附率，量纲为 1；θ_P 为 P 的吸附率，量纲为 1；θ_V 为空位率，量纲为 1。

$$\theta_A + \theta_P + \theta_V = 1 \tag{5-63}$$

① 反应物吸附过程控制

若 A 的吸附过程为控制步骤，则本征反应速率可用 A 的吸附速率表示为

$$-r_A = v_A = k_a p_A \theta_V - k'_a \theta_A \tag{5-64}$$

式中，$-r_A$ 为本征反应速率，$kmol/(m^3 \cdot s)$。

因表面反应和 P 的脱附均达到平衡，$r_S=0, v_P=0$，则

$$K_S = \frac{\theta_P}{\theta_A} \tag{5-65}$$

$$\theta_P = K_P p_P \theta_V \tag{5-66}$$

式中，K_P 为脱附平衡常数，量纲为 1，$K_P = \dfrac{k'_P}{k_P}$。

由式(5-63)、式(5-65)和式(5-66)可得

$$\theta_V = \frac{1}{(1/K_S + 1)K_P p_P + 1} \tag{5-67}$$

$$\theta_A = \frac{(K_P/K_S)p_P}{(1/K_S + 1)K_P p_P + 1} \tag{5-68}$$

则本征反应速率方程为

$$-r_A = k_a \frac{p_A - \dfrac{K_P}{K_S K_A} p_P}{\dfrac{K_P p_P}{K_S} + K_P p_P + 1} \tag{5-69}$$

② 表面反应过程控制

表面反应过程为控制步骤时，本征反应速率可以用表面反应速率表示为

$$-r_A = r_S = k_s \theta_A - k'_s \theta_P \tag{5-70}$$

此时 A 的吸附和 P 的脱附均已达到平衡，则

$$K_A p_A \theta_V = \theta_A \tag{5-71}$$

$$K_P p_P \theta_V = \theta_P \tag{5-72}$$

由式(5-63)、式(5-71)和式(5-72)可得

$$\theta_V = \frac{1}{1 + K_A p_A + K_P p_P} \tag{5-73}$$

$$\theta_A = \frac{K_A p_A}{1 + K_A p_A + K_P p_P} \tag{5-74}$$

$$\theta_P = \frac{K_P p_P}{1 + K_A p_A + K_P p_P} \tag{5-75}$$

则本征反应速率方程为

$$-r_A = k_s \frac{K_A p_A - (K_P/K_S)p_P}{1 + K_A p_A + K_P p_P} \tag{5-76}$$

③ 产物脱附过程控制

当产物 P 的脱附过程为控制步骤时，本征反应速率可以用脱附速率表示为

$$-r_A = v_P = k_p \theta_P - k'_p p_P \theta_V \tag{5-77}$$

由于 A 的吸附和表面反应过程达到平衡，有

$$\theta_A = K_A p_A \theta_V \tag{5-78}$$

$$\theta_P = K_S \theta_A = K_A p_A K_S \theta_V \tag{5-79}$$

所以

$$\theta_V = \frac{1}{1 + K_A p_A + K_S K_A p_A} \tag{5-80}$$

$$\theta_A = \frac{K_A p_A}{1 + K_A p_A + K_S K_A p_A} \tag{5-81}$$

$$\theta_P = \frac{K_S K_A p_A}{1 + K_A p_A + K_S K_A p_A} \tag{5-82}$$

则本征反应速率方程为

$$-r_A = k_p \frac{K_S K_A p_A - p_P K_P}{1 + K_A p_A (1 + K_S)} \tag{5-83}$$

4) 固相催化反应器

(1) 固定床反应器

凡是流体通过固定的固体物料所形成的床层而进行反应的装置都称作固定床反应器,其中以用气态的反应物料通过由固体催化剂所构成的床层进行反应的气—固相催化反应器占最主要的地位。

固定床催化反应器的优点:催化剂不易磨损;床层内流体的流动接近于平推流,与返混式的反应器相比,它的反应速率较快,可用较少量的催化剂和较小的反应器容积获得较大的生产能力;由于停留时间可以严格控制,温度分布可以适当调节,因此特别有利于达到高的选择性和转化率。

固定床催化反应器的缺点:固定床中传热较差,催化剂的载体又往往是导热不良的物质,化学反应均伴有热效应,而且反应结果对温度的依赖性很强,因此对于热效应大的反应过程,传热与控制温度问题成为固定床技术中的难点和关键;催化剂的更换必须停产进行,影响其经济效益,这就要求用于固定床反应器的催化剂,必须有足够长的寿命。工业上,有时为了延长反应器的运转周期,有意识地增加催化剂装填量,以求在反应后期,仍能达到规定的生产能力,这种措施显然是不够积极,但目前尚未能找到进一步延长催化剂寿命的有效工业方法。

固定床反应器设计的主要任务是根据原料组成和需要实现的转化率计算求出反应器的体积、催化剂的需要量、床层高度以及有关的工艺参数等。由于固定床内的流动、传热、传质和反应非常复杂,在设计中通常采用模型法,即对床层内的流体与催化剂颗粒的行为进行一定的简化。催化反应大多数伴随着热效应,反应器的温度控制非常重要,但当催化反应的热效应很小,并且单位床层体积具有较大传热表面时,可以近似作为等温反应计算,这样可以大大简化设计计算。

(2) 流化床反应器

所谓流态化就是固体颗粒像流体一样进行流动的现象,一般依靠气体或液体的流动来带动固体颗粒运动。如图 5-5 所示,当流体向上流过颗粒床层时,如流速较低,则流体从颗粒间空隙通过时颗粒不动,这就是固定床。如流速渐增,则颗粒间空隙率将开始增加,床层体积逐渐增大,成为膨胀床。而流速达到某一限值,床层刚刚能被流体托动时,床内颗粒就开始流化起来,这时的流体空床线速称为临界流化速度。对于液—固系统,流体与颗粒的密度相差不大,故最小流化速度一般很小,流速进一步提高时,床层膨胀均匀且波动很小,颗粒在床内的分布也比较均匀,故称作散式流化床;但对气—固系统而言,情况很不相同,一般在气速超过临界流化速度后,将会出现气泡。气速越高,气泡造成的扰动越剧烈,使床层波动频繁,这种形态的流化床称聚式流化床或气泡床。若气泡在上升过程中汇合长大至占据整个床层截面,将固体颗粒一节节地往上柱塞式推动,直到某一位置崩落为止,这种情况叫作节涌。随着气速的加大,流化床中的湍动程度也跟着加剧,而当气速超过了颗粒的带出速度,则粒子就会被气流所带走成为气输床,只有不断地补充新的颗粒,才能使床层保持一定的料面高度。综上所述,可以看到从临界流态化开始一直到气流输送为止,反应器内装置的状况从气相非连续相一直转变到气相连续相的整个区间都属于流态化的范围,因此它的领域很宽广,问题也很复杂。

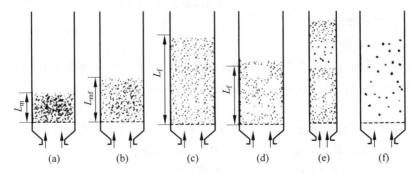

图 5-5 流态化的各种形式

(a) 固定式;(b) 临界流态化;(c) 散式流态化;(d) 聚式流态化;(e) 节涌;(f) 气体输送

流化床反应器的优点:传热效能高,而且床内温度易于维持均匀,这对于热效应大而对温度又很敏感的过程是很重要的;大量固体颗粒可方便地往来输送,这对于催化剂迅速失活而需随时再生的过程来说,正是实现大规模连续生产的关键;由于颗粒细小,可以消除内扩散阻力,能充分发挥催化剂的效能。

流化床反应器的缺点:气流状况不均,不少气体以气泡状态经过床层,气—固两相接触不够有效,不利于达到高转化率;颗粒运动基本上是全混式,停留时间不一,影响产物的均一性,转化率不高,全混也会造成气体的部分返混,影响反应速率和增加副反应;颗粒的磨损和带出造成催化剂的损失,并需颗粒回收系统。因此,是否选用流态化的方式,确定怎样的操作条件,都应当是在考虑了上述这些优缺点并结合反应的动力学特性加以斟酌后才能决定的。

流化床反应器的设计模型由一系列的物料平衡、热量平衡、流体力学方程、动力学方程组成。建立了流化床的数学模型,就可进行反应器参数和操作条件的设计。在气—固反应流化床中,由于颗粒分布不均匀及气泡的存在,数学模型较为复杂。在环境工程中,流化床反应器常用于水质净化系统,流体为水溶液,床层处于散式流态化状态。因此,大多数情况下可以利用简单均相模型即全混流模型或活塞流模型进行计算。

2. 气—液相反应器

多相流反应过程包括气—液相反应、液—液相反应和气—液—固三相反应等。反应物中的一个和一个以上组分在气相中,其他组分均处于液相状态的反应称为气—液相反应。气—液相反应发生在液相中,气相中不发生反应。化学吸收就属于气—液相反应,常用于去除气相中的某一组分。液—液反应与气—液相反应有一些相同的特点,即反应组分需通过相界面扩散到另一相中才能进行反应,但液—液反应两相之间的浓度分配是以溶解度为极限的。因此,对液—液相反应的研究可以借助于气—液相反应过程的一些普遍原则。另外,采用固体催化剂的气—液—固三相反应过程也是需要气相组分溶解进入液相中,才能在固体催化剂作用下发生反应,与气—液相吸收过程有一些相似的特点。因此,这里仅讨论气—液相反应过程和气—液相反应器。

1) 气—液相反应过程

在气—液相反应中,气相中的反应物必须进入液相,才能与液相中的反应物发生接触进行反应,因此涉及传质和反应两个过程。相间传质理论主要有双膜理论、溶质渗透理论和表面更新理论。双膜理论是把复杂的相间传质过程模拟成串联的两层稳定薄膜中的分子扩散,把吸收过程当作定态处理。相间传质的阻力被简化为双膜阻力的叠加。这样,不但在概念上简单易懂,而且在理论上也便于对相间传质过程进行数学处理。溶质渗透理论认为,在相间传质中,流体中的旋涡由流体的主体运动到相际界面,在界面上停留一段短暂而恒定的时间,然后被新的旋涡置换而又回到流体主体中去。当旋涡在界面上停留时,溶质依靠不稳定的分子扩散而渗透到旋涡中去,从而发生相间传质作用。表面更新理论引入了相间接触表面更新的概念。虽然非定态理论在机理上更接近实际,但解得的所有结果都与双膜理论十分接近,因此气—液相反应过程采用双膜理论来描述(图 5-6)。

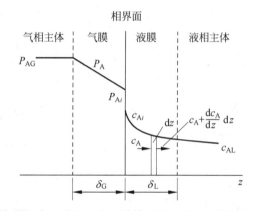

图 5-6 气—液相反应双膜模型中组分 A 的传质示意

对于气—液相反应 $A(g)+B(l) \longrightarrow P$,气相组分 A 与液相组分 B 的反应过程经历以下步骤:①A 从气相主体通过气膜扩散到气—液相界面;②A 从相界面进入液膜,同时 B 从液相主体扩散进入液膜,A 和 B 在液膜内发生反应;③液膜中未反应完的 A 扩散进入液相主体,在液相主体与 B 发生反应;④生成物 P 的扩散。

2) 气—液相反应动力学

气—液相反应过程是包括传质和反应的多个步骤的综合过程,其宏观反应速率取决于多个步骤中最慢的一步。若反应速率远小于传质速率,则宏观反应速率取决于本征反应速率,称为反应控制。相反,若反应速率远大于传质速率,则宏观反应速率取决于传质速率,称为传质控制。对于二者速率相差不大的情况,则应综合考虑两个步骤的影响。针对 $A(g)+B(l) \longrightarrow P$ 的反应,反应过程根据不同的传质速率和化学反应速率,可有各种不同的情况,如图 5-7 所示。

(1) 瞬间反应

瞬间反应的特点及其反应区域与浓度分布:组分 A 和组分 B 之间的反应瞬间完成,A 与 B 不能共存。如图 5-7(a)所示,在液膜内的某一个面上 A 和 B 的浓度均为 0,该面称反

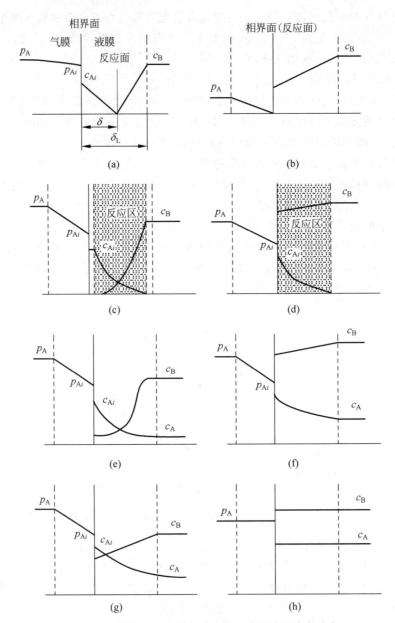

图 5-7 不同类型气—液相反应的反应区域及浓度分布

(a) 瞬间反应(反应面在液膜内);(b) 瞬间反应(反应面在相界面上);(c) 二级快速反应(反应发生在液膜内);(d) 拟一级快速反应(c_B 高,反应区在液膜内);(e) 二级中速反应(反应发生在液膜及液相主体);(f) 拟一级中速反应(c_B 高,反应区在液膜及液相主体);(g) 慢反应(反应主要在液相主体);(h) 极慢反应(在液相主体内的均相反应)

应面,此时的反应过程为传质控制。反应面的位置随液相中 B 浓度的升高向气膜方向移动,当升高到某一数值时,反应面与气—液界面重合,这种情况称界面反应,如图 5-7(b)所示。此时,气膜传质过程是界面反应的控制步骤。

(2) 快速反应

快速反应的特点及其反应区域与浓度分布:A 与 B 之间的反应速率较快,反应发生在液膜内的某一区域中,在液相主体中不存在 A 组分,也不发生 A 和 B 之间的反应,这种情况的浓度分布如图 5-7(c)所示。

当 B 在液相中大量过剩时(浓度很高时)，与 A 发生反应消耗的 B 的量可以忽略不计，在液膜中 B 的浓度近似不变，反应速率只随液膜中 A 的浓度变化而变化，如图 5-7(d)所示，这种情况称拟一级快速反应。

（3）中速反应

中速反应的特点及其反应区域与浓度分布：A 与 B 的反应速率较慢，A 与 B 在液膜中反应，但 A 不能在液膜中反应完毕，有一部分进入液相主体，并在液相中继续与 B 发生反应，这种情况下的浓度分布如图 5-7(e)所示。

若液相中的 B 大量过剩，B 在液膜中的浓度近似不变，则反应近似为拟一级快速反应，此时的浓度分布如图 5-7(f)所示。

（4）慢速反应

慢速反应的特点及其反应区域与浓度分布：A 和 B 的反应很慢，在液膜中反应消耗的 A 的量较少，反应主要发生在液相主体，这种情况的浓度分布如图 5-7(g)所示。

若 A 和 B 的反应极慢，则 A 与 B 在液膜中的浓度与它们在液相主体中的浓度相同，此时扩散速率远大于反应速率，近似于物理吸收，如图 5-7(h)所示。

3) 气—液相反应器类型

工程上常用的气—液相反应器有填料塔、喷淋塔、板式塔、鼓泡塔和搅拌反应器等，图 5-8 所示为几种常用的气—液相反应器类型。

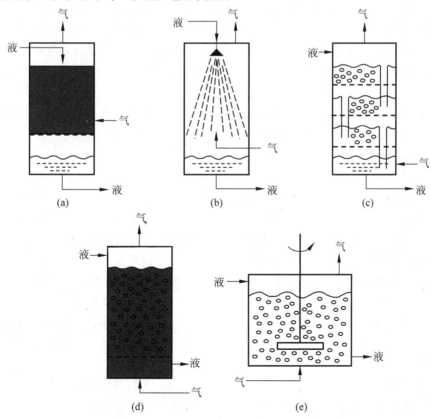

图 5-8　几种常用的气—液相反应器类型
(a)填料塔；(b)喷淋塔；(c)板式塔；(d)鼓泡塔；(e)搅拌反应器

（1）填料塔中，液体沿填料表面向下流，在填料表面形成液膜，该反应器具有气体压降小、液体返混小的特点，但液相主体量少，适用于瞬时反应或快速反应。

（2）喷淋塔是将液体以细小液滴的方式分散于气体中的一类反应器，气体为连续相，液相为分散相。喷淋塔的持液量小，基本没有返混，适用于快速反应或生成固体的反应。

（3）板式塔是气相通过塔板分散成小气泡与板上液体进行接触的一类反应器，气体为分散相，液体为连续相，该反应器的特点是持液量较多，适用于中速及慢速反应。

（4）鼓泡塔是反应器内充满液体，气体从底部进入，分散成气泡与液相接触进行反应的一类反应器。该类反应器的特点是结构简单、造价低，但返混严重，气泡易产生聚并，传质效率较低。由于反应器内存液较多，即液相主体量较多，因此适用于主体相内进行主要反应的中慢速反应。

（5）搅拌反应器一般是在鼓泡塔的基础上进行机械搅拌，以增大传质效率的一类反应器。

拓展资源4

习题

一、选择题

（1）全混流反应器的返混为（　　）。
　　A. 最小　　　　B. 最大　　　　C. 零　　　　D. 一样大

（2）对于循环操作的平推流反应器，当循环比 $B \to 0$ 时为（　　）反应器。
　　A. 全混流　　　　　　　　　　B. 平推流
　　C. 全混流或平推流　　　　　　D. 全混流串接平推流

（3）固体催化剂之所以能起催化作用，是由于催化剂的活性中心与反应组分的气体分子主要发生（　　）。
　　A. 物理吸附　　B. 化学反应　　C. 化学吸附　　D. 质量传递

（4）气体在固体表面上的吸附中物理吸附是靠（　　）力结合的。
　　A. 化学键　　　　　　B. 范德华
　　C. 金属键　　　　　　D. 氢键

（5）气体在固体表面上的吸附中化学吸附是（　　）分子层的。
　　A. 多　　　　B. 单　　　　C. 单或多　　　　D. 不依靠

（6）气固催化反应本征速率是指排除（　　）阻力后的反应速率。
　　A. 外扩散　　B. 内扩散　　C. 内外扩散　　D. 吸附和脱附

（7）对于反应级数 $n>0$ 的不可逆等温反应，为降低反应器容积，应选用（　　）。
　　A. 平推流反应器　　　　　　　　B. 全混流反应器
　　C. 循环操作的平推流反应器　　　D. 全混流串接平推流反应器

（8）在全混流反应器中，反应器的有效体积与进料流体的体积流量之比为（　　）。
　　A. 空时　　　　　　　B. 反应时间
　　C. 停留时间　　　　　D. 平均停留时间

（9）"三传一反"是化学反应工程的基础，下列不属于三传的是（　　）。
　　A. 能量传递　　B. 质量传递　　C. 热量传递　　D. 动量传递

(10) 下面关于等温恒容平推流反应器空时、反应时间、停留时间三者关系说法错误的是（　　）。

　　A. 空时是反应器的容积与进料流体的容积流速之比

　　B. 反应时间是反应物料进入反应器后从实际发生反应的时刻起到反应达到某一程度所需的反应时间

　　C. 停留时间是指反应物进入反应器的时刻算起到离开反应器内共停留了多少时间

　　D. 完全混合流反应器内物料具有相同的停留时间且等于反应时间

二、简答题

(1) 什么是间歇式操作、连续式操作和半连续式操作？它们一般各有哪些主要特点？

(2) 根据反应物料的流动与混合状态，反应器可分为哪些类型？

(3) 与间歇反应器相比，对于同一反应，在同样的反应条件下，达到同样的转化率，所需全混流连续式反应器的接触时间有何不同？为什么？

(4) 固相催化反应过程一般可概括为哪些步骤？

(5) 固相催化反应的本征动力学过程包括哪些步骤？

(6) 在进行本征动力学速率方程的实验测定中，如何消除外扩散和内扩散的影响？分别如何确定实验条件？

(7) 气—液相反应过程一般可概括为哪些步骤？

(8) 气—液相瞬间反应的基本特点是什么？

三、计算题

(1) A 和 B 的反应为二级反应，在间歇反应器中进行，反应 10min 转化率达 0.6，问转化率为 0.8 时需要多少时间？

(2) 某一级反应在平推流反应器中进行时的出口转化率为 0.9。现将该反应移到一个全混流反应器中进行，若两种反应器体积相同，且操作条件不变，该反应在全混流反应器时的出口转化率为多少？

(3) 反应 $A+B \longrightarrow C+D$ 在平推流反应器中进行，$(-r_A)=kc_A c_B$，$k=100 \mathrm{m}^3 \cdot \mathrm{kmol}^{-1} \cdot \mathrm{min}^{-1}$，反应器的体积为 $0.001 \mathrm{m}^3$，物料的进料速率为 $0.5 \times 10^{-3} \mathrm{m}^3/\mathrm{min}$，$c_{A0}=c_{B0}=5 \mathrm{mol}/\mathrm{m}^3$，求出口的转化率；若采用全混流反应器要达到同样的出口转化率，试求需要的反应器体积。

第 6 章

生 物 转 化

第6章
思维导图

  生物反应工程是生物化学反应工程的简称,是一门以生物学、化学、工程学、计算机与信息技术等学科为基础,研究生物反应过程中带有共性的工程技术问题的交叉学科。生物反应工程以生化反应动力学为基础,将传递过程原理、设备工程学、过程动态学及最优化原理等化学工程学方法与生物过程方面的知识加以联系,以提高生物反应效率为目标,进行生物反应过程的分析与开发,生物反应器的设计和操作,以及过程优化控制等。生物反应工程在生物工业中起到举足轻重的作用,可以说它是生物产品工业化的核心技术方法。

  生物反应器是使生物技术转化为产品和生产力的关键设备,其在生物过程中处于中心地位。使用高效率生物反应器的目的是提高产品生成速率,减少有关辅助设备,降低生产成本,获得尽可能大的经济效益。虽然已开发多种形式的生物反应器,但由于生物反应的复杂性,加上外界的影响及相关理论的不完善,生物反应器的形式还不能完全适应生物反应过程多样性的需要。与化学反应器相比,生物反应器的生产效率较低,反应液中的产物浓度低。

  本节主要介绍微生物反应、微生物反应动力学和环境工程微生物反应器。

6.1 微生物反应

6.1.1 微生物反应及其在环境领域的应用

1. 微生物反应

  微生物是肉眼看不见或看不清楚的微小生物的总称。微生物可分为原核微生物(如细菌、放线菌)、真核微生物(如酵母和霉菌等真菌、藻类、原生动物、后生动物)、古细菌和非细胞微生物(如病毒等)。微生物反应是由一系列的酶催化反应构成的复杂反应体系,参与反应的成分极多,反应途径错综复杂,与一般的化学反应和生化反应有显著差异。微生物反应同时包含物质代谢和能量代谢,其影响因素包括微生物的种类、基质的种类和浓度、环境条件等。对某一微生物种类和基质确定的反应系统,环境因素特别是 pH 和温度往往是重要的影响因素。微生物细胞可以看作一个超微型反应器,在该反应器内同时进行着多种多样的反应。因此,微生物反应很难用一个准确的反应式来表示。在工程应用中,为了方便计算,常把微生物反应看作一种基质和营养物质反应生成细胞代谢产物的单一自催化反应。微生物反应的总反应式可以概括地表示为

$$碳源 + 氮源 + 其他营养物质 + 氧 \longrightarrow 细胞 + 代谢产物 + CO_2 + H_2O \qquad (6\text{-}1)$$

2. 微生物反应在环境领域的应用

  在环境工程领域,针对不同的目标污染物,可以充分利用不同微生物特性在不同环境条

件下对这些目标污染物进行转化、降解,从而实现水体净化、臭气消除、固体废物分解及资源化。微生物反应是污染水体、废气、土壤等自净过程的主要机制。如在水处理领域,活性污泥法是依赖微生物对目标污染物进行去除的最为典型的案例;在大气污染控制领域,微生物反应通过其独特的代谢路径和降解能力,实现对有害气体的有效去除和环境净化。微生物反应在环境污染防治中的应用与工业应用相比,在目的、利用的微生物以及规模等方面有明显不同,因此微生物反应的操作也不同。

6.1.2 微生物反应的计量关系

1. 微生物反应的综合计量式

微生物细胞是一个由蛋白质、脂肪、多糖、DNA、RNA 等高分子化合物以及多种多样的低分子有机和无机化合物构成的复合体,不能用单一化合物的分子式描述。微生物浓度一般用质量浓度,即单位体积培养液(反应介质)中所含细胞的干燥质量来表示,常用的单位有 kg(细胞)/m^3 等。同一类微生物的细胞元素组成一般相对稳定。在工程上,常用微生物的无灰干燥细胞即细胞烧失量的元素组成($CH_xO_yN_z$)来表示细胞的组成。

把参与微生物反应的碳源、氮源及其他营养物质统一表示为基质 S、微生物细胞表示为 X,反应产物表示为 P,则微生物反应的综合方程可写为

$$S \longrightarrow Y_X X + Y_P P \tag{6-2}$$

式中,Y_X 为生长系数或细胞产率系数,kg/kg;Y_P 为产物产率系数,kg/kg。

在微生物反应系统中,营养物质的种类很多,在计算中不可能一一考虑,往往考虑某个或某些限制性物质。在计量学中通常把细胞生长过程中首先完全消耗掉的基质称为计量学限制性基质。同理,根据对细胞生长速率的影响,在一定环境条件下若向反应系统中加入某一基质,生长速率随之增加,则该基质被称为生长速率限制性基质。

2. 细胞产率系数

细胞产率系数是指所消耗的基质转化为细胞的比例,该系数对计算反应器中的微生物浓度、细胞产生量等有重要意义。细胞产率系数基准不一致时,表达不一样,一般包含以基质质量为基准的细胞产率系数、以碳元素为基准的细胞产率系数、以氧消耗量为基准的细胞产率系数、以 ATP 为基准的细胞产率系数和以有效电子数为基准的细胞产率系数,这里仅讨论前三种。

1) 以基质质量为基准的细胞产率系数

以基质质量为基准的细胞产率系数 $Y_{X/S}$ 是反应系统中细胞的生长量(细胞干燥质量)与反应消耗掉的某一基质的质量之比,单位为 kg(细胞)/kg(基质),$Y_{X/S}$ 的值不一定小于 1,有时也会大于 1,其大小与所选择的基质有关。$Y_{X/S}$ 可表示为

$$Y_{X/S} = \frac{\Delta X}{-\Delta S} \tag{6-3}$$

式中,ΔX 为细胞的生长量,kg(细胞);$-\Delta S$ 为反应消耗的基质质量,kg。

2) 以碳元素为基准的细胞产率系数

对于作为碳源的基质,可以看作碳源的一部分转化为微生物细胞,另一部分转化为 CO_2 和其他代谢产物。以碳元素为基准的细胞产率系数($Y_{X/C}$)单位为 kg(细胞中的 C)/kg(C),$Y_{X/C}$ 的值只能小于 1,一般为 0.5~0.7。$Y_{X/C}$ 可表示为

$$Y_{X/C} = \frac{\Delta X \gamma_X}{-\Delta S \gamma_S} = Y_{X/S} \frac{\gamma_X}{\gamma_S} \tag{6-4}$$

式中，γ_X 为细胞的含碳率，量纲为 1；γ_S 为碳源的含碳率，量纲为 1。

3) 以氧消耗量为基准的细胞产率系数

在工程上利用好氧微生物时需要向微生物供氧。对于这种情况，以氧消耗量为基准的细胞产率系数（$Y_{X/O}$）单位为 kg(细胞)/kg(O_2)，$Y_{X/O}$ 表示为

$$Y_{X/O} = \frac{\Delta X}{-\Delta m_{O_2}} \tag{6-5}$$

式中，$-\Delta m_{O_2}$ 为反应消耗的 O_2 量，kg。

例 6-1 以葡萄糖（$C_6H_{12}O_6$）为碳源，NH_3 为氮源，在好氧条件下培养某细菌，得到的细胞的元素组成为 $CH_{1.66}O_{0.273}N_{0.195}$。设该细菌的 $Y_{X/C}=0.65$，反应产物只有 CO_2 和水。试计算 $Y_{X/S}$ 和 $Y_{X/O}$。

解 将葡萄糖的元素组成式写为 CH_2O，且根据题意 $Y_{P/C}=0$，则微生物反应计量方程为

$$CH_2O + aNH_3 + bO_2 \longrightarrow Y_{X/C}CH_{1.66}O_{0.273}N_{0.195} + (1-Y_{X/C})CO_2 + cH_2O$$

根据基质和细胞的元素组成，可得

$$\gamma_S = \frac{12}{12+1\times2+16\times1} = 0.4$$

$$\gamma_X = \frac{12}{12+1.66\times1+0.273\times16+0.195\times14} = 0.578$$

根据 $Y_{X/S}$ 与 $Y_{X/C}$ 的关系，有

$$Y_{X/S} = Y_{X/C}\frac{\gamma_S}{\gamma_X} = \left(0.65\times\frac{0.4}{0.578}\right)kg/kg = 0.45 kg/kg$$

由计量方程，求得各元素的物料衡算式如下：

O 的物料衡算

$$1+2b = 0.273Y_{X/C} + 2(1-Y_{X/C}) + c$$

N 的物料衡算

$$a = 0.195Y_{X/C}$$

H 的物料衡算

$$2+3a = 1.66Y_{X/C} + 2c$$

上述联立方程得：$a=0.127, b=0.264, c=0.615$，

根据反应 $Y_{X/O} = \frac{\Delta X}{-m_{O_2}} = Y_{X/C}\frac{12+1.66+16\times0.273+14\times0.195}{32b} = 1.60 kg/kg$

6.2 微生物反应动力学

微生物反应动力学主要研究生物反应速率和各种影响因素对反应速率的影响。因微生物在一定场所中的存在形式是大量聚集，描述微生物动力学的方法不是指生物分离成不连续的单个生物，而是指群体的存在。微生物群体变化过程一般分为生长、繁殖、维持、死亡、溶胞、能动性及形态变化等过程。生长是微生物群体吸收其周围活性或非活性物料后，产生新的物质或将吸收的一部分物质转化为细胞自身组成成分的过程。繁殖是群体中新个体生

物的产生。维持是指与生长和繁殖具有不同目的而消耗群体自身能量的过程。死亡是指将微生物群体置于适宜条件下,它仍无繁殖能力。溶胞是细胞的溶解或部分溶解。能动性是单个生物在空间中的自身推进。形态变化是微生物物理结构的重新组合,同时它的活性性质及生长速率发生变化。

6.2.1 微生物生长速率

微生物的生长速率 r_X 定义为

$$r_X = \frac{dX}{dt} = \mu X \tag{6-6}$$

式中,X 为活细胞浓度,kg(细胞)/m³;μ 为比生长速率,h⁻¹。

μ 的单位为时间的倒数,μ 值越大,说明微生物生长越快。

$$\mu = \frac{dX}{dt} \frac{1}{X} \tag{6-7}$$

在间歇培养条件下,μ 与倍增时间 t_d(单位:h)的关系为

$$\mu = \frac{\ln 2}{t_d} = \frac{0.693}{t_d} \tag{6-8}$$

例 6-2 用 100mL 的培养液培养某细菌,细菌细胞的初期总数为 2×10^6 个,培养开始后即进入对数生长期,无诱导期。在 3h 后达到稳定期,细胞浓度 3×10^9 个/mL,试求该细菌的比生长速率 μ 和倍增时间 t_d,假设在培养过程中 μ 保持不变。

解 开始时的细胞浓度为

$$X_0 = \left(\frac{2 \times 10^6}{100}\right) \text{个/mL} = 2 \times 10^4 \text{ 个/mL}$$

根据细胞增长方程

$$\mu = \frac{dX}{dt} \frac{1}{X}$$

$$\mu dt = \frac{dX}{X}$$

培养过程中 μ 保持不变,则

$$\mu t = \ln \frac{X}{X_0}$$

$$\mu = \frac{\ln \frac{X}{X_0}}{t} = \left(\frac{\ln \frac{3 \times 10^9}{2 \times 10^4}}{3}\right) \text{h}^{-1} = 3.97 \text{h}^{-1}$$

$$t_d = \frac{0.693}{\mu} = \left(\frac{0.693 \times 60}{3.97}\right) \text{min} = 10.47 \text{min}$$

6.2.2 基质消耗速率

1. 基质消耗反应的微观步骤

微生物反应中的基质消耗是一个非常复杂的过程,是一系列生化反应的集合,通常采用简化模型描述基质的消耗过程。

对于一个特定的细菌细胞,其结构可以简化为一个由黏液层、细胞壁和细胞膜包裹的固体催化剂(图 6-1)。根据此简化模型,基质的消耗过程可以认为包括以下步骤:

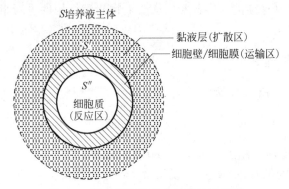

图 6-1 细菌细胞的反应过程结构模型

(1) 从培养液主体通过扩散穿过黏液层,到达细胞壁表面。此过程的基质移动服从菲克扩散定律,因此黏液层可视为扩散区。在一些情况下,大分子基质扩散过程中在胞外酶的作用下分解成小分子。对不能直接进入细胞内的大分子基质来说,胞外分解过程是基质被消耗的前提。

(2) 细胞壁表层的基质分子或基质的分解产物通过被动扩散、主动扩散、主动运输等机制穿过细胞壁和细胞膜,进入细胞质。因此,细胞壁和细胞膜可视为运输区。

(3) 进入细胞质(反应区)的基质,在细胞内被分解。

2. 基质消耗速率

(1) 基质消耗速率的表达式

由于微生物反应系统中存在大量的细胞,而且各个细胞之间都存在一定的差异,关注系统中单个细胞的基质消耗过程,对深入理解基质消耗机制有重要意义,但是在实际应用中,不可能掌握每个细胞的基质消耗速率。故常不考虑细胞内的差异,而把细胞看作一个组分稳定的化学物质,对该系统的宏观消耗速率进行分析、讨论。

微生物反应系统中单位混合物体积的基质消耗速率(单位: $kg \cdot m^{-3} \cdot h^{-1}$)与细胞表观产率系数和生长速率的关系为

$$-r_S = \frac{1}{Y_{X/S}} r_X = \frac{1}{Y_{X/S}} \mu X \tag{6-9}$$

在实际应用和科研工作中,经常使用单位细胞质量的基质消耗速率,即比基质消耗速率(单位: h^{-1})来表示

$$-v_S = -\frac{r_S}{X} = \frac{1}{Y_{X/S}} \mu \tag{6-10}$$

在污水生物处理中,常采用 BOD 表示基质群,此时 $-r_S$ 称为 BOD 去除速率,$-v_S$ 称为 BOD 比去除速率。

(2) 考虑维持代谢的基质消耗速率表达式

在微生物反应中,被消耗的基质的一部分用于微生物的生长,另一部分用于维持细胞的活性,作为碳源和能源的基质的消耗速率有以下关系

$$-r_S = \frac{1}{Y_{X/S}^*} r_X + m_X X \tag{6-11}$$

式中，$Y_{X/S}^*$ 为细胞真实产率系数，kg(细胞)/kg；m_X 为维持系数，kg(基质)/(kg(细胞)·h)。$Y_{X/S}^*$ 是从能源物质所能获取的最大细胞产率系数。m_X 值与环境条件有很大关系。维持能的大部分用于渗透功，增加培养液的盐浓度会大大增加 m_X 值。

(3) 氧摄取速率

在好氧生物反应中，营养物质的消耗都伴随着氧的消耗。氧消耗速率与以氧消耗量为基准的细胞产率系数 $Y_{X/O}^*$ 之间存在以下关系

$$-r_{O_2} = \frac{1}{Y_{X/O}^*} r_X + m_{X,O_2} X \tag{6-12}$$

$$-v_{O_2} = \frac{1}{Y_{X/O}^*} \mu + m_{X,O_2} \tag{6-13}$$

式中，m_{X,O_2} 为以氧消耗量为基准的维持系数，kg(O_2)/(kg(细胞)·h)；$-v_{O_2}$ 为比氧消耗速率，kg(O_2)/(kg(细胞)·h)。

6.2.3 微生物生长速率与基质消耗速率的关系

将式(6-11)变形可得

$$r_X = Y_{X/S}^*(-r_S) - m_X Y_{X/S}^* X \tag{6-14}$$

$$\frac{dX}{dt} = Y_{X/S}^*\left(-\frac{dS}{dt}\right) - m_X Y_{X/S}^* X \tag{6-15}$$

对于同一个系统，$Y_{X/S}^*$ 和 m_X 均为常数，令 $m_X Y_{X/S}^* = b$，则式(6-15)变形为

$$\frac{dX}{dt} = -Y_{X/S}^* \frac{dS}{dt} - bX \tag{6-16}$$

式(6-16)是在污水生物处理领域中常用的污泥增长速率方程，在污水生物处理中 $Y_{X/S}^*$ 称为污泥真实转化率或污泥真实产率，b 称为活性污泥微生物的自身氧化率，也称衰减系数。

6.2.4 代谢产物的生成速率

微生物反应的产物种类繁多，生成途径和合成机制也各不相同，很难用一个统一的方程表示代谢产物的生成速率，但从宏观上可以把代谢产物的生成途径概括为两大类：一类是与细胞生长有关的产物，称细胞生长偶联产物，其生成速率正比于细胞生长速率；另一类是与细胞生长无关的产物，称非生长偶联产物，其生成速率正比于细胞浓度。因此代谢产物的生成速率可表示为这两种生成速率之和，即

$$r_P = \alpha r_X + \beta X \tag{6-17}$$

式中，r_P 为产物的生成速率，kg/(m³·h)；α、β 为常数。

6.3 环境工程微生物反应器

微生物反应器是利用微生物的生命活动来实现物质转化的一种反应器，关于反应器分类和操作的一般理论都适用于微生物反应器。微生物反应器在环境领域主要用于污染物的

转化和分解，反应器操作和设计优化的目标是尽可能提高基质，即污染物的利用速率和去除率。与化学反应器相比，微生物反应器的特点在于活性微生物既是生物反应的产物，同时又参与反应，从而影响反应速率，因而类似于化学反应中的自催化反应。

根据微生物存在状态不同，可将微生物反应器分为三类：悬浮微生物反应器、附着微生物反应器和附着-悬浮混合微生物反应器。悬浮微生物反应器中的微生物主要以游离细胞或微小絮体形式存在，如污水处理中的活性污泥反应器。附着微生物反应器又称生物膜反应器，其中微生物主要以生物膜的形式存在，如处理污水或废气的生物过滤池。附着-悬浮混合微生物反应器中游离细胞、絮体和生物膜共存且都对生物反应有贡献，如处理废水的生物接触氧化池。

6.3.1 悬浮微生物反应器

根据培养过程是否需要供氧，微生物培养可分为厌氧和好氧培养。厌氧培养采用不通氧的培养方式，好氧培养可采用表面培养、通风固态培养、通氧深层培养。深层培养的操作方式主要包含间歇式操作、半连续式操作和连续式操作。根据操作方式的不同，悬浮微生物反应器包含间歇悬浮微生物反应器、半连续悬浮微生物反应器和连续悬浮微生物反应器。

间歇式操作是指基质一次性加入反应器内，在适宜条件下接入微生物菌种，反应完成后将反应物料全部取出的操作方式。间歇式操作广泛应用于实验室内的微生物生长特性、生理生化特性、污染物的生物降解研究及污水的间歇生物处理等。污水中 BOD 的测定过程也可以视为微生物的间歇培养过程。间歇悬浮微生物反应器设计的关键是利用细胞生长速率方程、基质消耗速率方程、细胞以及基质的物料平衡式，确定细胞浓度和基质浓度随时间的变化方程。

半连续式操作是在培养过程中，基质连续加入反应器，微生物和产物等均不取出。半连续培养主要用于研究微生物生长动力学、生理特性；微生物的高浓度培养；高浓度基质对微生物有毒害作用时，可通过半连续培养，控制反应器中基质的浓度始终处于低浓度水平；反应系统需要较长反应时间的微生物培养。

连续式操作是指在间歇式操作进行到一定阶段，一方面将基质连续不断地加入反应器内，另一方面又把反应物料连续不断地取出，使反应条件不随时间变化的操作方式。活性污泥法处理废水、固定化微生物反应等多采用连续式操作。微生物的连续培养可以对微生物施加一定的环境条件，进行长期稳定的培养；可以对微生物进行筛选培养；可以独立改变的参数多，适用于微生物生理生化特性的研究。微生物连续培养中最大的困难是染菌，因此连续式操作适用于对纯培养要求不高的情况。

微生物反应的连续式操作通常以间歇式操作开始，即开始时先将培养液加入反应器，将微生物接种后进行分批式培养，当限制性基质被基本耗尽或微生物生长达到预期浓度时开始连续加入培养液，同时排出反应后的培养液。在实际应用中，微生物的连续培养通常采用全混流槽式连续反应器。

6.3.2 附着微生物反应器

1. 完全混合附着微生物反应器

完全混合附着微生物反应器，也称完全混合附着生物膜反应器，如图 6-2 所示。运行时,向反应器中加入密度接近于水的微小固体颗粒(直径通常为1~5mm)作为固体填料,如颗粒活性炭、陶粒、塑料微球等。微生物在固体表面上生长,形成微生物膜。附着有微生物膜的固体填料均匀地悬浮在培养液中,从微观上看微生物细胞集中在固体表面,细胞分布不均匀。但是,从宏观上看,单位体积培养液中的微生物平均浓度处处相等,可以视为完全混合反应器。由于生物膜脱附形成的悬浮微生物浓度一般较小,这部分微生物对生物反应的贡献可以忽略,附着微生物反应器内活性微生物主要以生物膜的形式附着在固体填料表面,所有生物反应均发生在生物膜内。另外,由于微生物膜厚度通常很薄,反应器中微生物膜的面积可视为和固体填料的表面积相等。

2. 平推流附着微生物反应器

在固体填料固定填充在反应器中,培养液在附着有生物膜的固体填料层中流动,且符合平推流特征时,可以将这类反应器视为平推流生物膜反应器,如图6-3所示。对于平推流附着微生物反应器,轴向不同位置物料中基质浓度存在显著差异。

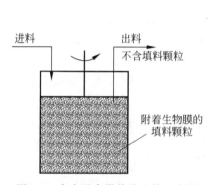

图 6-2 完全混合附着微生物反应器

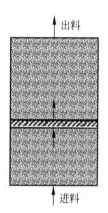

图 6-3 平推流生物膜反应器

在实际附着微生物反应器中,由于微生物的增殖,生物膜会不断变厚。长期运行过程中,要考虑生物膜厚度变化对附着微生物反应器性能的影响。对于固定床生物膜反应器,微生物膜过度增长会导致填料层的空隙率降低,同时生物膜相互挤压形成一体,大大降低微生物膜活性表面。活性微生物膜比表面积的下降会导致生物膜反应器整体基质利用速率的下降,填料层空隙率的降低则会提高物料通过填料层的压降,增加能耗。因此,对于固定床生物膜反应器,微生物生长并不总是对微生物反应器有利,维持适宜的微生物量对于优化生物膜反应器运行性能至关重要。

拓展资源1

3. 附着-悬浮混合微生物反应器

附着-悬浮混合微生物反应器是一种结合了附着生长和悬浮生长两种微生物生长方式的反应器。这种反应器能够充分利用两种生长方式的优点,提高微生物的处理效率和稳定性。附着-悬浮混合微生物反应器结合了附着生长和悬浮生长的优点,能够更高效地去除污水中的有机物、氮、磷等污染物。由于生物膜的存在,微生物在反应器中的停留时间较长,有助于维持系统的稳定性。同时,悬浮微生物的存在也增加了系统的灵活性。附着-悬浮混合微生物反应器对水质和水量的波动具有较强的适应性,能够应对较大的冲击负荷。因此,附着-悬浮混合微生物反应器具有高效降解、稳定性好、耐冲击负荷和易于管理等特点。

拓展资源2

拓展资源3

习题

一、选择题

(1) 微生物反应的总反应式可以概括地表示为(　　)。
　　A. 碳源+氮源+其他营养物质+氧⟶细胞+代谢产物+CO_2+H_2O
　　B. 碳源+氮源+其他营养物质⟶细胞+代谢产物+CO_2+H_2O
　　C. 碳源+氮源+氧⟶细胞+代谢产物+CO_2+H_2O
　　D. 碳源+氮源+其他营养物质+氧⟶细胞+CO_2+H_2O

(2) 下列关于细胞产率系数描述错误的是(　　)。
　　A. 以基质质量为基准的细胞产率系数 $Y_{X/S}$ 一定小于 1
　　B. 以碳元素为基准的细胞产率系数 $Y_{X/C}$ 一定小于 1
　　C. 以氧消耗量为基准的细胞产率系数表达式为 $\dfrac{\Delta X}{-\Delta m_{O_2}}$
　　D. 细胞产率系数是指所消耗的基质转化为细胞的比例,该系数对计算反应器中的微生物浓度、细胞产生量等有重要意义

(3) 下列关于微生物反应器描述错误的是(　　)。
　　A. 微生物反应器一般包含悬浮微生物反应器、附着微生物反应器和附着-悬浮混合微生物反应器
　　B. 悬浮微生物反应器中,间歇式操作广泛应用于实验室内的微生物生长特性、生理生化特性、污染物的生物降解研究及污水的间歇生物处理等
　　C. 污水中 BOD 的测定过程可以视为微生物的半连续培养过程
　　D. 对于平推流生物膜反应器,轴向不同位置物料中基质浓度存在显著差异

二、简答题

(1) 为什么说微生物反应类似于化学反应中的自催化反应?
(2) 常用的细胞产率系数有哪几种表达形式?
(3) 微生物反应中,基质消耗过程的步骤包括哪些?
(4) 简述微生物反应器的类型。
(5) 简述生物膜厚度对固定床生物膜反应器的影响。

三、计算题

(1) 以葡萄糖为碳源,NH_3 为氮源,在好氧条件下培养某细菌时,葡萄糖中碳的 1/3 转化为细菌细胞中的碳元素。已知细胞组成为 $C_{4.4}H_{7.3}N_{0.86}O_{1.2}$,设反应产物只有 CO_2 和 H_2O。试求出 $Y_{X/S}$ 和 $Y_{X/O}$。

(2) 某细菌的 $Y_{X/C}$ 与基质的种类无关,在好氧条件下为 0.9,已知以葡萄糖为基质时的 $Y_{X/S}=0.75\text{kg/kg}$,试计算以乙醇为基质时的 $Y_{X/S}$。

参 考 文 献

[1] 朴香兰,朱慎林.环境工程中的均相分离技术与应用[M].北京:化学工业出版社,2004.
[2] 胡洪营,张旭,黄霞,等.环境工程原理[M].4版.北京:高等教育出版社,2022.
[3] 蒋展鹏,杨宏伟.环境工程学[M].3版.北京:高等教育出版社,2013.
[4] 张自杰.排水工程(下册)[M].4版.北京:中国建筑工业出版社,2000.
[5] 陈敏恒,潘鹤林,齐鸣斋.化工原理(少学时)[M].3版.上海:华东理工大学出版社,2019.
[6] 夏杰,白云鹏.生物反应工程原理[M].北京:化学工业出版社,2019.
[7] 贾士儒.生物反应工程原理[M].4版.北京:科学出版社,2015.
[8] 许志美,等.化学反应工程[M].北京:化学工业出版社,2019.
[9] 曹利,卜龙利.环境工程原理[M].西安:西安交通大学出版社,2022.
[10] 斯科特·福格勒 H.化学反应工程原理[M].程易,译.北京:化学工业出版社,2022.
[11] 陈甘棠.化学反应工程[M].4版.北京:化学工业出版社,2021.
[12] 张殿印.除尘工程师手册[M].北京:化学工业出版社,2020.
[13] 苏汝维.工厂防尘技术问答[M].北京:中国林业出版社,1986.
[14] 陈隆枢,陶晖.袋式除尘技术手册[M].北京:机械工业出版社,2010.
[15] 刘天齐.三废处理工程技术手册[M].北京:化学工业出版社,1999.
[16] 切雷米西诺夫 Ｐ Ｎ,扬格 Ｒ Ａ.大气污染控制设计手册:上、下册[M].胡文龙,译.北京:化学工业出版社,1984.
[17] 张殿印,王纯.除尘器手册[M].北京:化学工业出版社,2015.
[18] 金国淼.除尘设备[M].北京:化学工业出版社,2002.
[19] 郝吉明,等.大气污染控制工程[M].北京:高等教育出版社,2021.

附 表

附表 1 摩擦系数图

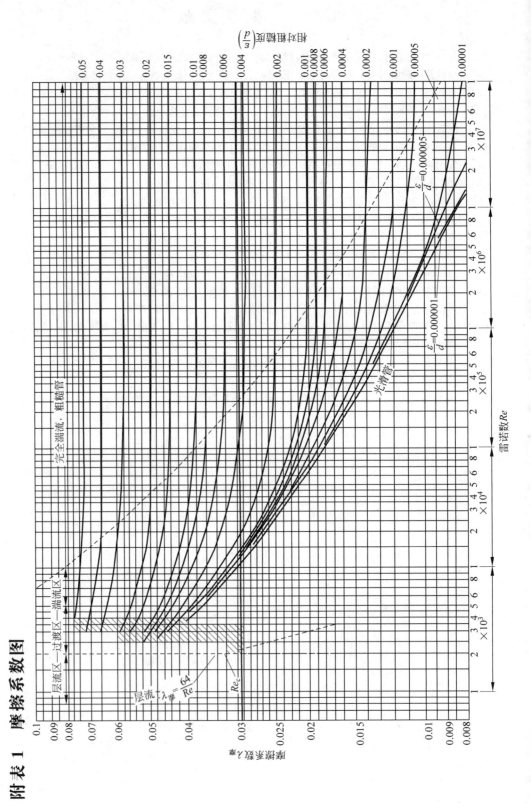

附表2 某些气体和蒸气的导热系数

物质	温度/℃	导热系数/(W·m^{-1}·℃$^{-1}$)	物质	温度/℃	导热系数/(W·m^{-1}·℃$^{-1}$)
丙酮	0	0.0098	乙烷	0	0.0183
	46	0.0128		100	0.0303
	100	0.0171	乙醇	20	0.0154
	184	0.0254		100	0.0215
空气	0	0.0242	乙醚	0	0.0133
	100	0.0317		46	0.0171
	200	0.0391		100	0.0227
	300	0.0459		184	0.0327
氨	−60	0.0164		212	0.0362
	0	0.0222	氧	−100	0.0164
	50	0.0272		50	0.0267
	100	0.0320		100	0.0279
苯	0	0.0090	正庚烷	200	0.0194
	46	0.0126		100	0.0178
	100	0.0178	正己烷	0	0.0125
	184	0.0263		20	0.0138
	212	0.0305		−100	0.0113
正丁烷	0	0.0135		−50	0.0144
	100	0.0234		0	0.0173
异丁烷	0	0.0138		50	0.0199
	100	0.0241		100	0.0223
二氧化碳	−50	0.0118		300	0.0308
	0	0.0147	氮	−100	0.0164
	100	0.0230		0	0.0242
	200	0.0313		50	0.0277
	300	0.0396		100	0.0312
二硫化物	0	0.0069	四氯化碳	46	0.0071
	−73	0.0073		100	0.0090
一氧化碳	−189	0.0071		184	0.01112
	−179	0.0080	氯	0	0.0074
	−60	0.0234	三氯甲烷	0	0.0066
乙烯	−71	0.0111		46	0.0080
	0	0.0175		100	0.0100
	50	0.0267		184	0.0133
	100	0.0279	硫化氢	0	0.0132
乙烷	−70	0.0114	水银	200	0.0341
	−34	0.0149			

续表

物质	温度/℃	导热系数/(W·m^{-1}·℃$^{-1}$)	物质	温度/℃	导热系数/(W·m^{-1}·℃$^{-1}$)
甲烷	−100	0.0173	丙烷	0	0.0151
	−50	0.0251		100	0.0261
	0	0.0302	二氧化硫	0	0.0087
	50	0.0372		100	0.0119
甲醇	0	0.0144	水蒸气	46	0.0208
	100	0.0222		100	0.0237
氯甲烷	0	0.0067		200	0.0324
	46	0.0085		300	0.0429
	100	0.0109		400	0.0545
	212	0.0164		500	0.0763

注：表中所列出的极限温度数值是实验范围的数值。若外推到其他温度时，建议将所列出的数据按 $\lg \lambda$ 对 $\lg T$（λ 为导热系数，W/(m·℃)；T 为温度，K）作图，或者假定导热系数与温度（或压强，在适当范围内）无关。

附表3 某些液体的导热系数

液体	温度/℃	导热系数/(W·m^{-1}·℃$^{-1}$)	液体	温度/℃	导热系数/(W·m^{-1}·℃$^{-1}$)
石油	20	0.180	乙苯	30	0.149
汽油	30	0.135		60	0.142
煤油	20	0.149	氯苯	10	0.144
	75	0.140	硝基苯	30	0.164
正戊烷	30	0.135		100	0.152
	75	0.128	硝基甲苯	30	0.216
正己烷	30	0.138		60	0.208
	60	0.137	橄榄油	100	0.164
正庚烷	30	0.140	松节油	15	0.128
	60	0.137	氯化钙盐水（30%）	30	0.55
正辛烷	60	0.140
丁醇(100%)	20	0.182	丁醇(80%)	20	0.237
乙醚	30	0.138	正丙醇	30	0.171
	75	0.135		75	0.164
乙酸乙酯	20	0.175	正戊醇	30	0.163
氯甲烷	−15	0.192		100	0.154
	30	0.154	异戊醇	30	0.152
三氯甲烷	30	0.138		75	0.151
四氯化碳	0	0.185	正己醇	30	0.163
	68	0.163		75	0.156
二硫化碳	30	0.161	正庚醇	30	0.163
	75	0.152		75	0.157

续表

液体	温度/℃	导热系数/(W·m^{-1}·℃$^{-1}$)	液体	温度/℃	导热系数/(W·m^{-1}·℃$^{-1}$)
丙烯醇	25~30	0.180	盐酸(25%)	32	0.48
氯化钙盐水(15%)	30	0.59	盐酸(38%)	32	0.44
氯化钙盐水(25%)	30	0.57	氢氧化钾(21%)	32	0.58
氯化钠盐水(12.5%)	30	0.59	氢氧化钾(42%)	32	0.55
硫酸(90%)	30	0.36	氨	25~30	0.180
硫酸(60%)	30	0.43	氨水	20	0.45
硫酸(30%)	30	0.52	氨水	50	0.50
盐酸(12.5%)	32	0.52	水银	28	0.36

附表4 某些固体的导热系数

1. 常用金属材料

W/(m·℃)

材料	温度/℃				
	0	100	200	300	400
铝	227.95	227.95	227.95	227.95	227.95
铜	383.79	379.14	372.16	367.51	362.86
铁	73.27	67.45	61.64	54.66	48.85
铅	35.12	33.38	31.40	29.77	—
镁	172.12	167.47	162.82	158.17	—
镍	93.04	82.57	73.27	63.97	59.31
银	414.03	409.38	373.32	361.69	359.37
锌	112.81	109.90	105.83	401.18	93.04
碳钢	52.34	48.85	44.19	41.87	34.89
不锈钢	16.28	17.45	17.45	18.49	

2. 常用非金属材料

材料	温度/℃	导热系数/(W·m^{-1}·℃$^{-1}$)
软木	30	0.04303
玻璃棉	—	0.03489~0.06978
保温灰	—	0.06978
锯屑	20	0.04652~0.05815
棉花	100	0.06978
厚纸	20	0.1369~0.3489
玻璃	30	1.0932

续表

材料	温度/℃	导热系数/(W·m^{-1}·℃$^{-1}$)
玻璃	-20	0.7560
搪瓷	—	0.8723~1.163
云母	50	0.4303
泥土	20	0.6978~0.9304
冰	0	2.326
软橡胶	—	0.1291~0.1593
硬橡胶	0	0.1500
聚四氟乙烯	—	0.2419
泡沫玻璃	-15	0.004885
	-80	0.003489
泡沫塑料	—	0.04652
木材(横向)	—	0.1396~0.1745
(纵向)	—	0.3838
耐火砖	230	0.8723
	1200	1.6398
混凝土	—	1.2793
绒毛毡	—	0.0465
85%氧化镁粉	0~100	0.06978
聚氯乙烯	—	0.1163~0.1745
酚醛加玻璃纤维	—	0.2593
酚醛加石棉纤维	—	0.2942
聚酯加玻璃纤维	—	0.2594
聚碳酸酯	—	0.1907
聚苯乙烯泡沫	25	0.04187
	-150	0.001745
聚乙烯	—	0.3291
石墨	—	139.56

附表5 壁面污垢热阻

1. 冷却水的热阻

m^2·℃$^{-1}$·W^{-1}

加热流体的温度	<115℃		115~205℃	
水的温度	<25℃		>25℃	
水的流速	<1m/s	>1m/s	<1m/s	>1m/s
海水	0.8598×10^{-4}	0.8598×10^{-4}	1.7197×10^{-4}	1.7197×10^{-4}
自来水、井水、湖水、软化锅炉水	1.7197×10^{-4}	1.7197×10^{-4}	3.4394×10^{-4}	3.4394×10^{-4}
蒸馏水	0.8598×10^{-4}	0.8598×10^{-4}	0.8598×10^{-4}	0.8598×10^{-4}

续表

硬水	5.1590×10^{-4}	5.1590×10^{-4}	8.598×10^{-4}	8.598×10^{-4}
河水	5.1590×10^{-4}	3.4394×10^{-4}	6.8788×10^{-4}	5.1590×10^{-4}

2. 工业用气体的热阻

$m^2\cdot\text{℃}^{-1}\cdot W^{-1}$

气体	热阻	气体	热阻
有机化合物	0.8598×10^{-4}	溶剂蒸气	1.7197×10^{-4}
水蒸气	0.8598×10^{-4}	天然气	1.7197×10^{-4}
空气	3.4394×10^{-4}	焦炉气	1.7197×10^{-4}

3. 工业用液体的热阻

$m^2\cdot\text{℃}^{-1}\cdot W^{-1}$

液体	热阻	液体	热阻
有机化合物	1.7197×10^{-4}	熔盐	0.8598×10^{-4}
盐水	1.7197×10^{-4}	植物油	6.1590×10^{-4}

4. 石油馏出物的热阻

$m^2\cdot\text{℃}^{-1}\cdot W^{-1}$

馏出物	热阻	馏出物	热阻
重油	8.598×10^{-4}	原油	$3.4394\times10^{-4}\sim12.098\times10^{-4}$
汽油	1.7197×10^{-4}	柴油	$3.4394\times10^{-4}\sim5.1590\times10^{-4}$
石脑油	1.7197×10^{-4}	沥青油	17.197×10^{-4}
煤油	1.7197×10^{-4}		

附表6 不同材料的辐射黑度

材料类别和表面状况	温度/℃	黑度
磨光的钢铸件	770～1035	0.52～0.56
碾压的钢板	21	0.657
具有非常粗糙的氧化层的钢板	24	0.80
磨光的铬	150	0.058
粗糙的铝板	20～25	0.06～0.07
基体为铜的镀铝表面	190～600	0.18～0.19

续表

材料类别和表面状况	温度/℃	黑度
在磨光的铁上电镀一层镍,但不再磨光	38	0.11
铬镍合金	52～1034	0.64～0.76
粗糙的铅	38	0.43
灰色、氧化的铝	38	0.28
磨光的铸铁	200	0.21
生锈的铁板	20	0.685
粗糙的铁锭	926～1120	0.87～0.95
经过车床加工的铸铁	882～987	0.60～0.70
稍加磨光的黄铜	38～260	0.12
无光泽的黄铜	38	0.22
粗糙的黄铜	38	0.74
磨光的紫铜	20	0.03
氧化了的紫铜	20	0.78
镀了锡且发亮的铁片	25	0.043～0.064
镀锌的铁皮	38	0.23
镀锌的铁片被氧化呈灰色	24	0.276
磨光的或电镀层的银	38～1090	0.01～0.03
白大理石	38～538	0.93～0.95
石灰泥	38～260	0.92
磨光的玻璃	38	0.90
平滑的玻璃	38	0.94
白瓷釉	51	0.92
石棉板	38	0.96
石棉纸	38	0.93
耐火砖	500～1000	0.8～0.9
红砖	20	0.93
油毛毡	20	0.93
抹灰的墙	20	0.94
灯黑	20～400	0.95～0.97
平木板	20	0.78
硬橡胶	20	0.92
木料	20	0.80～0.92
各种颜色的油漆	100	0.92～0.96
雪	0	0.8
水(厚度>0.1mm)	0～100	0.96

注:绝大部分非金属材料的黑度为0.85～0.95,在缺乏资料时,可近似取0.9。

附表7 列管换热器的传热系数

1. 在无相变的情况下

管内流体	管间流体	传热系数/(W·m^{-2}·℃$^{-1}$)
水(管内流速,0.9~1.5m/s)	净水(流速,0.3~0.6m/s)	600~700
水	水(流速较高时)	800~1200
冷水	轻有机物 $\mu<0.5$cP	400~800
冷水	中有机物 $\mu=0.5$~1cP	300~700
冷水	重有机物 $\mu>1$cP	120~400
盐水	轻有机物 $\mu<0.5$cP	250~600
轻有机物	轻有机物	250~500
中有机物	中有机物	120~350
重有机物	重有机物	60~250
重有机物	轻有机物	250~500

2. 在一侧被蒸发,另一侧被冷却的情况下

管内流体	管间流体	传热系数/(W·m^{-2}·℃$^{-1}$)
水	冷冻剂(蒸发)	400~800
热的轻柴油	氯(蒸发)	230~350

3. 在一侧冷凝,另一侧被加热的情况下

管内流体	管间热流体	传热系数/(W·m^{-2}·℃$^{-1}$)
水(流速约1m/s)	水蒸气(有压强)	2500~4500
水	水蒸气(常压或负压)	1750~3500
水溶液 $\mu<2$cP	饱和水蒸气	1200~4000
水溶液 $\mu>2$cP	饱和水蒸气	600~3000
轻有机物	饱和水蒸气	600~1200
中有机物	饱和水蒸气	300~600
重有机物	饱和水蒸气	120~350
水	有机物蒸气及水蒸气	600~1200
水	重有机物蒸气(常压)	120~350
水	重有机物蒸气(负压)	60~180
水	饱和有机溶剂蒸气(常压)	600~1200
水或盐水	有不凝气的饱和有机溶剂蒸气(常压)	250~460
水或盐水	不凝气较多的饱和有机溶剂蒸气(常压)	60~250
水	含饱和水蒸气的氯(293~323K)	180~350
水	二氧化硫(冷凝)	800~1200
水	氨(冷凝)	700~950
水	氟利昂(冷凝)	750

4. 在一侧蒸发,另一侧冷凝的情况下

管内流体	管间流体	传热系数/(W·m^{-2}·℃$^{-1}$)
饱和蒸气	水(沸腾)	1400~2500
饱和蒸气	氨或氯(蒸发)	800~1600
油(沸腾)	饱和蒸气	300~900
饱和蒸气	油(沸腾)	300~900
氯(冷凝)	氟利昂(蒸气)	600~750

附表8　间壁传热过程对数平均温差修正系数 $\varphi_{\Delta T}$

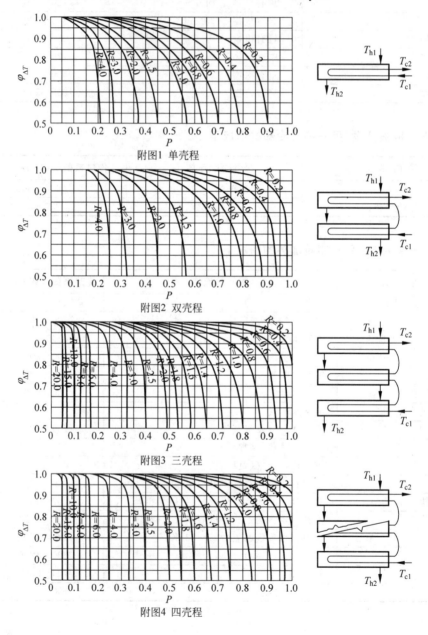

附图1　单壳程

附图2　双壳程

附图3　三壳程

附图4　四壳程

附表9 扩散系数

气体间的扩散系数		一些物质在水中的扩散系数	
体系	$D/(10^{-4}\,\mathrm{m^2 \cdot s^{-1}})$	物质	$D'/(10^{-9}\,\mathrm{m^2 \cdot s^{-1}})$
空气-二氧化碳	0.153	氢	5.00
空气-氨	0.644	空气	2.50
空气-水	0.257	一氧化碳	2.03
空气-乙醇	0.129	氧	1.84
空气-正戊烷	0.071	二氧化碳	1.68
二氧化碳-水	0.183	乙酸	1.19
二氧化碳-氮	0.160	草酸	1.53
二氧化碳-氧	0.153	苯甲酸	0.87
氧-苯	0.091	水杨酸	0.93
氧-四氯化碳	0.074	乙二醇	1.01
氢-水	0.919	丙二醇	0.88
氢-氮	0.761	丙醇	1.00
氢-氨	0.760	丁醇	0.89
氢-甲烷	0.715	戊醇	0.80
氢-丙酮	0.417	苯甲醇	0.82
氢-苯	0.364	甘油	0.82
氢-环己烷	0.328	丙酮	1.16
氮-氨	0.223	糠醛	1.04
氮-水	0.236	尿素	1.20
氮-二氧化硫	0.126	乙醇	1.13

注：表中数据为20℃时测得。